우리들의
내신기출 문제집
고등수학
상

Structure & Feature 구성과 특징

기출문제 분석 3STEP

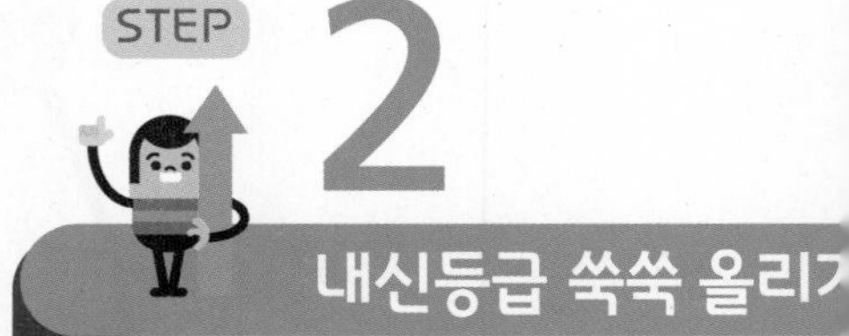

STEP 2

내신등급 쑥쑥 올리기

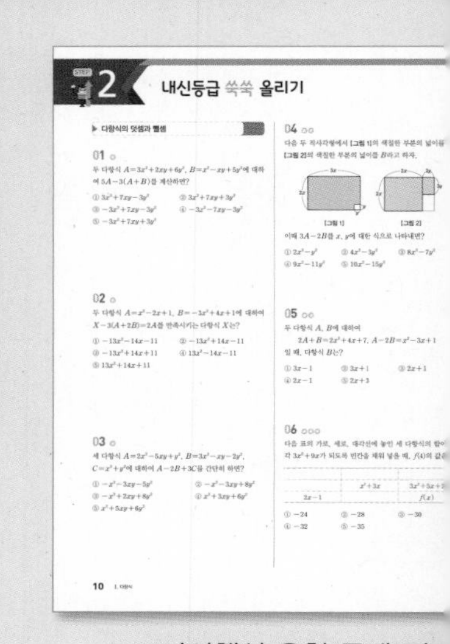

- 교과서핵심 유형 문제 및 ...에 따라 수록하였습니다.
- 시험에서 출제 비중이 있는... 문제를 완벽하게 대비할...

STEP 1

핵심 개념과 문제로 **개념 정리하기**

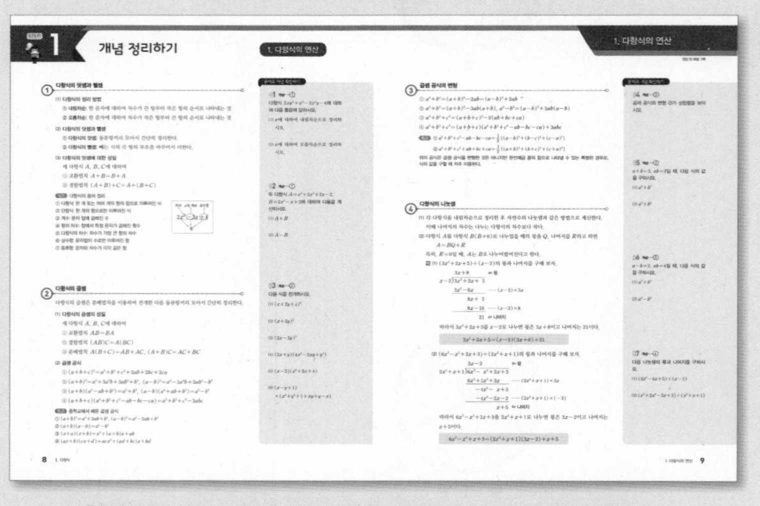

- 시험에 꼭 나오는 교과서의 핵심 개념만을 수록하였습니다.
- 문제로 개념 확인하기 코너를 두어 기본 문제로 개념을 확인하고 익힐 수 있도록 하였으며, 개념을 링크했습니다.

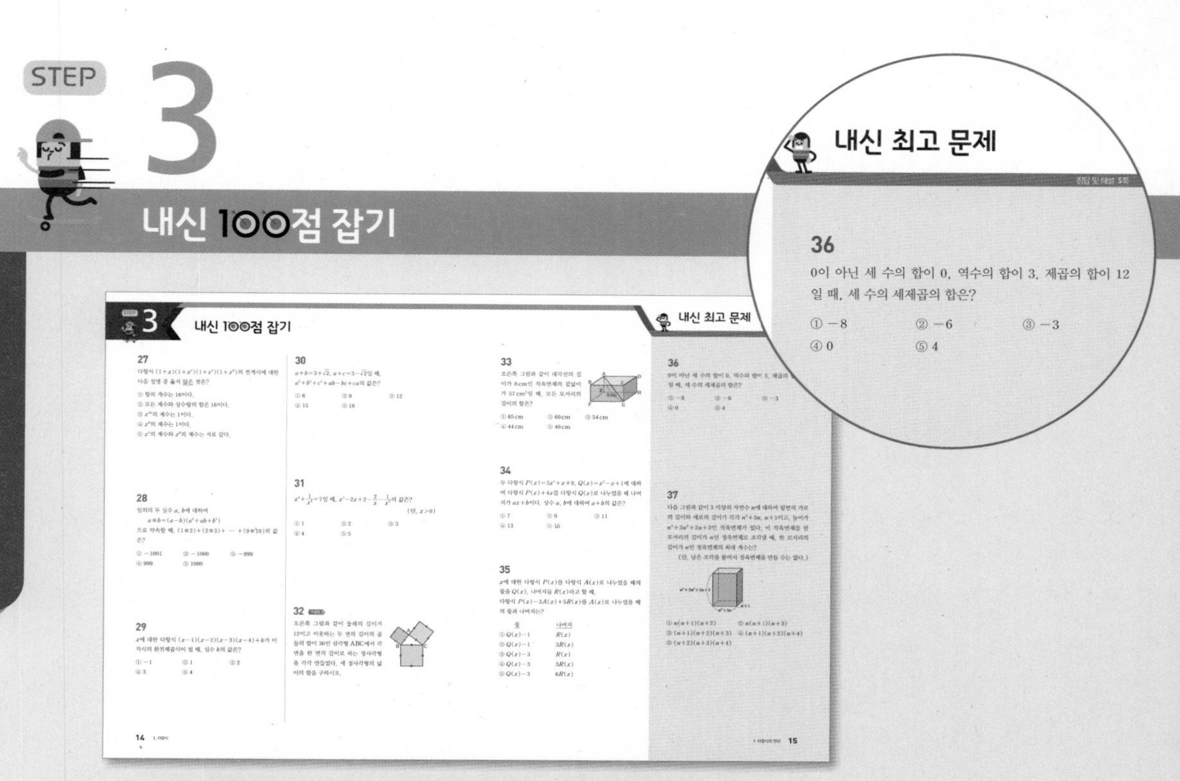
STEP 3
내신 100점 잡기
내신 최고 문제
36
0이 아닌 세 수의 합이 0, 역수의 합이 3, 제곱의 합이 12 일 때, 세 수의 세제곱의 합은?
① −8 ② −6 ③ −3
④ 0 ⑤ 4

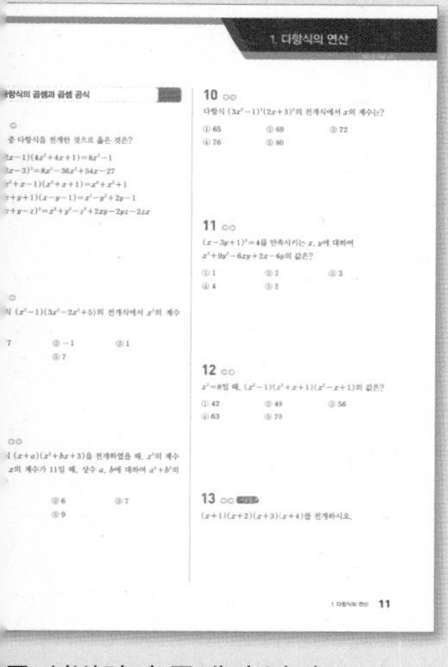

를 선별하여 문제의 난이도

문제를 제시하여 서술형
록하였습니다.

- 개념 통합형 문제와 사고력을 요하는 문제를 수록하였습니다.
- 내신 최고 문제 코너를 두어 내신에서 변별력을 요하는 문제, 즉 고난도 문제, 창의사고력을 요하는 최고 수준의 문제를 제시하여 100점을 맞을 수 있도록 구성하였습니다.

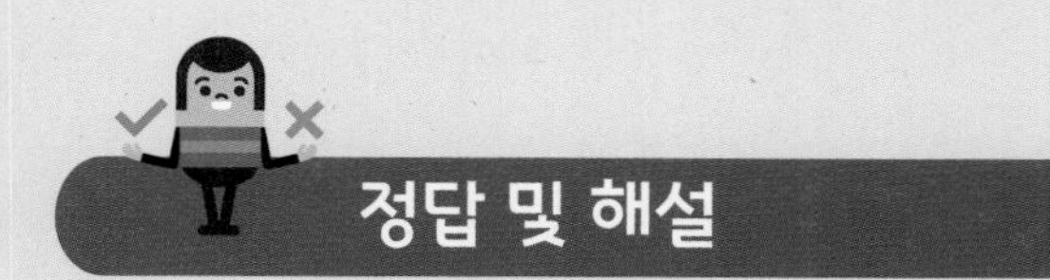
정답 및 해설

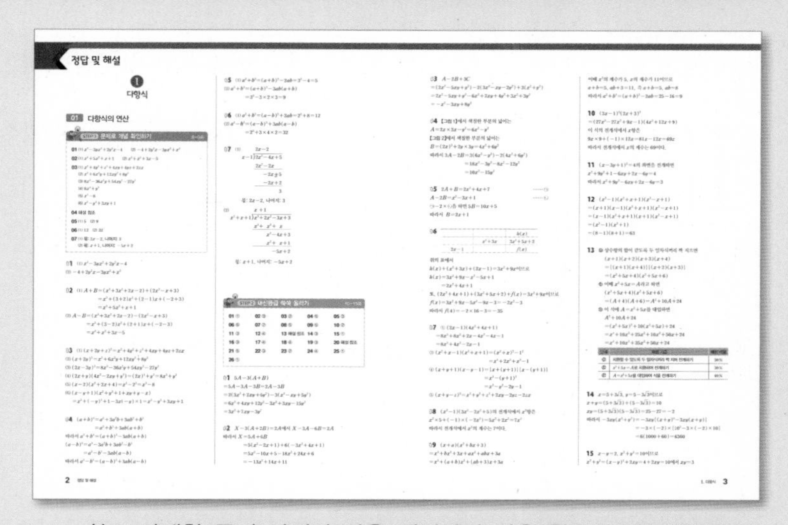

- 쉽고 자세한 풀이 과정과 답을 제시하여 자율 학습이 가능하도록 하였습니다.
- 다른 풀이와 참고 내용을 제시하여 사고의 다양화 및 창의적 문제 해결에도 도움이 되도록 하였습니다.

contents 차례

I 다항식

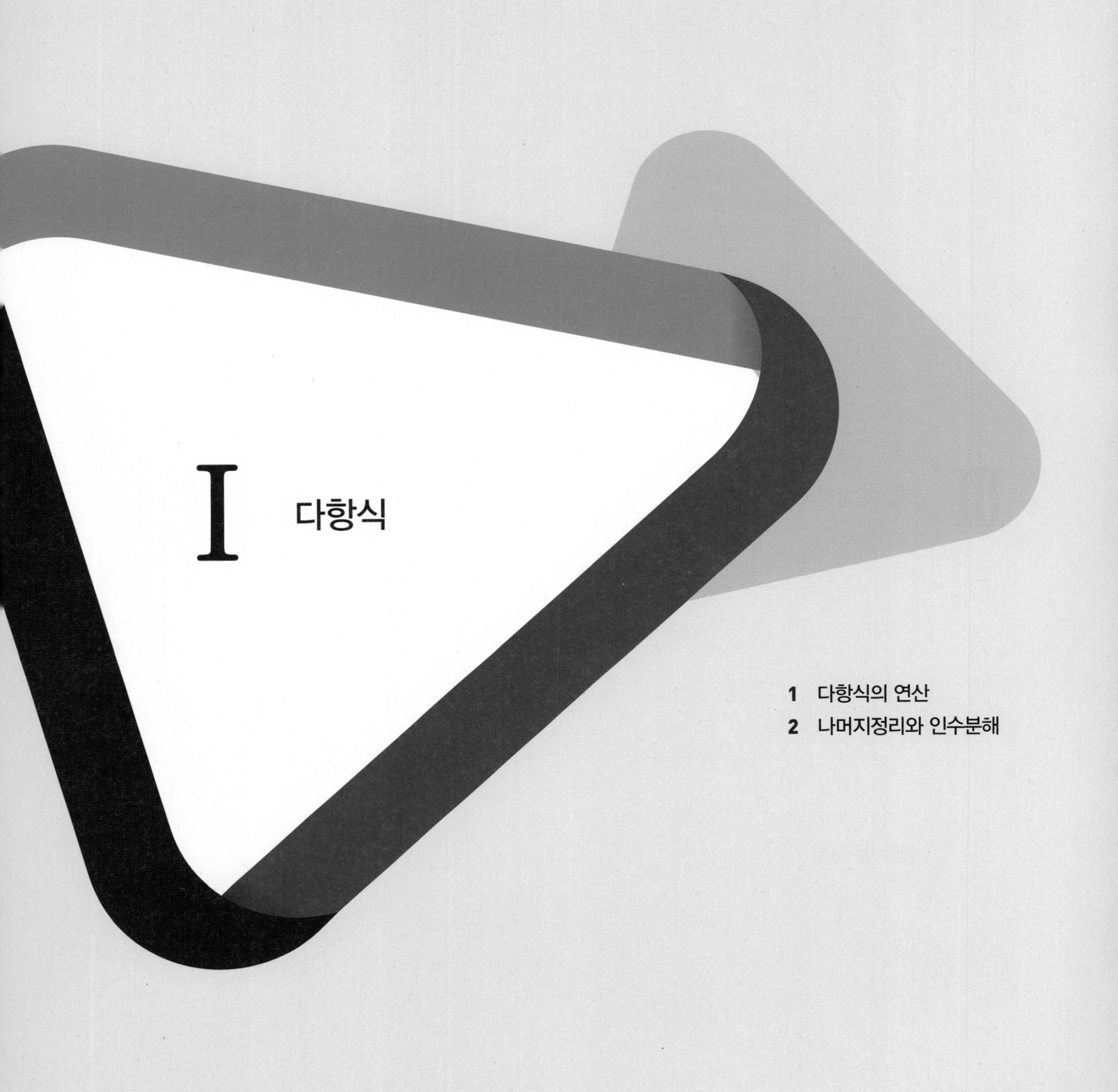

1 다항식의 연산

2 나머지정리와 인수분해

개념 정리하기

1 다항식의 덧셈과 뺄셈

(1) 다항식의 정리 방법

① **내림차순:** 한 문자에 대하여 차수가 큰 항부터 작은 항의 순서로 나타내는 것

② **오름차순:** 한 문자에 대하여 차수가 작은 항부터 큰 항의 순서로 나타내는 것

(2) 다항식의 덧셈과 뺄셈

① **다항식의 덧셈:** 동류항끼리 모아서 간단히 정리한다.

② **다항식의 뺄셈:** 빼는 식의 각 항의 부호를 바꾸어서 더한다.

(3) 다항식의 덧셈에 대한 성질

세 다항식 A, B, C에 대하여

① 교환법칙 $A+B=B+A$

② 결합법칙 $(A+B)+C=A+(B+C)$

참고 다항식의 용어 정리

① 다항식: 한 개 또는 여러 개의 항의 합으로 이루어진 식
② 단항식: 한 개의 항으로만 이루어진 식
③ 계수: 문자 앞에 곱해진 수
④ 항의 차수: 항에서 특정 문자가 곱해진 횟수
⑤ 다항식의 차수: 차수가 가장 큰 항의 차수
⑥ 상수항: 문자없이 수로만 이루어진 항
⑦ 동류항: 문자와 차수가 각각 같은 항

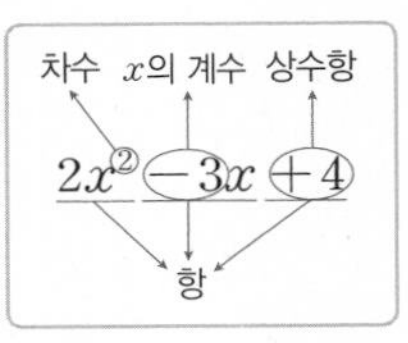

2 다항식의 곱셈

다항식의 곱셈은 분배법칙을 이용하여 전개한 다음 동류항끼리 모아서 간단히 정리한다.

(1) 다항식의 곱셈의 성질

세 다항식 A, B, C에 대하여

① 교환법칙 $AB=BA$

② 결합법칙 $(AB)C=A(BC)$

③ 분배법칙 $A(B+C)=AB+AC$, $(A+B)C=AC+BC$

(2) 곱셈 공식

① $(a+b+c)^2=a^2+b^2+c^2+2ab+2bc+2ca$

② $(a+b)^3=a^3+3a^2b+3ab^2+b^3$, $(a-b)^3=a^3-3a^2b+3ab^2-b^3$

③ $(a+b)(a^2-ab+b^2)=a^3+b^3$, $(a-b)(a^2+ab+b^2)=a^3-b^3$

④ $(a+b+c)(a^2+b^2+c^2-ab-bc-ca)=a^3+b^3+c^3-3abc$

참고 중학교에서 배운 곱셈 공식

① $(a+b)^2=a^2+2ab+b^2$, $(a-b)^2=a^2-2ab+b^2$
② $(a+b)(a-b)=a^2-b^2$
③ $(x+a)(x+b)=x^2+(a+b)x+ab$
④ $(ax+b)(cx+d)=acx^2+(ad+bc)x+bd$

문제로 개념 확인하기

01 개념-①

다항식 $2xy^2+x^3-3x^2y-4$에 대하여 다음 물음에 답하시오.

(1) x에 대하여 내림차순으로 정리하시오.

(2) x에 대하여 오름차순으로 정리하시오.

02 개념-①

두 다항식 $A=x^3+3x^2+2x-2$, $B=2x^2-x+3$에 대하여 다음을 계산하시오.

(1) $A+B$

(2) $A-B$

03 개념-②

다음 식을 전개하시오.

(1) $(x+2y+z)^2$

(2) $(x+2y)^3$

(3) $(2x-3y)^3$

(4) $(2x+y)(4x^2-2xy+y^2)$

(5) $(x-2)(x^2+2x+4)$

(6) $(x-y+1)\times(x^2+y^2+1+xy+y-x)$

정답 및 해설 2쪽

③ 곱셈 공식의 변형

① $a^2+b^2=(a+b)^2-2ab=(a-b)^2+2ab$

② $a^3+b^3=(a+b)^3-3ab(a+b)$, $a^3-b^3=(a-b)^3+3ab(a-b)$

③ $a^2+b^2+c^2=(a+b+c)^2-2(ab+bc+ca)$

④ $a^3+b^3+c^3=(a+b+c)(a^2+b^2+c^2-ab-bc-ca)+3abc$

참고 ① $a^2+b^2+c^2-ab-bc-ca=\frac{1}{2}\{(a-b)^2+(b-c)^2+(c-a)^2\}$

② $a^2+b^2+c^2+ab+bc+ca=\frac{1}{2}\{(a+b)^2+(b+c)^2+(c+a)^2\}$

위의 공식은 곱셈 공식을 변형한 것은 아니지만 완전제곱 꼴의 합으로 나타낼 수 있는 특별한 경우로, 식의 값을 구할 때 자주 이용된다.

④ 다항식의 나눗셈

(1) 각 다항식을 내림차순으로 정리한 후 자연수의 나눗셈과 같은 방법으로 계산한다.
이때 나머지의 차수는 나누는 다항식의 차수보다 작다.

(2) 다항식 A를 다항식 $B(B\neq0)$로 나누었을 때의 몫을 Q, 나머지를 R라고 하면

$$A=BQ+R$$

특히, $R=0$일 때, A는 B로 나누어떨어진다고 한다.

예 (1) $(3x^2+2x+5)\div(x-2)$의 몫과 나머지를 구해 보자.

$$\begin{array}{r|l} 3x+8 & \Leftarrow \text{몫} \\ x-2\,\overline{)\,3x^2+2x+5} & \\ 3x^2-6x & \cdots\cdots (x-2)\times3x \\ \hline 8x+5 & \\ 8x-16 & \cdots\cdots (x-2)\times8 \\ \hline 21 & \Leftarrow \text{나머지} \end{array}$$

따라서 $3x^2+2x+5$를 $x-2$로 나누면 몫은 $3x+8$이고 나머지는 21이다.

$$3x^2+2x+5=(x-2)(3x+8)+21$$

(2) $(6x^3-x^2+2x+3)\div(2x^2+x+1)$의 몫과 나머지를 구해 보자.

$$\begin{array}{r|l} 3x-2 & \Leftarrow \text{몫} \\ 2x^2+x+1\,\overline{)\,6x^3-x^2+2x+3} & \\ 6x^3+3x^2+3x & \cdots\cdots (2x^2+x+1)\times3x \\ \hline -4x^2-x+3 & \\ -4x^2-2x-2 & \cdots\cdots (2x^2+x+1)\times(-2) \\ \hline x+5 & \Leftarrow \text{나머지} \end{array}$$

따라서 $6x^3-x^2+2x+3$을 $2x^2+x+1$로 나누면 몫은 $3x-2$이고 나머지는 $x+5$이다.

$$6x^3-x^2+x+3=(2x^2+x+1)(3x-2)+x+5$$

문제로 개념 확인하기

04 개념-③

곱의 공식의 변형 ②가 성립함을 보이시오.

05 개념-③

$a+b=3$, $ab=2$일 때, 다음 식의 값을 구하시오.

(1) a^2+b^2

(2) a^3+b^3

06 개념-③

$a-b=2$, $ab=4$일 때, 다음 식의 값을 구하시오.

(1) a^2+b^2

(2) a^3-b^3

07 개념-④

다음 나눗셈의 몫과 나머지를 구하시오.

(1) $(2x^2-4x+5)\div(x-1)$

(2) $(x^3+2x^2-3x+3)\div(x^2+x+1)$

STEP 2 내신등급 쑥쑥 올리기

▶ 다항식의 덧셈과 뺄셈

01 ☆

두 다항식 $A=3x^2+2xy+6y^2$, $B=x^2-xy+5y^2$에 대하여 $5A-3(A+B)$를 계산하면?

① $3x^2+7xy-3y^2$ ② $3x^2+7xy+3y^2$ ③ $-3x^2+7xy-3y^2$ ④ $-3x^2-7xy-3y^2$ ⑤ $-3x^2+7xy+3y^2$

02 ☆

두 다항식 $A=x^2-2x+1$, $B=-3x^2+4x+1$에 대하여 $X-3(A+2B)=2A$를 만족시키는 다항식 X는?

① $-13x^2-14x-11$ ② $-13x^2+14x-11$ ③ $-13x^2+14x+11$ ④ $13x^2-14x-11$ ⑤ $13x^2+14x+11$

03 ☆

세 다항식 $A=2x^2-5xy+y^2$, $B=3x^2-xy-2y^2$, $C=x^2+y^2$에 대하여 $A-2B+3C$를 간단히 하면?

① $-x^2-3xy-5y^2$ ② $-x^2-3xy+8y^2$ ③ $-x^2+2xy+8y^2$ ④ $x^2+3xy+6y^2$ ⑤ $x^2+5xy+6y^2$

04 ☆☆

다음 두 직사각형에서 **[그림 1]**의 색칠한 부분의 넓이를 A, **[그림 2]**의 색칠한 부분의 넓이를 B라고 하자.

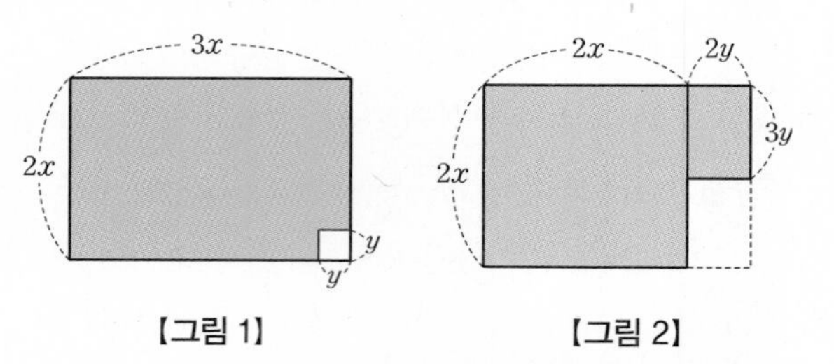

[그림 1] **[그림 2]**

이때 $3A-2B$를 x, y에 대한 식으로 나타내면?

① $2x^2-y^2$ ② $4x^2-3y^2$ ③ $8x^2-7y^2$ ④ $9x^2-11y^2$ ⑤ $10x^2-15y^2$

05 ☆☆

두 다항식 A, B에 대하여

$$2A+B=2x^2+4x+7,\ A-2B=x^2-3x+1$$

일 때, 다항식 B는?

① $3x-1$ ② $3x+1$ ③ $2x+1$ ④ $2x-1$ ⑤ $2x+3$

06 ☆☆☆

다음 표의 가로, 세로, 대각선에 놓인 세 다항식의 합이 각각 $3x^2+9x$가 되도록 빈칸을 채워 넣을 때, $f(4)$의 값은?

	x^2+3x	$3x^2+5x+2$
$2x-1$		$f(x)$

① -24 ② -28 ③ -30 ④ -32 ⑤ -35

다항식의 곱셈과 곱셈 공식

07

다음 중 다항식을 전개한 것으로 옳은 것은?

① $(2x-1)(4x^2+4x+1)=8x^3-1$
② $(2x-3)^3=8x^3-36x^2+54x-27$
③ $(x^2+x-1)(x^2+x+1)=x^4+x^2+1$
④ $(x+y+1)(x-y-1)=x^2-y^2+2y-1$
⑤ $(x+y-z)^2=x^2+y^2-z^2+2xy-2yz-2zx$

08

다항식 $(x^2-1)(3x^3-2x^2+5)$의 전개식에서 x^2의 계수는?

① -7 ② -1 ③ 1
④ 3 ⑤ 7

09

다항식 $(x+a)(x^2+bx+3)$을 전개하였을 때, x^2의 계수가 5, x의 계수가 11일 때, 상수 a, b에 대하여 a^2+b^2의 값은?

① 5 ② 6 ③ 7
④ 8 ⑤ 9

10

다항식 $(3x^2-1)^3(2x+3)^2$의 전개식에서 x의 계수는?

① 65 ② 69 ③ 72
④ 76 ⑤ 80

11

$(x-3y+1)^2=4$를 만족시키는 x, y에 대하여 $x^2+9y^2-6xy+2x-6y$의 값은?

① 1 ② 2 ③ 3
④ 4 ⑤ 5

12

$x^3=8$일 때, $(x^2-1)(x^2+x+1)(x^2-x+1)$의 값은?

① 42 ② 49 ③ 56
④ 63 ⑤ 70

13 서술형

$(x+1)(x+2)(x+3)(x+4)$를 전개하시오.

STEP 2 내신등급 쑥쑥 올리기

14

$x=5+3\sqrt{3}$, $y=5-3\sqrt{3}$일 때, $-3xy(x^3+y^3)$의 값은?

① 6160 ② 6260 ③ 6360
④ 6460 ⑤ 6560

15

$x-y=2$, $x^2+y^2=10$일 때, x^3-y^3의 값은?

① 26 ② 28 ③ 30
④ 32 ⑤ 34

16

$x^2-3x+1=0$일 때, $x^3+\frac{1}{x^3}$의 값은?

① 16 ② 17 ③ 18
④ 19 ⑤ 20

17

$x+\frac{1}{x}=4$이고 $x^2+\frac{1}{x^2}=a$, $x^3+\frac{1}{x^3}=b$일 때, $a+b$의 값은?

① 60 ② 62 ③ 64
④ 66 ⑤ 68

18

세 실수 a, b, c에 대하여

$a+b+c=6$, $a^2+b^2+c^2=12$

일 때, $(a+b)^2+(b+c)^2+(c+a)^2$의 값은?

① 36 ② 40 ③ 44
④ 48 ⑤ 52

▶ 곱셈 공식의 활용

19

$(5+1)(5^2+1)(5^4+1)(5^8+1)=\frac{1}{4}(5^n-1)$일 때, 자연수 n의 값은?

① 8 ② 12 ③ 16
④ 20 ⑤ 24

20 서술형

$\angle$C가 직각인 삼각형 ABC에서

$\overline{BC}+\overline{CA}=14$, $\overline{AB}=2\sqrt{15}$

일 때, 직각삼각형 ABC의 넓이를 구하시오.

21

오른쪽 그림과 같이 반지름의 길이가 8인 사분원의 내부에 직사각형 OEDC가 내접하고 있다. 이 직사각형의 넓이가 40일 때, 직사각형 OCDE의 둘레의 길이는?

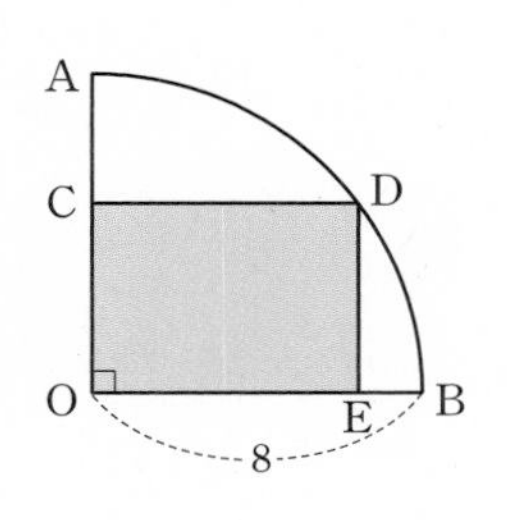

① 16 ② 18 ③ 20
④ 22 ⑤ 24

▶ 다항식의 나눗셈

22

다항식 $f(x)$를 x^2+x+1로 나누었을 때의 몫이 x^2-x+1이고 나머지가 4일 때, $f(1)$의 값은?

① 5 ② 6 ③ 7
④ 8 ⑤ 9

23

다항식 $2x^3-11x^2+5$를 x^2-6x+3으로 나누었을 때의 몫과 나머지를 각각 $Q(x)$, $R(x)$라고 할 때, $Q(x)-R(x)$는?

① $2x-2$ ② $2x-1$ ③ $2x+1$
④ $x+1$ ⑤ $x+2$

24

다항식 $2x^3-7x^2-4$를 다항식 A로 나누었을 때의 몫이 $2x-1$, 나머지가 $-7x-2$일 때, 다항식 A는?

① x^2+3x-2 ② x^2+3x+2 ③ x^2-3x-2
④ x^2-3x+2 ⑤ x^2-2x+3

25

x에 대한 다항식 x^3+8x^2+4x-a를 x^2+3x+b로 나누었을 때의 나머지가 $-6x+10$이다. 상수 a, b에 대하여 $a+b$의 값은?

① 10 ② 15 ③ 20
④ 25 ⑤ 30

26

$x^2+x+1=0$일 때, 다음 중 x^3-x^2+2x-6을 간단히 나타낸 것은?

① $3x-4$ ② $2x-4$ ③ $2x$
④ $2x+4$ ⑤ $3x+4$

STEP 3

내신 100점 잡기

27

다항식 $(1+x)(1+x^2)(1+x^4)(1+x^8)$의 전개식에 대한 다음 설명 중 옳지 않은 것은?

① 항의 개수는 16이다.
② 모든 계수와 상수항의 합은 16이다.
③ x^{16}의 계수는 1이다.
④ x^8의 계수는 1이다.
⑤ x^3의 계수와 x^8의 계수는 서로 같다.

28

임의의 두 실수 a, b에 대하여

$a \circledcirc b=(a-b)(a^2+ab+b^2)$

으로 약속할 때, $(1 \circledcirc 2)+(2 \circledcirc 3)+ \cdots +(9 \circledcirc 10)$의 값은?

① -1001　② -1000　③ -999
④ 999　⑤ 1000

29

x에 대한 다항식 $(x-1)(x-2)(x-3)(x-4)+k$가 이차식의 완전제곱식이 될 때, 실수 k의 값은?

① -1　② 1　③ 2
④ 3　⑤ 4

30

$a+b=3+\sqrt{2}$, $a+c=3-\sqrt{2}$일 때, $a^2+b^2+c^2+ab-bc+ca$의 값은?

① 6　② 9　③ 12
④ 15　⑤ 18

31

$x^4+\frac{1}{x^4}=7$일 때, $x^3-2x+2-\frac{2}{x}-\frac{1}{x^3}$의 값은? (단, $x>0$)

① 1　② 2　③ 3
④ 4　⑤ 5

32 서술형

오른쪽 그림과 같이 둘레의 길이가 12이고 이웃하는 두 변의 길이의 곱들의 합이 30인 삼각형 ABC에서 각 변을 한 변의 길이로 하는 정사각형을 각각 만들었다. 세 정사각형의 넓이의 합을 구하시오.

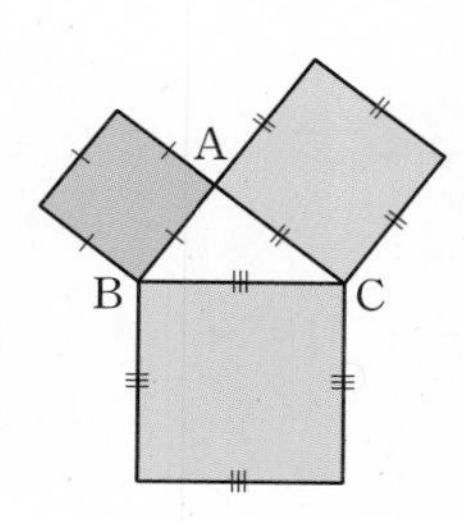

33

오른쪽 그림과 같이 대각선의 길이가 8 cm인 직육면체의 겉넓이가 $57\,\text{cm}^2$일 때, 모든 모서리의 길이의 합은?

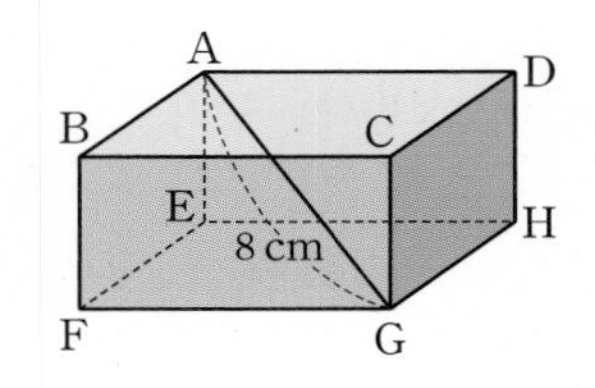

① 65 cm　② 60 cm　③ 54 cm
④ 44 cm　⑤ 40 cm

34

두 다항식 $P(x)=3x^3+x+9$, $Q(x)=x^2-x+1$에 대하여 다항식 $P(x)+4x$를 다항식 $Q(x)$로 나누었을 때 나머지가 $ax+b$이다. 상수 a, b에 대하여 $a+b$의 값은?

① 7　② 9　③ 11
④ 13　⑤ 15

35

x에 대한 다항식 $P(x)$를 다항식 $A(x)$로 나누었을 때의 몫을 $Q(x)$, 나머지를 $R(x)$라고 할 때,
다항식 $P(x)-3A(x)+5R(x)$를 $A(x)$로 나누었을 때의 몫과 나머지는?

	몫	나머지
①	$Q(x)-1$	$R(x)$
②	$Q(x)-1$	$3R(x)$
③	$Q(x)-3$	$R(x)$
④	$Q(x)-3$	$3R(x)$
⑤	$Q(x)-3$	$6R(x)$

36

0이 아닌 세 수의 합이 0, 역수의 합이 3, 제곱의 합이 12일 때, 세 수의 세제곱의 합은?

① -8　② -6　③ -3
④ 0　⑤ 4

37

다음 그림과 같이 3 이상의 자연수 n에 대하여 밑면의 가로의 길이와 세로의 길이가 각각 n^2+3n, $n+1$이고, 높이가 n^3+3n^2+2n+2인 직육면체가 있다. 이 직육면체를 한 모서리의 길이가 n인 정육면체로 조각낼 때, 한 모서리의 길이가 n인 정육면체의 최대 개수는?

(단, 남은 조각을 붙여서 정육면체를 만들 수는 없다.)

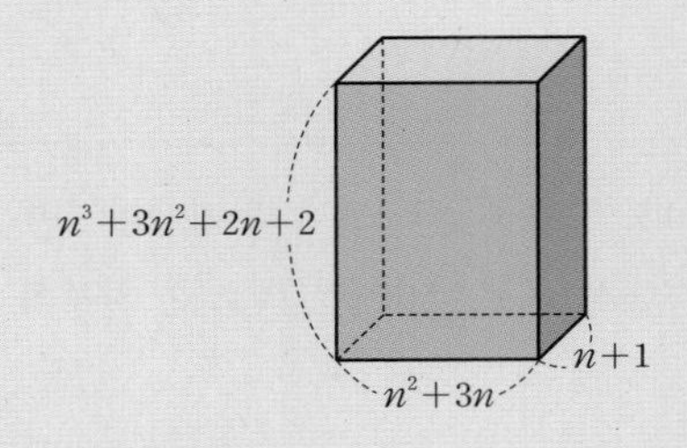

① $n(n+1)(n+2)$　② $n(n+1)(n+3)$
③ $(n+1)(n+2)(n+3)$　④ $(n+1)(n+2)(n+4)$
⑤ $(n+2)(n+3)(n+4)$

개념 정리하기

① 항등식

(1) **항등식:** 문자를 포함하는 등식에서 그 문자에 어떤 값을 대입해도 항상 성립하는 등식

(2) **항등식의 성질**

① $ax+b=0$이 x에 대한 항등식이면 $a=0$, $b=0$

② $ax+b=a'x+b'$이 x에 대한 항등식이면 $a=a'$, $b=b'$

③ $ax^2+bx+c=0$이 x에 대한 항등식이면 $a=b=c=0$

④ $ax^2+bx+c=a'x^2+b'x+c'$이 x에 대한 항등식이면 $a=a'$, $b=b'$, $c=c'$

참고 다음은 모두 x에 대한 항등식을 나타낸다.

① 모든 x에 대하여 성립하는 등식
② 임의의 실수 x에 대하여 성립하는 등식
③ x의 값에 관계없이 항상 성립하는 등식
④ x가 어떤 값을 갖더라도 항상 성립하는 등식

② 미정계수법

항등식의 뜻과 성질을 이용하여 등식에서 결정되지 않은 계수와 상수항을 정하는 방법을 미정계수법이라고 한다.

(1) **계수비교법:** 항등식에서 양변의 동류항의 계수를 비교하여 미정계수를 정하는 방법

(2) **수치대입법:** 항등식에서 문자에 적당한 수를 대입하여 미정계수를 정하는 방법

③ 나머지정리

(1) 다항식 $f(x)$를 일차식 $x-\alpha$로 나누었을 때의 나머지 R는 $R=f(\alpha)$

(2) 다항식 $f(x)$를 일차식 $ax+b$로 나누었을 때의 나머지 R는 $R=f\left(-\frac{b}{a}\right)$

④ 인수정리

(1) 다항식 $f(x)$가 일차식 $x-\alpha$로 나누어떨어지면 $f(\alpha)=0$

(2) 다항식 $f(x)$에서 $f(\alpha)=0$이면 $f(x)$는 일차식 $x-\alpha$로 나누어떨어진다.

⑤ 조립제법

x에 대한 다항식 $P(x)$를 일차식 $x-\alpha$로 나누었을 때의 몫과 나머지를 계수만을 이용하여 구하는 방법

예 $(2x^3-3x^2+x+3)\div(x-2)$

2	2	−3	1	3
		4	2	6
	2	1	3	9

몫: $2x^2+x+3$ 나머지: 9

참고 다항식 $P(x)$를 $ax+b$로 나누었을 때의 몫을 $Q(x)$, 나머지를 R라고 하면

$P(x)=(ax+b)Q(x)+R=\left(x+\frac{b}{a}\right)aQ(x)+R$

① 다항식 $P(x)$를 $ax+b$로 나누었을 때의 몫은 $Q(x)$, 나머지는 R이다.

② 다항식 $P(x)$를 $\left(x+\frac{b}{a}\right)$로 나누었을 때의 몫은 $aQ(x)$, 나머지는 R이다.

문제로 개념 확인하기

01 개념 ②

다음 등식이 x에 대한 항등식일 때, 실수 a, b, c의 값을 각각 구하시오.

(1) $(x-2)(ax+3)=2x^2+bx+c$

(2) x^3-2x+1
$=(x-1)(ax^2+bx+c)$

(3) $a(x-1)+b(x+2)=x+5$

02 개념 ③

다항식 $f(x)=x^2+4x+1$을 다음 일차식으로 나누었을 때의 나머지를 구하시오.

(1) $x+2$

(2) $x-3$

(3) $2x+1$

03 개념 ④

다항식 $f(x)=2x^3+ax^2-x+4$가 다음 일차식으로 나누어떨어질 때, 실수 a의 값을 구하시오.

(1) $x+1$

(2) $2x-1$

04 개념 ⑤

조립제법을 이용하여 다음 나눗셈의 몫과 나머지를 구하시오.

(1) $(2x^3-7x^2+5x+1)\div\left(x-\frac{1}{2}\right)$

(2) $(2x^3-7x^2+5x+1)\div(2x-1)$

정답 및 해설 6쪽

6 인수분해

(1) **인수분해:** 하나의 다항식을 두 개 이상의 다항식의 곱으로 나타내는 것

(2) **인수분해 공식**

① $a^2+b^2+c^2+2ab+2bc+2ca=(a+b+c)^2$

② $a^3+3a^2b+3ab^2+b^3=(a+b)^3$, $a^3-3a^2b+3ab^2-b^3=(a-b)^3$

③ $a^3+b^3=(a+b)(a^2-ab+b^2)$, $a^3-b^3=(a-b)(a^2+ab+b^2)$

④ $a^3+b^3+c^3-3abc=(a+b+c)(a^2+b^2+c^2-ab-bc-ca)$

⑤ $a^4+a^2b^2+b^4=(a^2+ab+b^2)(a^2-ab+b^2)$

참고 중학교에서 배운 인수분해 공식

① $a^2+2ab+b^2=(a+b)^2$, $a^2-2ab+b^2=(a-b)^2$

② $a^2-b^2=(a+b)(a-b)$

③ $x^2+(a+b)x+ab=(x+a)(x+b)$

④ $acx^2+(ad+bc)x+bd=(ax+b)(cx+d)$

7 복잡합 식의 인수분해

(1) **공통부분이 있는 식의 인수분해:** 공통부분을 치환하여 인수분해한다.

(2) **복이차식(x^4+ax^2+b 꼴)의 인수분해**

① $x^2=X$로 치환하여 인수분해한다.

② x^2항을 적당히 더하거나 빼서 A^2-B^2 꼴로 변형하여 인수분해한다.

(3) **여러 개의 문자가 포함된 식의 인수분해**

차수가 가장 작은 문자에 대하여 내림차순으로 정리한 후 인수분해한다.

(4) **인수정리와 조립제법을 이용한 인수분해(삼차 이상의 다항식)**

① 주어진 다항식 $f(x)$에 대하여 $f(\alpha)=0$을 만족시키는 α를

$\left(\pm\frac{f(x)\text{의 상수항의 약수}}{f(x)\text{의 최고차항의 계수의 약수}}\right)$ 중에서 찾는다.

② 조립제법을 이용하여 $f(x)$를 $x-\alpha$로 나누었을 때의 몫을 구한다.

③ 몫이 인수분해가 가능하다면 한 번 더 인수분해한다.

예 $f(x)=x^3-3x^2-10x+24$를 인수분해해 보자.

$f(2)=8-12-20+24=0$이므로 $x-2$는 $f(x)$의 인수이다.

2	1	−3	−10	24
		2	−2	−24
	1	−1	−12	0

따라서 $f(x)=(x-2)(x^2-x-12)$

$=(x-2)(x+3)(x-4)$

문제로 개념 확인하기

05 개념 ⑥

다음 식을 인수분해하시오.

(1) $2x^2+5x-3$

(2) $x^2+4y^2+z^2+4xy-4yz-2zx$

(3) $27x^3+54x^2+36x+8$

(4) $x^3-9x^2y+27xy^2-27y^3$

(5) $27x^3+1$

(6) a^3-8c^3

06 개념 ⑦

다음 식을 인수분해하시오.

(1) x^4-x^2-2

(2) $a^3+a^2c-ab^2-b^2c$

07 개념 ⑦

조립제법을 이용하여 다음 식을 인수분해하시오.

x^3+2x^2+4x+3

STEP 2 내신등급 쑥쑥 올리기

▶ 항등식과 미정계수법

01 ✪

등식 $(k+3)x+2(1+k)y+5k-1=0$이 k의 값에 관계없이 항상 성립할 때, 상수 x, y에 대하여 $2x+y$의 값은?

① -2 ② -1 ③ 0
④ 1 ⑤ 2

02 ✪

등식 $x^3+ax^2-x+2=(x^2-bx+1)(x+2)$가 x에 대한 항등식이 되도록 하는 상수 a, b에 대하여 ab의 값은?

① 1 ② 2 ③ 3
④ 4 ⑤ 5

03 ✪✪

$2x+y=1$을 만족시키는 모든 실수 x, y에 대하여 등식 $(2a-b)x+by+2=0$이 항상 성립할 때, 상수 a, b에 대하여 $a+b$의 값은?

① -9 ② -7 ③ -5
④ -3 ⑤ -1

04 ✪

등식
$3x^2+4x+2=ax(x-1)+bx(x-2)+c(x-1)(x-2)$
가 x에 대한 항등식이 되도록 하는 상수 a, b, c에 대하여 $a+b+c$의 값은?

① 0 ② 1 ③ 2
④ 3 ⑤ 4

05 ✪

모든 실수 x에 대하여 등식

$$m(x-4)+n(2x-1)=5x-6$$

이 성립할 때, 상수 m, n에 대하여 $2m+n$의 값은?

① -4 ② -2 ③ 0
④ 2 ⑤ 4

06 ✪✪

다항식 $f(x)$에 대하여

$$(x-1)(x^2+2)f(x)=x^8+ax^4+2b$$

가 x에 대한 항등식이 되도록 하는 상수 a, b에 대하여 $a+b$의 값은?

① -4 ② -3 ③ -2
④ -1 ⑤ 0

다항식의 나눗셈과 항등식

07 ✪

다항식 x^3+x^2-x+5를 x^2+2로 나누었을 때의 몫이 $ax+b$, 나머지가 $cx+3$일 때, 상수 a, b, c에 대하여 $a+b+c$의 값은?

① -3　② -1　③ 0　④ 1　⑤ 3

08 ✪

다항식 x^3+ax+b가 x^2+x+1로 나누어떨어질 때, 상수 a, b에 대하여 $a-b$의 값은?

① 1　② 2　③ 3　④ 4　⑤ 5

09 ✪✪

다항식 x^3+ax^2-b를 x^2-x-2로 나누었을 때의 나머지가 $5x+1$일 때, 상수 a, b에 대하여 ab의 값은?

① -10　② -5　③ 0　④ 5　⑤ 10

나머지정리와 그 활용

10 ✪

다항식 x^3+2x^2-2x+3을 $x+1$로 나누었을 때의 나머지는?

① 2　② 4　③ 6　④ 8　⑤ 10

11 ✪

다항식 x^3+ax^2+8x+3을 $x+2$와 $x-1$로 나누었을 때의 나머지가 서로 같을 때, 상수 a의 값은?

① 3　② 5　③ 7　④ 9　⑤ 11

12 ✪

두 다항식

$$f(x)=x^{2018}+2018,\ g(x)=x^{2019}+2019$$

를 $x+1$로 나누었을 때의 나머지를 각각 a, b라고 할 때, $a-b$의 값은?

① -1　② 1　③ 2018　④ 2019　⑤ 2020

STEP 2 내신등급 쑥쑥 올리기

13

x에 대한 삼차식 x^3+ax^2+b를 $x-1$로 나누었을 때의 나머지가 2이고, $x+2$로 나누었을 때의 나머지가 -1이다. 상수 a, b에 대하여 ab의 값은?

① -3 ② -2 ③ 0
④ 2 ⑤ 3

14

다항식 $f(x)$를 $x-1$로 나누었을 때의 몫이 $Q(x)$이고, 나머지가 5이다. 다항식 $f(x)$를 $x-2$로 나누었을 때의 나머지가 -3일 때, $Q(x)$를 $x-2$로 나누었을 때의 나머지는?

① -6 ② -8 ③ -10
④ -12 ⑤ -14

15

다항식 $f(x)$를 $x-\frac{2}{5}$로 나누었을 때의 몫을 $Q(x)$, 나머지를 R라고 할 때, $f(x)$를 $5x-2$로 나누었을 때의 몫과 나머지를 차례대로 구한 것은?

① $\frac{1}{5}Q(x)$, R ② $\frac{1}{5}Q(x)$, $\frac{1}{5}R$
③ $Q(x)$, $5R$ ④ $5Q(x)$, R
⑤ $5Q(x)$, $5R$

16

다항식 $f(x)$를 $2x-4$로 나누었을 때의 몫을 $Q(x)$, 나머지를 R라고 할 때, 다항식 $x^2f(x)$를 $x-2$로 나누었을 때의 나머지를 나타낸 것은?

① $\frac{2}{R}$ ② $\frac{1}{R}$ ③ $2R$
④ $3R$ ⑤ $4R$

17

다항식 $f(x)$를 $x+1$로 나누었을 때의 나머지가 1이고, $x-3$으로 나누었을 때의 나머지가 5이다. 다항식 $f(x)$를 x^2-2x-3으로 나누었을 때의 나머지는?

① $x-2$ ② $x-1$ ③ $x+1$
④ $x+2$ ⑤ $x+3$

18

두 다항식 $f(x)$, $g(x)$를 x^2-3x+2로 나누었을 때의 나머지가 각각 $2x+1$, $-3x+2$일 때,
$(x^2+3x+5)\{f(x)+g(x-1)\}$을 $x-2$로 나누었을 때의 나머지는?

① 52 ② 54 ③ 56
④ 58 ⑤ 60

19 서술형

다항식 $f(x)$를 $3x^2+5x-2$로 나누었을 때의 나머지가 $2x-3$일 때, 다항식 $f(6x-5)$를 $2x-1$로 나누었을 때의 나머지를 구하시오.

▶ 인수정리

20

다항식 x^3-2x^2-ax+6가 $x+1$로 나누어떨어지도록 하는 상수 a의 값은?

① -6 ② -3 ③ 0
④ 3 ⑤ 6

21

다항식 $x^4-3x^3+2x^2+ax+b$가 $x+1$, $x-2$로 각각 나누어떨어질 때, 상수 a, b에 대하여 a^2+b^2의 값은?

① 2 ② 5 ③ 8
④ 13 ⑤ 20

22

다항식 $f(x)=x^3+x^2+ax+b$가 $(x+1)(x-2)$로 나누어떨어질 때, 상수 a, b에 대하여 $a+b$의 값은?

① -8 ② -5 ③ -1
④ 5 ⑤ 8

23

다항식 x^4-ax^2-2x+b를 $x-1$로 나누면 나누어떨어지고, $x-2$로 나누면 나머지가 4이다. 상수 a, b에 대하여 $a+b$의 값은?

① 4 ② 5 ③ 6
④ 7 ⑤ 8

24

다항식 $f(x)$에 대하여 $f(x)-1$은 $x-2$로 나누어떨어지고, $f(x)+2$는 $x+1$로 나누어떨어진다. 다항식 $f(x)$를 $(x+1)(x-2)$로 나누었을 때의 나머지를 $R(x)$라고 할 때, $R(3)$의 값은?

① 1 ② 2 ③ 3
④ 4 ⑤ 5

25

다항식 $f(x)=x^3-2x^2+3x+k$에 대하여 $f(x+1)$이 $x+2$를 인수로 가질 때, 상수 k의 값은?

① -12　② -6　③ 0　④ 6　⑤ 12

26

다항식 $f(x)=x^3+ax+b$에 대하여 다항식 $f(x+1)$은 $x-2$로 나누어떨어지고, 다항식 $f(x-1)$은 $x+2$로 나누어떨어진다. 다항식 $f(x)$를 $x+1$로 나누었을 때의 나머지는? (단, a, b는 상수이다.)

① 5　② 6　③ 7　④ 8　⑤ 9

27

다항식 $f(x)$를 $x-1$로 나누면 나머지가 -4이고, $(x+1)^2$으로 나누면 나누어떨어진다. 이때 $f(x)$를 $(x+1)^2(x-1)$로 나눈 나머지는?

① $-x^2-2x-1$　② $-x^2-2x+1$　③ $-x^2+2x-1$　④ x^2+2x-1　⑤ x^2+2x+1

▶ 조립제법

28

다음은 조립제법을 이용하여 다항식 $3x^3-2x^2+2x+1$을 $x-2$로 나누었을 때의 몫과 나머지를 구하는 과정이다. 상수 a, b, c, d에 대하여 $a+b+c+d$의 값은?

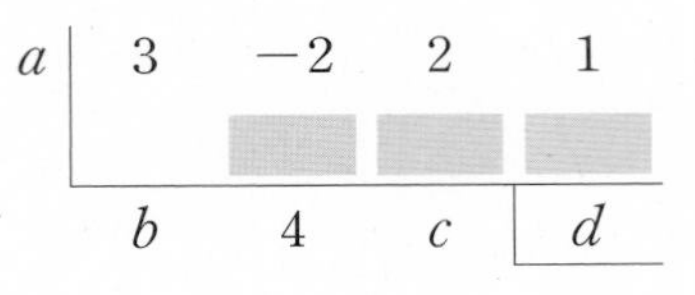

① 30　② 32　③ 34　④ 36　⑤ 38

29

다항식 $3x^3-2x^2+2x-1$을 $3x-1$로 나누었을 때의 몫을 $Q(x)$, 나머지를 R라고 할 때, $Q\left(\frac{1}{3}\right)+R$의 값은?

① -1　② 0　③ $\frac{1}{3}$　④ $\frac{1}{9}$　⑤ 1

30

모든 실수 x에 대하여 등식

$$x^3-5x^2+9x-1$$
$$=a(x-1)^3+b(x-1)^2+c(x-1)+d$$

가 성립할 때, 상수 a, b, c, d에 대하여 $a+b+c+d$의 값은?

① 5　② 10　③ 15　④ 20　⑤ 25

인수분해 공식

31

다음 중 다항식을 인수분해한 것으로 옳지 않은 것은?

① $a^3+6a^2+12a+8=(a+2)^3$
② $x^2+yz-zx-y^2=(x-y)(x+y-z)$
③ $a^2+b^2+c^2-2ab+2bc-2ca=(a-b-c)^2$
④ $x^3-27y^3=(x+3y)(x^2-3xy+9y^2)$
⑤ $a^4-b^4=(a-b)(a+b)(a^2+b^2)$

32

다음 중 다항식 x^6-2^6의 인수가 아닌 것은?

① $x-2$ ② x^2-2x-4 ③ x^2-2x+4
④ $x+2$ ⑤ x^2+2x+4

33

$a+b+c=3$, $a^2+b^2+c^2=5$, $a^3+b^3+c^3=3$일 때, abc의 값은?

① -2 ② -1 ③ 1
④ 2 ⑤ 3

복잡한 식의 인수분해 (1)

34

다항식 $(x^2+2x-1)(x^2+2x-2)-2$를 인수분해하였을 때, 다음 중 인수가 아닌 것은?

① $x-1$ ② x ③ $x+1$
④ $x+2$ ⑤ $x+3$

35

다항식 $(x^2+x)^2-8(x^2+x)+12$를 인수분해하였더니 $(x-1)(x+2)(x+a)(x+b)$가 되었다. 상수 a, b에 대하여 $a+b$의 값은?

① -3 ② -1 ③ 0
④ 1 ⑤ 3

36 서술형

다항식 $x(x+1)(x+2)(x+3)-15$를 인수분해하시오.

37

다음 중 다항식 x^4-5x^2+4의 인수가 아닌 것은?

① $x-3$　② $x-2$　③ $x-1$
④ $x+1$　⑤ $x+2$

38

다항식 x^4-11x^2+25를 인수분해하였더니 $(x^2+ax+b)(x^2+cx+d)$가 되었다. 상수 a, b, c, d에 대하여 $ab+cd$의 값은?

① -1　② 0　③ 1
④ 2　⑤ 3

39

다항식 $4x^4-8x^2y^2+y^4$이 $(2x^2+axy+by^2)(cx^2-2xy+dy^2)$으로 인수분해될 때, 상수 a, b, c, d에 대하여 $a+b+c+d$의 값은?

① -6　② -4　③ -2
④ 0　⑤ 2

▶ 복잡한 식의 인수분해 (2)

40

다항식 $2x^2-xy-y^2-4x+y+2$가 $(ax+by-1)(cx+dy-2)$로 인수분해될 때, 정수 a, b, c, d에 대하여 $a+b+c+d$의 값은?

① 3　② 4　③ 5
④ 6　⑤ 7

41

다음 중 다항식 $x^4-2x^2y-3x^2-3y^2+5y+2$의 인수인 것은?

① $x-y-2$　② $x+3y-2$　③ x^2+y-2
④ x^2-3y-2　⑤ x^2-3y+1

42

다항식 $ab(a-b)+bc(b-c)+ca(c-a)$를 인수분해하면?

① $(a+b)(b+c)(c+a)$　② $(a+b)(b+c)(c-a)$
③ $(a+b)(b-c)(c-a)$　④ $(a-b)(b-c)(c-a)$
⑤ $(a-b)(b-c)(a-c)$

43 ✩

다항식 x^3-5x^2+8x-4를 인수분해하면?

① $(x-1)(x-2)(x+2)$ ② $(x+1)(x-2)(x+2)$
③ $(x+1)(x-2)^2$ ④ $(x-1)(x-2)^2$
⑤ $(x+1)(x+2)^2$

44 ✩✩

다항식 $x^4-4x^3-x^2+16x+a$가 $x-1$로 나누어떨어질 때, 다음 중 이 다항식의 인수가 아닌 것은?

(단, a는 상수이다.)

① $x-3$ ② $x-2$ ③ $x-1$
④ $x+1$ ⑤ $x+2$

45 ✩✩

다항식 x^3+x^2-8x+k가 $x+2$를 인수로 가질 때, 다음 중 이 다항식의 인수인 것은? (단, k는 상수이다.)

① $(x-3)(x-1)$ ② $(x-3)(x+2)$
③ $(x-2)(x-1)$ ④ $(x-2)(x+2)$
⑤ $(x-2)^2$

인수분해의 활용

46 ✩

$\dfrac{2018^3+18^3}{2018\times2000+18^2}$의 값은?

① 2000 ② 2012 ③ 2024
④ 2036 ⑤ 2048

47 ✩✩ 서술형

오른쪽 그림과 같이 가로의 길이가 $a+3$, 세로의 길이가 $a-2$, 부피가 $a^3-3a^2-10a+24$인 직육면체의 높이를 구하시오.

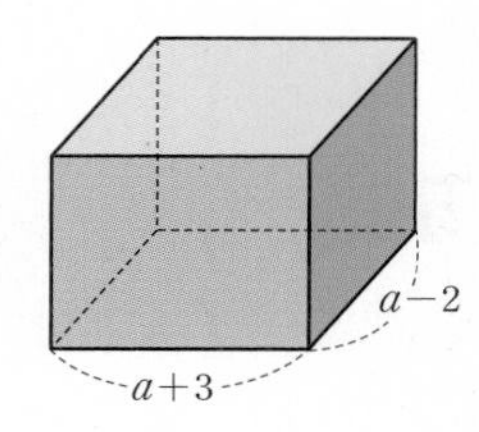

48 ✩✩✩

세 변의 길이가 a, b, c인 삼각형 ABC에서

$$a^3+a^2b-ac^2+ab^2+b^3-bc^2=0$$

이 성립할 때, 이 삼각형은 어떤 삼각형인가?

① 정삼각형
② $a=b$인 이등변삼각형
③ $b=c$인 이등변삼각형
④ b를 빗변의 길이로 하는 직각삼각형
⑤ c를 빗변의 길이로 하는 직각삼각형

STEP 3 내신 100점 잡기

49

모든 실수 x에 대하여 등식

$$(x^3+x^2+x+1)^2=a_0+a_1x+a_2x^2+\cdots+a_6x^6$$

이 성립할 때, $a_1+a_3+a_5$의 값은?

(단, a_0, a_1, $\cdots$, a_6은 상수이다.)

① 2 ② 4 ③ 6
④ 8 ⑤ 10

50

모든 실수 x에 대하여 다항식 $f(x)$가

$$f(x^2-2x)=xf(x)+3x+1$$

을 만족시킬 때, $f(1)$의 값은?

① -4 ② -3 ③ -2
④ -1 ⑤ 0

51

$7^{30}+7^{20}+7$을 6으로 나누었을 때의 나머지는?

① 1 ② 2 ③ 3
④ 4 ⑤ 5

52

이차식 $f(x)=x^2+ax+b$를 $x-m$, $x-n$으로 나누었을 때의 나머지가 각각 m, n일 때, a를 m, n으로 나타내면? (단, a, b, m, n은 상수이고 $m\neq n$이다.)

① $a=m+n$ ② $a=m-n$
③ $a=-m-n$ ④ $a=1+m+n$
⑤ $a=1-m-n$

53 서술형

다항식 $f(x)$를 x^2+2x-3으로 나누었을 때의 나머지가 3이고 x^2-4x+3으로 나누었을 때의 나머지가 $3x$일 때, 다항식 $f(x)$를 x^2-9로 나누었을 때의 나머지를 구하시오.

54

다음 그림과 같이 네 개의 직육면체가 있다. A, B, C의 부피의 합이 D의 부피의 3배와 같을 때, 다음 중 항상 성립하는 것은?

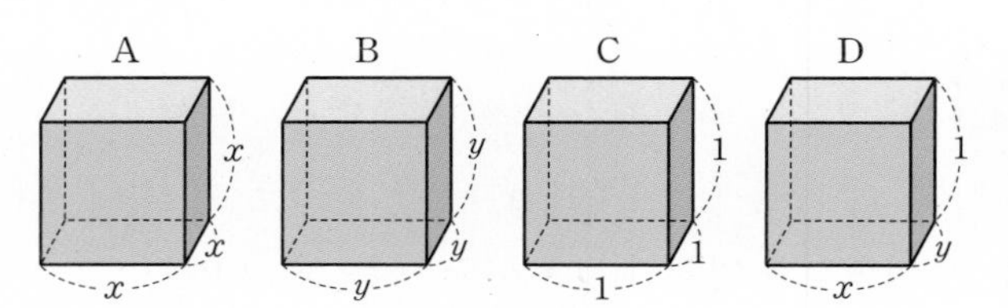

① $x+y=xy$ ② $x+y=\sqrt{xy}$
③ $x^2+y^2=x^2y^2$ ④ $x^2+y^2+1=xy$
⑤ $(x-1)^2+(y-1)^2=0$

55

다음 중 다항식 $x^{2020}+x^{2019}-x-1$의 인수인 것은?

① $x+2$　② $x-2018$　③ x^2+1
④ x^2-x+1　⑤ $x^{2018}+x^{2017}+\cdots+x+1$

56

$10\times11\times12\times13+1=x^2$을 만족시키는 양의 정수 x의 값은?

① 117　② 121　③ 131
④ 142　⑤ 156

57

$(x-y)^3+(y-z)^3+(z-x)^3$을 인수분해하면?

① $-(xy+yz+zx)(x^2+y^2+z^2)$
② $-2(x-y)(y-z)(z-x)$
③ $-(x-y)(y-z)(z-x)$
④ $(x-y)(y-z)(z-x)$
⑤ $3(x-y)(y-z)(z-x)$

58

두 다항식 $f(x)$, $g(x)$에 대하여 $f(x)+g(x)$는 $x-2$로 나누어떨어지고, $f(x)-g(x)$를 $x-2$로 나누었을 때의 나머지가 4이다. 다음 〈보기〉의 다항식에서 $x-2$로 나누어떨어지는 것만을 있는 대로 고른 것은?

보기
ㄱ. $f(x)+\frac{1}{2}x^2$　ㄴ. $g(x)+x$　ㄷ. $4x^2+f(x)g(x)$

① ㄱ　② ㄴ　③ ㄱ, ㄴ
④ ㄴ, ㄷ　⑤ ㄱ, ㄴ, ㄷ

59

다항식 $f(x)$를 다항식 $g(x)$로 나누었을 때의 몫이 $Q(x)$, 나머지가 $R(x)$일 때, **[그림 1]**과 같이 나타내기로 하자. 예를 들어 **[그림 2]**는 다항식 $2x^2+3x+2$를 $x+2$로 나누었을 때의 몫이 $2x-1$이고, 나머지가 4임을 나타낸 것이다.

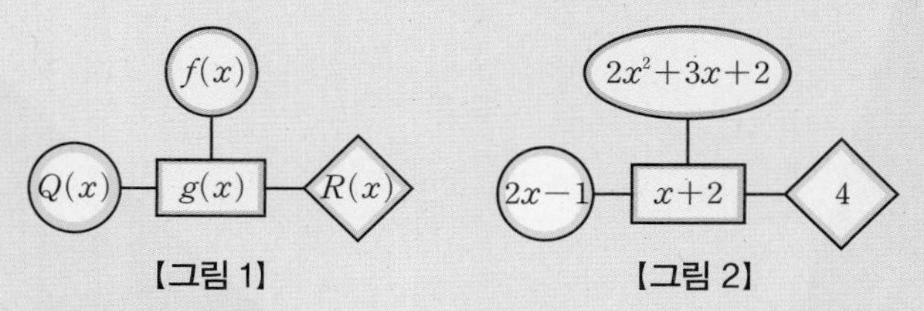

[그림 1]　**[그림 2]**

다음 그림에서 $f(x)=x^3-10x^2+27x-8$일 때, $a+b+c+d$의 값은?

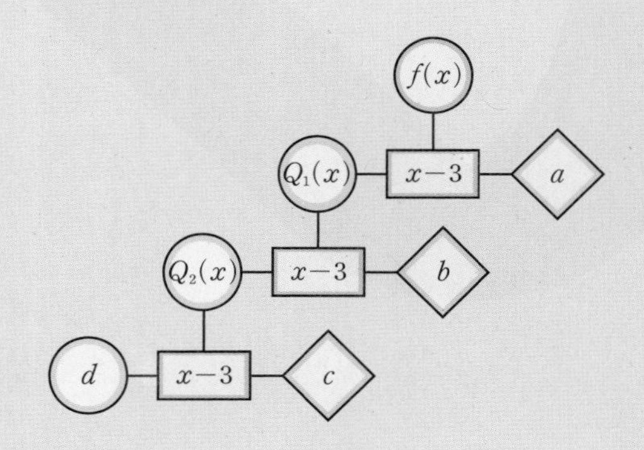

① 2　② 4　③ 6
④ 8　⑤ 10

Ⅱ 방정식과 부등식

개념 정리하기

① 허수단위 i와 복소수

(1) **허수단위 i:** 제곱하여 -1이 되는 수를 i로 나타내고, i를 허수단위라 한다.
즉, $i^2=-1$, $i=\sqrt{-1}$

(2) **복소수:** 임의의 실수 a, b에 대하여 $a+bi$ 꼴로 나타낼 수 있는 수를 복소수라 한다.

$a+bi$: a → 실수부분, b → 허수부분

(3) **복소수의 분류**

$$a+bi\begin{cases} a & (b=0)\ \text{실수} \\ a+bi(b\neq 0)\ \text{허수} \begin{cases} bi & (a=0,\ b\neq 0)\ \text{순허수} \\ a+bi(a\neq 0,\ b\neq 0)\ \text{순허수가 아닌 허수} \end{cases} \end{cases}$$

참고 복소수가 실수 또는 순허수가 될 조건
복소수 $z=a+bi(a, b$는 실수)에 대하여
① z가 실수가 되기 위한 조건 ➡ $b=0$ ② z가 순허수가 되기 위한 조건 ➡ $a=0, b\neq 0$

(4) **복소수가 서로 같을 조건**
두 복소수 $a+bi$, $c+di$(a, b, c, d는 실수)에 대하여
① $a+bi=c+di$일 때, $a=c$, $b=d$ ② $a+bi=0$일 때, $a=0$, $b=0$

(5) **켤레복소수:** 복소수 $a+bi$에 대하여 허수부분의 부호를 바꾼 복소수 $a-bi$를 $a+bi$의 켤레복소수라 하고, 이것을 기호로 $\overline{a+bi}$와 같이 나타낸다. 예 $\overline{2+i}=2-i$

(6) **켤레복소수의 성질:** 두 복소수 z_1, z_2에 대하여
① $\overline{z_1+z_2}=\overline{z_1}+\overline{z_2}$, $\overline{z_1-z_2}=\overline{z_1}-\overline{z_2}$
② $\overline{z_1\times z_2}=\overline{z_1}\times\overline{z_2}$ ③ $\overline{\left(\frac{z_1}{z_2}\right)}=\frac{\overline{z_1}}{\overline{z_2}}$ (단, $z_2\neq 0$)

② 복소수의 사칙연산

a, b, c, d가 실수일 때,
(1) $(a+bi)+(c+di)=(a+c)+(b+d)i$
(2) $(a+bi)-(c+di)=(a-c)+(b-d)i$
(3) $(a+bi)(c+di)=(ac-bd)+(ad+bc)i$
(4) $\frac{a+bi}{c+di}=\frac{ac+bd}{c^2+d^2}+\frac{bc-ad}{c^2+d^2}i$ (단, $c+di\neq 0$)

③ 음수의 제곱근

(1) **음수의 제곱근:** $a>0$일 때
① $\sqrt{-a}=\sqrt{a}i$ ② $-a$의 제곱근은 $\pm\sqrt{a}i$이다.

(2) **음수의 제곱근의 성질**
① $a<0$, $b<0$일 때, $\sqrt{a}\sqrt{b}=-\sqrt{ab}$
② $a>0$, $b<0$일 때, $\frac{\sqrt{a}}{\sqrt{b}}=-\sqrt{\frac{a}{b}}$
이를 제외한 경우에는 $\sqrt{a}\sqrt{b}=\sqrt{ab}$, $\frac{\sqrt{a}}{\sqrt{b}}=\sqrt{\frac{a}{b}}$

참고 i의 거듭제곱은 지수가 4의 배수마다 같은 수가 반복된다.
$i^{4n}=1$, $i^{4n+1}=i$, $i^{4n+2}=-1$, $i^{4n+3}=-i$

문제로 개념 확인하기

01 개념 ①
다음 등식을 만족시키는 실수 a, b의 값을 각각 구하시오.
(1) $a-1+(3-b)i=3+2i$
(2) $(a-b+1)+(a+b)i=0$

02 개념 ②
다음을 계산하시오.
(1) $(3+2\sqrt{2}i)+(4-3\sqrt{2}i)$
(2) $(5-3i)-(6-5i)$
(3) $(1+3i)(1-3i)$

03 개념 ②
다음을 $a+bi$(a, b는 실수) 꼴로 나타내시오.
(1) $\frac{1}{3-2i}$
(2) $\frac{2-i}{1+2i}$

04 개념 ③
다음 수의 제곱근을 구하시오.
(1) -16
(2) -20

05 개념 ③
i^{2018}의 값을 구하시오.

정답 및 해설 14쪽

④ 이차방정식의 실근과 허근

이차방정식 $ax^2+bx+c=0$(a, b, c는 실수)의 근 $x=\dfrac{-b\pm\sqrt{b^2-4ac}}{2a}$에서

(1) $b^2-4ac\geq0$이면 $\sqrt{b^2-4ac}$는 실수 ➡ x는 실근

(2) $b^2-4ac<0$이면 $\sqrt{b^2-4ac}$는 허수 ➡ x는 허근

⑤ 이차방정식의 근의 판별

(1) **이차방정식의 판별식**

이차방정식 $ax^2+bx+c=0$(a, b, c는 실수)에서 b^2-4ac를 이차방정식의 판별식이라 하고, D(Discriminant의 첫 글자)로 나타낸다.

(2) **이차방정식의 근의 판별**

이차방정식 $ax^2+bx+c=0$(a, b, c는 실수)의 판별식을 $D=b^2-4ac$라고 하면

① $D>0$일 때, 서로 다른 두 실근을 갖는다.

② $D=0$일 때, 중근(서로 같은 두 실근)을 갖는다.

③ $D<0$일 때, 서로 다른 두 허근을 갖는다.

참고 b가 짝수일 경우($b=2b'$) D 대신 $\dfrac{D}{4}=b'^2-ac$를 이용하여 근을 판별할 수 있다.

⑥ 이차방정식의 근과 계수의 관계

이차방정식 $ax^2+bx+c=0$의 두 근을 α, β라 하면

두 근의 합 $\alpha+\beta=-\dfrac{b}{a}$ 두 근의 곱 $\alpha\beta=\dfrac{c}{a}$

⑦ 이차방정식의 근의 활용

(1) **이차방정식의 작성**

x^2의 계수가 1이고 두 수 α, β를 두 근으로 하는 이차방정식은

$x^2-(\alpha+\beta)x+\alpha\beta=0$

(2) **이차식의 인수분해**

이차방정식 $ax^2+bx+c=0$의 두 근을 α, β라 할 때, 이차식 ax^2+bx+c를 인수분해하면 $ax^2+bx+c=a(x-\alpha)(x-\beta)$

참고 계수가 실수인 모든 이차식은 복소수의 범위에서 두 일차식의 곱으로 나타낼 수 있다.

⑧ 이차방정식의 켤레근

이차방정식 $ax^2+bx+c=0$에서

(1) a, b, c가 유리수일 때, 한 근이 $p+q\sqrt{m}$이면 $p-q\sqrt{m}$도 근이다.
(단, p, q는 유리수, $q\neq0$, $\sqrt{m}$은 무리수)

(2) a, b, c가 실수일 때, 한 근이 $p+qi$이면 $p-qi$도 근이다.
(단, p, q는 실수, $q\neq0$, $i=\sqrt{-1}$)

문제로 개념 확인하기

06 개념 ④

다음 이차방정식을 푸시오.

(1) $2x^2-x-1=0$

(2) $x^2-x+2=0$

07 개념 ⑤

다음 이차방정식의 근을 판별하시오.

(1) $x^2+5x+6=0$

(2) $2x^2-3x+2=0$

(3) $4x^2-12x+9=0$

08 개념 ⑥

이차방정식 $x^2-2x+3=0$의 두 근을 α, β라 할 때, 다음 식의 값을 구하시오.

(1) $\alpha\beta+\alpha+\beta$

(2) $(\alpha-1)(\beta-1)$

09 개념 ⑦

다음 두 수를 근으로 하고 x^2의 계수가 1인 이차방정식을 구하시오.

(1) -3, 4

(2) $1+\sqrt{2}$, $1-\sqrt{2}$

STEP 2 내신등급 쑥쑥 올리기

▶ 복소수의 뜻과 사칙연산

01

다음 중 옳지 않은 것은? (단, $i=\sqrt{-1}$)

① -1의 제곱근은 $\pm i$이다.
② -2는 실수이지만 복소수는 아니다.
③ 복소수 $3-2i$의 허수부분은 -2이다.
④ 제곱하여 -3이 되는 수는 $\pm\sqrt{3}i$이다.
⑤ $-2i$는 순허수이다.

02

다음 〈보기〉의 수는 복소수가 a개, 실수가 b개, 허수가 c개, 순허수가 d개이다. 이때 $a+b+c+d$의 값은?

보기
$3i^2-2i$, $-i$, 2, $3-4i$, $3+2\sqrt{3}$, π(원주율)

① 11 ② 12 ③ 13
④ 14 ⑤ 15

03

$1+2i$의 실수부분을 a라 하고, $2-5i$의 허수부분을 b라고 할 때, $a+b$의 값은?

① -5 ② -4 ③ -3
④ 3 ⑤ 4

04

$x^2+(1-i)x-2+i$가 순허수가 되도록 하는 실수 x의 값은?

① -2 ② -1 ③ 0
④ 1 ⑤ $\sqrt{2}$

05 서술형

$(x-1)+(x-3)i$의 제곱이 실수가 되도록 하는 모든 실수 x의 값의 합을 구하시오.

06

다음 중 복소수의 계산이 옳지 않은 것은?

① $(3+2i)-(2-4i)=1+6i$
② $(5-3i)(1+i)=8+2i$
③ $\dfrac{(1-i)^2}{i}=-2$
④ $\dfrac{1+i}{1-i}+\dfrac{1-i}{1+i}=0$
⑤ $\dfrac{1}{2+\sqrt{2}i}+\dfrac{1}{2-\sqrt{2}i}=\dfrac{i}{2}$

07

$(2-\sqrt{3}i)(\sqrt{3}-3i)+\dfrac{13}{2\sqrt{3}-i}$을 계산하여 $a+bi$의 꼴로 나타내면? (단, a, b는 실수이다.)

① $-\sqrt{3}+8i$ ② $-\sqrt{3}-8i$ ③ $\sqrt{3}-8i$
④ $\sqrt{3}+8i$ ⑤ $2\sqrt{2}-3i$

08

$x=\dfrac{1+\sqrt{3}i}{2}$일 때, x^2-x+2의 값은?

① -2 ② -1 ③ 0
④ 1 ⑤ 2

09

$\alpha=2-i$, $\beta=3+i$일 때, $\alpha^2\beta+\alpha\beta^2$의 값은?

① $10-i$ ② $15-5i$ ③ $15+5i$
④ $35-5i$ ⑤ $35+5i$

복소수가 서로 같은 조건

10

$(1+i)x-(2i-1)y=-4+2i$를 만족시키는 실수 x, y에 대하여 $3x-2y$의 값은?

① -3 ② -2 ③ 0
④ 1 ⑤ 4

11

$\dfrac{2x}{1+i}+\dfrac{y}{1-i}=12-9i$를 만족시키는 실수 x, y에 대하여 $2x+3y$의 값은?

① 30 ② 35 ③ 40
④ 45 ⑤ 50

12

다음 두 조건을 모두 만족시키는 복소수 $z=a+bi$에 대하여 $a+b+c$의 값은? (단, a, b, c는 실수이다.)

(가) $(z-2-3i)^2<0$	(나) $z^2=c+4i$

① 6 ② 8 ③ 10
④ 12 ⑤ 14

STEP 2 내신등급 쑥쑥 올리기

결레복소수의 성질과 계산

13 ✪

복소수 z와 그 켤레복소수 $\overline{z}$에 대하여

$$(3+i)\overline{z}+2iz=5+3i$$

일 때, 복소수 z는?

① $-2-2i$　② $-2+i$　③ $-1+2i$
④ $1+2i$　⑤ $2+i$

14 ✪ 서술형

복소수 z와 그 켤레복소수 $\overline{z}$에 대하여

$$z+\overline{z}=6,\ z-\overline{z}=-8i$$

가 성립할 때, $z\overline{z}$의 값을 구하시오.

15 ✪✪

복소수 z와 그 켤레복소수 $\overline{z}$에 대하여 〈보기〉에서 옳은 것만을 있는 대로 고른 것은?

보기
ㄱ. $z=-\overline{z}$이면 z는 실수이다.
ㄴ. $z-\overline{z}=0$이면 z는 순허수이다.
ㄷ. $z\overline{z}=0$이면 $z=0$이다.
ㄹ. $z^2+\overline{z}^2=0$이면 $z=0$이다.

① ㄱ　② ㄴ　③ ㄷ
④ ㄴ, ㄷ　⑤ ㄱ, ㄷ, ㄹ

16 ✪✪

두 복소수 α, β와 각각의 켤레복소수 $\overline{\alpha}$, $\overline{\beta}$에 대하여

$$\overline{\alpha+\beta}=5-3i$$

일 때, $\alpha\overline{\alpha}+\beta\overline{\beta}+\alpha\overline{\beta}+\overline{\alpha}\beta$의 값은?

① 4　② 10　③ 16
④ 22　⑤ 34

17 ✪✪✪

복소수 $z=(x^2-1)+(x^2-3x+2)i$에 대하여 $z+\overline{z}=0$일 때, 실수 x의 값은?

(단, $z\neq0$이고, $\overline{z}$는 z의 켤레복소수이다.)

① -2　② -1　③ 0
④ 1　⑤ 2

18 ✪✪✪

두 복소수 z_1, z_2에 대하여

$$\overline{z_1}+\overline{z_2}=1-2i,\ \overline{z_1}\times\overline{z_2}=5+3i$$

일 때, $(z_1+1)(z_2+1)$의 값은?

(단, $\overline{z_1}$, $\overline{z_2}$는 각각 z_1, z_2의 켤레복소수이다.)

① $6+i$　② $7+i$　③ $6-i$
④ $7-i$　⑤ $2-3i$

복소수의 거듭제곱

19

$\frac{1}{i}+\frac{2}{i^2}+\frac{3}{i^3}+\cdots+\frac{99}{i^{99}}$의 값은?

① $-50-50i$ ② $-50+50i$ ③ $50i$
④ $50-50i$ ⑤ $50+50i$

20

50 이하의 자연수 n에 대하여 $(1+i)^{2n}=2^n i$를 만족시키는 n의 개수는?

① 10 ② 11 ③ 12
④ 13 ⑤ 14

21

$\left(\frac{1-i}{1+i}\right)^{2018}+\left(\frac{1+i}{1-i}\right)^{2019}$을 간단히 하면?

① $-1-i$ ② $-1+i$ ③ 0
④ $1-i$ ⑤ $1+i$

22

100 이하의 자연수 n에 대하여 $\left(\frac{1-i}{1+i}\right)^n+\left(\frac{1+2i}{2-i}\right)^n=-2$를 만족시키는 자연수 n의 개수는?

① 23 ② 24 ③ 25
④ 26 ⑤ 27

음수의 제곱근의 성질

23

$\sqrt{-3}\sqrt{-1}+\frac{\sqrt{-9}}{\sqrt{-3}}-\frac{\sqrt{10}}{\sqrt{-5}}+\frac{\sqrt{-4}}{\sqrt{2}}$를 간단히 하면?

① $-2\sqrt{3}i$ ② 0 ③ $2\sqrt{2}i$
④ $2\sqrt{3}i-2\sqrt{2}i$ ⑤ $2\sqrt{3}i+2\sqrt{2}i$

24

0이 아닌 두 실수 a, b에 대하여 $\sqrt{a}\sqrt{b}+\sqrt{ab}=0$이 성립할 때, $\sqrt{(a-1)^2}-|a+b|-\sqrt{(1-a)^2}+\sqrt{b^2}$을 간단히 하면?

① $a+b$ ② a ③ ab
④ $b-a$ ⑤ $2a+2b$

25

두 실수 a, b에 대하여 $\sqrt{\frac{a}{b}}=-\frac{\sqrt{a}}{\sqrt{b}}$일 때, 함수 $y=ax+b$의 그래프가 지나지 않는 사분면은? (단, $a\neq0$)

① 제1사분면 ② 제2사분면 ③ 제3사분면
④ 제4사분면 ⑤ 제2, 4사분면

STEP 2 내신등급 쑥쑥 올리기

▶ 이차방정식의 풀이

26

이차방정식 $2x^2-x+3=0$의 근이 $x=\frac{a\pm\sqrt{b}i}{4}$일 때, 유리수 a, b에 대하여 $a+b$의 값은?

① 16 ② 20 ③ 24
④ 28 ⑤ 32

27

이차방정식 $x^2+4x+5=0$의 한 근이 α일 때, $\alpha+\frac{5}{\alpha}$의 값은?

① -5 ② -4 ③ -3
④ -2 ⑤ -1

28

이차방정식 $ax^2-9x+4=0$의 한 근이 4일 때, 이차방정식 $2x^2+x+2a=0$의 근은? (단, a는 실수이다.)

① $x=\frac{-1\pm\sqrt{15}i}{2}$ ② $x=\frac{1\pm\sqrt{31}i}{2}$
③ $x=\frac{1\pm\sqrt{15}i}{4}$ ④ $x=\frac{-1\pm\sqrt{31}i}{2}$
⑤ $x=\frac{-1\pm\sqrt{31}i}{4}$

29

x에 대한 방정식 $2a^2x+3ax-4=2x+2a$가 해가 없을 때의 a의 값을 m, 해가 무수히 많을 때의 a의 값을 n이라고 하자. 이때 $m-n$의 값은? (단, a는 실수이다.)

① $-\frac{5}{2}$ ② $-\frac{3}{2}$ ③ $-\frac{1}{2}$
④ $\frac{3}{2}$ ⑤ $\frac{5}{2}$

30

x에 대한 방정식 $kx^2+(a+1)x+(k-1)b=0$이 k의 값에 관계없이 $x=2$를 한 근으로 가질 때, 실수 a, b에 대하여 $b-2a$의 값은?

① 1 ② 2 ③ 3
④ 4 ⑤ 5

31

이차방정식 $f(x)=0$의 두 근 α, β에 대하여 $\alpha+\beta=4$일 때, 방정식 $f(2x-1)=0$의 두 근의 합은?

① 2 ② 3 ③ 4
④ 5 ⑤ 6

32 ✪✪✪

방정식 $x^2-3|x|-4=0$의 모든 실근의 곱은?

① -16 ② -4 ③ -1
④ 4 ⑤ 16

33 ✪✪✪

다음 중 방정식 $2[x]^2+[x]-1=0$의 해가 아닌 것은?
(단, $[x]$는 x보다 크지 않은 최대 정수이다.)

① $-\frac{\sqrt{3}}{2}$ ② $-\frac{\sqrt{2}}{2}$ ③ $-\frac{1}{2}$
④ -1 ⑤ 0

▶ 이차방정식의 활용

34 ✪

둘레의 길이가 $2\pi x$인 원의 반지름의 길이를 1만큼 늘였더니 원래 원의 넓이의 2배가 되었다고 한다. 이때 x의 값은?

① $2\sqrt{3}$ ② $2\sqrt{2}$ ③ $2\sqrt{2}-1$
④ $\sqrt{2}-1$ ⑤ $\sqrt{2}+1$

35 ✪✪ 서술형

오른쪽 그림과 같이 한 변의 길이가 10 m인 정사각형 모양의 밭에 폭이 일정한 십자 모양의 길을 만들려고 한다. 길을 제외한 밭의 넓이가 길의 넓이의 3배일 때, 길의 폭을 구하시오.

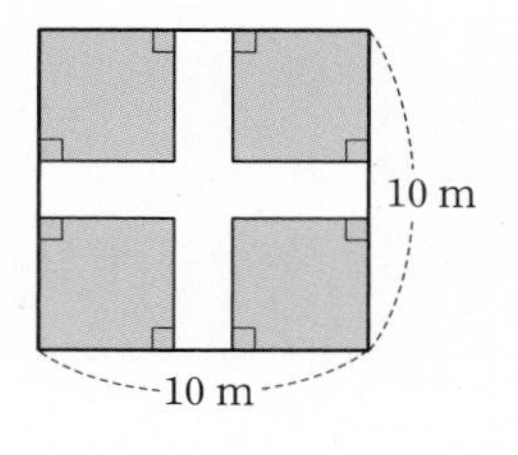

36 ✪✪✪

오른쪽 그림의 직사각형에서 가로의 길이를 x, 세로의 길이를 y라고 할 때, 이 직사각형에서 한 변의 길이가 x인 정사각형을 잘라내고 남은 직사각형은 자르기 전의 직사각형과 닮음이라고 한다.

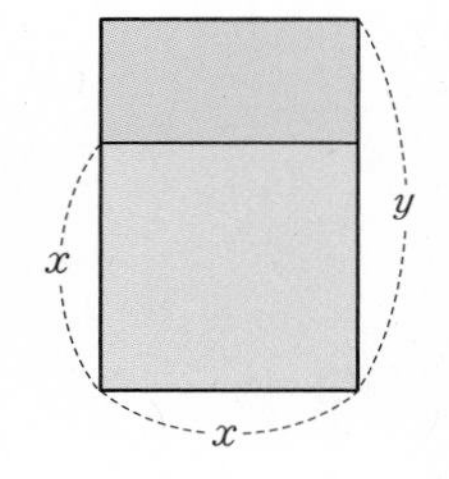

이때 $\frac{x}{y}$의 값은? (단, $x<y$)

① $-1+\sqrt{5}$ ② $\frac{-1+\sqrt{5}}{2}$ ③ $\sqrt{5}$
④ $\frac{1+\sqrt{5}}{2}$ ⑤ $1+\sqrt{5}$

37 ✪✪✪

어떤 놀이공원에서 올해 입장료를 지난해보다 $10x\,\%$ 올렸더니 관람객 수는 $4x\,\%$ 감소하였지만 연간 수입은 $20\,\%$ 증가하였다고 한다. 이때 x의 값은? (단, $0<x<10$)

① 1 ② 2 ③ 3
④ 4 ⑤ 5

이차방정식의 근의 판별

38

다음 〈보기〉에서 실근을 가지는 이차방정식의 개수는?

보기

ㄱ. $x^2+4x+2=0$ ㄴ. $2x^2-3x+5=0$

ㄷ. $9x^2-12x+4=0$ ㄹ. $2x^2-2x+1=0$

① 0 ② 1 ③ 2
④ 3 ⑤ 4

39

x에 대한 이차방정식 $x^2+(k+1)x+2k-1=0$이 중근을 가질 때, 모든 실수 k의 값의 합은?

① -6 ② -1 ③ 1
④ 5 ⑤ 6

40

x에 대한 이차방정식 $x^2+\sqrt{a}x+4=0$이 허근을 갖도록 하는 자연수 a의 개수는?

① 12 ② 13 ③ 14
④ 15 ⑤ 16

41

x에 대한 이차식 ax^2+ax+2가 완전제곱식이 되기 위한 실수 a의 값은?

① 0 ② 2 ③ 4
④ 6 ⑤ 8

42 서술형

x에 대한 이차방정식 $x^2+(2k+a)x+k^2-k+b=0$이 임의의 실수 k에 대하여 항상 중근을 가진다. 상수 a, b에 대하여 $b-a$의 값을 구하시오.

43

a, b, c가 삼각형의 세 변의 길이이고, x에 대한 이차방정식 $a(x^2+1)-2bx+c(x^2-1)=0$이 중근을 가질 때, 이 삼각형은 어떤 삼각형인가?

① $a=c$인 이등변삼각형
② 빗변의 길이가 c인 직각삼각형
③ 빗변의 길이가 a인 직각삼각형
④ 가장 긴 변의 길이가 b인 둔각삼각형
⑤ 가장 긴 변의 길이가 c인 둔각삼각형

이차방정식의 근과 계수의 관계

44

이차방정식 $2x^2-3x+5=0$의 두 근의 합을 p, 두 근의 곱을 q라고 할 때, $p+q$의 값은?

① 3 ② 4 ③ 5
④ 6 ⑤ 7

45

이차방정식 $x^2-2x-4=0$의 두 근을 α, β라고 할 때, $\frac{\beta}{\alpha}+\frac{\alpha}{\beta}$의 값은?

① -3 ② -2 ③ -1
④ 1 ⑤ 2

46

x에 대한 이차방정식 $x^2+ax-b=0$의 두 근이 -2, 6일 때, 이차방정식 $ax^2+bx+1=0$의 두 근의 합은?

① 1 ② 2 ③ 3
④ 4 ⑤ 5

47

이차방정식 $x^2-5x+2=0$의 두 근을 α, β라고 할 때, $(\alpha^2-4\alpha+2)(\beta^2-4\beta+2)$의 값은?

① 2 ② 4 ③ 6
④ 8 ⑤ 10

48

이차방정식 $x^2+5x-2=0$의 두 근을 α, β라고 할 때, $\alpha^2-5\beta$의 값은?

① 27 ② 25 ③ 23
④ 20 ⑤ 18

49 서술형

x에 대한 이차방정식 $x^2-3kx+4k-2=0$의 한 근이 다른 한 근의 2배일 때, 실수 k의 값과 두 근을 각각 구하시오.

50

이차방정식 $x^2-(2k+1)x+k^2=0$의 두 근의 차가 1일 때, 실수 k의 값은?

① 0　② 2　③ 4　④ 6　⑤ 8

51

x에 대한 이차방정식 $x^2+ax+b=0$에서 a를 잘못 보고 근을 구했더니 -2, 3이고, b를 잘못 보고 근을 구했더니 $2+\sqrt{3}$, $2-\sqrt{3}$이었다. 원래 이차방정식의 두 근은?

① $x=1\pm\sqrt{10}$　② $x=2\pm\sqrt{10}$　③ $x=3\pm\sqrt{10}$　④ $x=-1\pm\sqrt{10}$　⑤ $x=-2\pm\sqrt{10}$

52

x에 대한 이차방정식 $x^2+(m^2+m-6)x-m-2=0$의 두 실근의 절댓값이 같고 부호가 서로 다를 때, 실수 m의 값은?

① -2　② 0　③ 2　④ 4　⑤ 6

두 수를 근으로 하는 이차방정식

53

이차방정식 $2x^2+3x+6=0$의 두 근 α, β에 대하여 두 수 $\frac{1}{\alpha}$, $\frac{1}{\beta}$을 두 근으로 하고 x^2의 계수가 6인 이차방정식은?

① $6x^2+3x-2=0$　② $6x^2-3x+2=0$　③ $6x^2+3x+2=0$　④ $6x^2-2x+3=0$　⑤ $6x^2-2x-3=0$

54 서술형

이차방정식 $x^2-2x-1=0$의 두 근을 α, β라고 할 때, $\alpha^2+\beta$, $\beta^2+\alpha$를 두 근으로 하고 x^2의 계수가 1인 이차방정식을 구하시오.

55

오른쪽 그림과 같이 반지름의 길이가 8인 O의 지름 AB와 현 CD가 점 P에서 만난다. $\overline{CP}=6$, $\overline{DP}=8$일 때, $\overline{AP}$, $\overline{BP}$의 길이를 두 근으로 하고 x^2의 계수가 1인 이차방정식은?

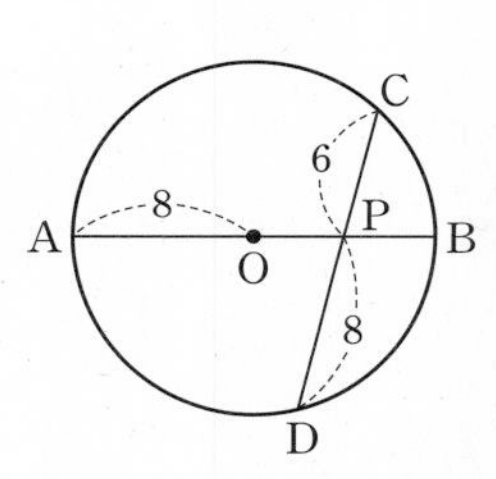

① $x^2-16x-48=0$　② $x^2+16x-48=0$　③ $x^2-16x+48=0$　④ $x^2+16x+48=0$　⑤ $x^2-12x+48=0$

56 ✪✪✪

이차방정식 $x^2-3x+4=0$의 두 근에 각각 k를 더한 후 2로 나눈 값을 두 근으로 하고, x^2의 계수가 1인 이차방정식을 만들었더니 상수항이 2가 되었다. 자연수 k의 값은?

① 1 ② 2 ③ 3
④ 4 ⑤ 5

▶ 이차식의 인수분해

57 ✪

x에 대한 이차식 x^2-2x+3을 복소수의 범위에서 인수분해하면? (단, $i=\sqrt{-1}$)

① $(x-2+\sqrt{2}i)(x-2-\sqrt{2}i)$
② $(x-2+\sqrt{3}i)(x+2-\sqrt{3}i)$
③ $(x-1-\sqrt{2}i)(x-1+\sqrt{2}i)$
④ $(x+1-\sqrt{2}i)(x+1+\sqrt{2}i)$
⑤ $(x+1-\sqrt{3}i)(x+1+\sqrt{3}i)$

58 ✪✪

이차식 $\frac{1}{2}x^2-3x+6$을 복소수의 범위에서 인수분해할 때, 다음 중 인수인 것은? (단, $i=\sqrt{-1}$)

① $x+3-\sqrt{3}i$ ② $x-3-\sqrt{3}i$
③ $x+3+\sqrt{3}i$ ④ $x-3+\sqrt{5}i$
⑤ $x-5-\sqrt{3}i$

▶ 이차방정식의 켤레근

59 ✪

이차방정식 $x^2+ax+b=0$의 한 근이 $3-2\sqrt{2}i$일 때, 실수 a, b에 대하여 $b-a$의 값은? (단, $i=\sqrt{-1}$)

① 15 ② 17 ③ 19
④ 21 ⑤ 23

60 ✪✪

두 실수 a, b에 대하여 이차방정식 $x^2-ax+b=0$의 한 근이 $\frac{1}{1+i}$일 때, a의 값은? (단, $i=\sqrt{-1}$)

① -2 ② -1 ③ 1
④ 2 ⑤ 3

61 ✪✪✪

x에 대한 이차방정식 $x^2+mx+n=0$의 한 근이 $-1+2i$이고, $\frac{1}{m}$, $\frac{1}{n}$을 두 근으로 하는 이차방정식이 $x^2-ax+b=0$일 때, 상수 a, b에 대하여 $100ab$의 값은?
(단, $i=\sqrt{-1}$이고 m, n은 실수이다.)

① -7 ② -1 ③ 1
④ 7 ⑤ 14

STEP 3

내신 100점 잡기

62

$x=\frac{1+\sqrt{7}i}{2}$일 때, $x^4-3x^3+3x^2-3x+1$의 값은?

① 1 ② 2 ③ 3 ④ 4 ⑤ 5

63

어느 금고의 네 자리 수의 암호를 다음과 같이 적어 놓았다.

> 어떤 복소수 z에 대하여 z에 $-1+2i$를 더한 결과와 z에 $1+i$를 곱한 결과는 같다. 암호는 z의 실수부분과 허수부분을 차례로 반복한 수이다.

위 조건을 만족시키는 금고의 네 자리 수의 암호는?

① 1111 ② 1212 ③ 1313 ④ 2121 ⑤ 2323

64

$z=\frac{-1-\sqrt{3}i}{2}$일 때, $1+z+z^2+z^3+\cdots+z^{100}$의 값은?

① $\frac{1-\sqrt{3}i}{2}$ ② $1-\sqrt{3}i$ ③ 0 ④ $1+\sqrt{3}i$ ⑤ $\frac{1+\sqrt{3}i}{2}$

65

다음 두 식을 만족시키는 정수 x가 4개라고 할 때, 양수 a의 값은?

$$\sqrt{x}\sqrt{x-a}=-\sqrt{x(x-a)},\ \frac{\sqrt{x+a}}{\sqrt{x}}=-\sqrt{\frac{x+a}{x}}$$

① 2 ② 3 ③ 4 ④ 5 ⑤ 6

66

x, y에 대한 이차식 $x^2+2xy+ay^2-2y+1$이 x, y에 대한 두 일차식의 곱으로 인수분해될 때, 상수 a의 값은?

① 1 ② 2 ③ 3 ④ 4 ⑤ 5

67

이차방정식 $x^2-3x-2=0$의 두 근 α, β에 대하여 이차식 $f(x)$가 $f(\alpha)=\beta$, $f(\beta)=\alpha$를 만족시킨다. 이차식 $f(x)$의 x^2의 계수가 1일 때, $f(1)$의 값은?

① -2 ② -1 ③ 0 ④ 1 ⑤ 2

내신 최고 문제

정답 및 해설 20쪽

68

이차방정식 $x^2-2x-3=2\sqrt{x^2-2x+1}$의 양수인 근을 α라고 할 때, $\alpha^2-4\alpha+2$의 값은?

① 0　② 1　③ 2　④ 3　⑤ 4

69

이차방정식 $x^2-2x-1=0$의 두 근을 α, β라고 할 때, 세 규칙 ★, △, □에 의해 두 근 α, β는 다음과 같이 바뀐다.

$$x=\alpha \text{ 또는 } x=\beta \xrightarrow{\bigstar} x=\frac{1}{\alpha} \text{ 또는 } x=\frac{1}{\beta}$$
$$x=\alpha \text{ 또는 } x=\beta \xrightarrow{\triangle} x=2\alpha \text{ 또는 } x=2\beta$$
$$x=\alpha \text{ 또는 } x=\beta \xrightarrow{\square} x=-\alpha \text{ 또는 } x=-\beta$$

이때 두 근 α, β에 세 규칙 ★, △, □를 차례로 적용하여 얻어지는 결과를 두 근으로 하는 x^2의 계수가 1인 이차방정식은?

① $x^2-x-2=0$　② $x^2-4x-1=0$　③ $x^2-4x-4=0$　④ $x^2-2x-1=0$　⑤ $x^2-2x-4=0$

70

실수가 아닌 두 복소수 z, w에 대하여 $z+w$, zw가 모두 실수일 때, 다음 〈보기〉에서 옳은 것만을 있는 대로 고른 것은? (단, $\overline{z}$, $\overline{w}$는 각각 z, w의 켤레복소수이다.)

보기

ㄱ. $\overline{z}+w=z+\overline{w}$　ㄴ. $\overline{z}-w=z-\overline{w}$

ㄷ. $\overline{zw}=zw$　ㄹ. $z\overline{w}=\overline{z}w$

① ㄱ, ㄴ　② ㄴ, ㄷ　③ ㄷ, ㄹ　④ ㄱ, ㄴ, ㄷ　⑤ ㄴ, ㄷ, ㄹ

71

이차방정식 $(x-333)^2+2x+333=0$의 두 근을 α, β라고 할 때, $(\alpha-333)(\beta-333)$의 값은?

① -999　② -998　③ 998　④ 999　⑤ 1000

개념 정리하기

① 이차함수의 그래프와 x축의 위치 관계

(1) 이차함수 $y=ax^2+bx+c$의 그래프와 x축이 만날 때, 그 교점의 x좌표는 이차방정식 $ax^2+bx+c=0$의 실근과 같다.

(2) 이차함수 $y=ax^2+bx+c$의 그래프와 x축의 위치 관계는 이차방정식 $ax^2+bx+c=0$의 판별식($D=b^2-4ac$)의 부호로 결정된다.

판별식 D의 부호		$D>0$	$D=0$	$D<0$
$ax^2+bx+c=0$의 근		서로 다른 두 실근 α, β	중근 α	서로 다른 두 허근
이차함수 $y=ax^2+bx+c$의 그래프	$a>0$	α β x	α x	x
	$a<0$	α β x	α x	x
이차함수의 그래프와 x축의 위치 관계		서로 다른 두 점에서 만난다.	한 점에서 만난다(접한다).	만나지 않는다.

② 이차함수의 그래프와 직선의 위치 관계

(1) 이차함수 $y=ax^2+bx+c$의 그래프와 직선 $y=mx+n$의 교점의 x좌표는 이차방정식 $ax^2+(b-m)x+c-n=0$의 실근과 같다.

(2) 이차함수 $y=ax^2+bx+c$의 그래프와 직선 $y=mx+n$의 위치 관계는 $ax^2+(b-m)x+c-n=0$의 판별식 $D=(b-m)^2-4a(c-n)$의 부호로 결정된다.

$ax^2+(b-m)x+c-n=0$	$D>0$	$D=0$	$D<0$
$y=ax^2+bx+c$의 그래프와 직선 $y=mx+n$의 위치 관계 ($a>0$, $m>0$)			
	서로 다른 두 점에서 만난다.	한 점에서 만난다(접한다).	만나지 않는다.

참고 이차함수는 계수가 실수인 것만 다룬다.

문제로 개념 확인하기

01 개념 ①

다음 이차함수의 그래프와 x축의 위치 관계를 말하시오. 또, 만나는 경우 교점의 x좌표를 구하시오.

(1) $y=x^2-4x+2$

(2) $y=x^2-4x+4$

(3) $y=-3x^2-2x-1$

02 개념 ②

이차함수 $y=x^2+x-3$의 그래프와 다음 직선의 위치 관계를 말하시오. 또, 만나는 경우 교점의 x좌표를 구하시오.

(1) $y=2x-2$

(2) $y=4x-6$

(3) $y=-3x-7$

정답 및 해설 22쪽

③ 이차함수의 최대 · 최소

(1) 실수 전체의 범위에서 이차함수 $y=a(x-p)^2+q$는

① $a>0$이면 $x=p$에서 최솟값 q를 갖고, 최댓값은 없다.

② $a<0$이면 $x=p$에서 최댓값 q를 갖고, 최솟값은 없다.

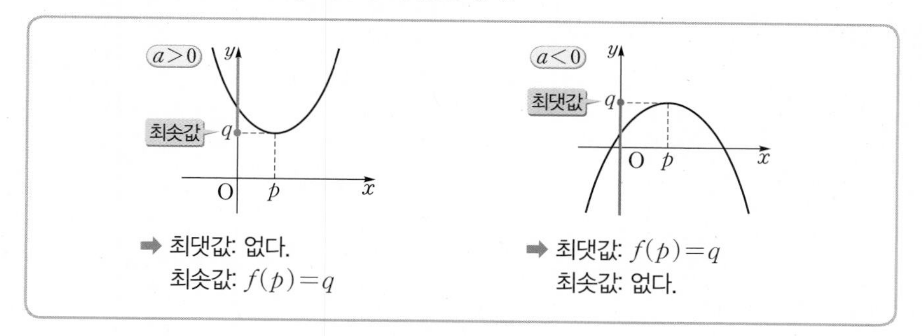

(2) $\alpha\le x\le\beta$에서 이차함수 $y=a(x-p)^2+q$는

① 꼭짓점의 x좌표가 $\alpha\le x\le\beta$에 포함되는 경우

➡ $f(\alpha)$, $f(\beta)$, $f(p)$ 중 가장 큰 값이 최댓값, 가장 작은 값이 최솟값이다.

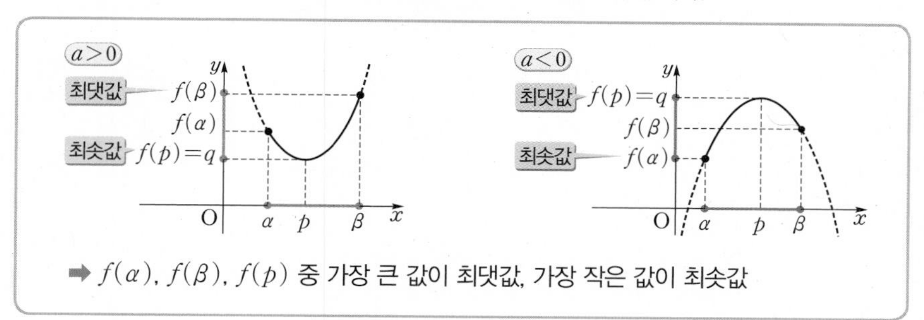

② 꼭짓점의 x좌표가 $\alpha\le x\le\beta$에 포함되지 않는 경우

➡ $f(\alpha)$, $f(\beta)$ 중 큰 값이 최댓값, 작은 값이 최솟값이다.

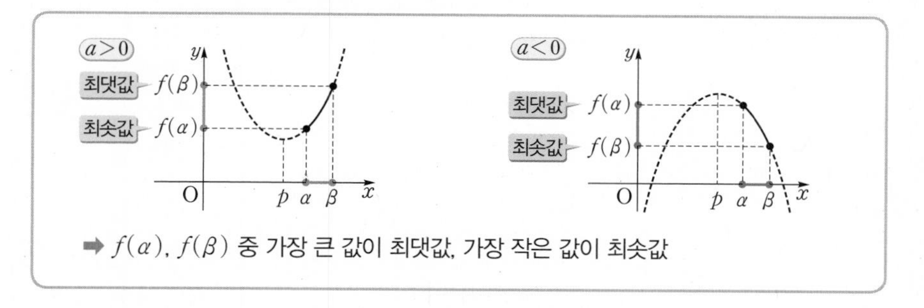

④ 이차함수의 최대 · 최소의 활용

(1) 주어진 문제에서 미지수를 정한다.

(2) 주어진 조건을 이용하여 함수식을 세우고, 미지수의 범위를 정한다.

(3) 제한된 범위에서의 이차함수의 최댓값 또는 최솟값을 구한다.

참고 치환을 이용한 최대 · 최소

① 주어진 식에서 공통부분을 t로 놓은 후 t의 값의 범위를 구한다.

② ①에서 구한 범위 내에서 치환한 식의 최댓값 또는 최솟값을 구한다.

문제로 개념 확인하기

03 개념 ③

다음 이차함수의 최댓값 또는 최솟값과 그때의 x의 값을 구하시오.

(1) $y=2(x-1)^2+5$

(2) $y=-\frac{1}{2}(x+3)^2+3$

04 개념 ③

$y=x^2-4x+2$의 최댓값과 최솟값을 다음 주어진 x의 값의 범위에서 각각 구하시오.

(1) $1\le x\le 4$

(2) $-3\le x\le 0$

05 개념 ③

이차함수 $y=-x^2+2x+4$의 최댓값과 최솟값을 다음 주어진 x의 값의 범위에서 각각 구하시오.

(1) $-2\le x\le 3$

(2) $-5\le x\le -1$

STEP 2 내신등급 쑥쑥 올리기

▶ 이차함수의 그래프와 x축의 위치 관계

01

이차함수 $y=x^2-2ax+a^2+2a-1$의 그래프가 x축과 서로 다른 두 점에서 만날 때, 실수 a의 값의 범위는?

① $a<-\frac{1}{2}$ ② $a<-\frac{1}{3}$ ③ $a<\frac{1}{2}$
④ $a<\frac{2}{3}$ ⑤ $\frac{1}{3}<a<\frac{3}{2}$

02

이차함수 $y=\frac{1}{3}x^2-ax-b$의 그래프가 오른쪽 그림과 같을 때, 상수 a, b에 대하여 $a+b$의 값은?

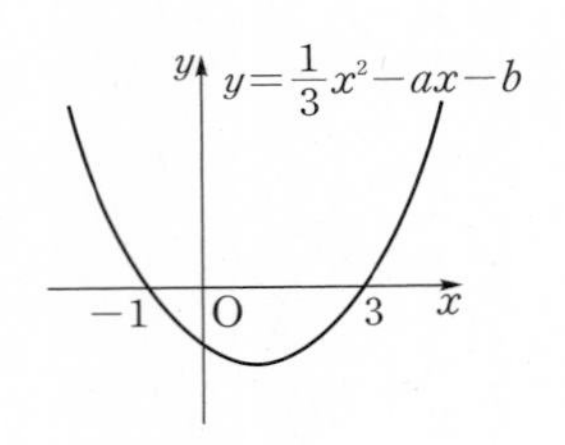

① 1 ② $\frac{4}{3}$
③ $\frac{5}{3}$ ④ 2
⑤ $\frac{7}{3}$

03

이차함수 $y=x^2+4kx-2$의 그래프가 x축과 만나는 두 점 사이의 거리가 4일 때, 양수 k의 값은?

① $\frac{1}{4}$ ② $\frac{\sqrt{2}}{4}$ ③ $\frac{1}{2}$
④ $\frac{\sqrt{2}}{2}$ ⑤ $\sqrt{2}$

04

이차함수 $y=-2x^2+(a-1)x-1$의 그래프가 x축에 접할 때, 모든 상수 a의 값의 합은?

① 1 ② 2 ③ 3
④ 4 ⑤ 5

05 서술형

이차함수 $y=x^2-kx+k$의 그래프는 x축과 접하고, 이차함수 $y=-2x^2+3x-k$의 그래프는 x축과 만나지 않을 때, 상수 k의 값을 구하시오.

06

이차함수 $y=x^2-2(a+k)x+k^2-2k-b$의 그래프가 k의 값에 관계없이 항상 x축에 접할 때, 상수 a, b에 대하여 ab의 값은?

① 1 ② 2 ③ 3
④ 4 ⑤ 5

▶ 이차함수의 그래프와 직선의 위치 관계

07

이차함수 $y=2x^2+(k-4)x+k-1$의 그래프와 직선 $y=kx$가 서로 다른 두 점에서 만나도록 하는 실수 k의 값의 범위는?

① $k<1$　② $k<2$　③ $k<3$
④ $k<4$　⑤ $k<5$

08

이차함수 $y=x^2-2x+a^2+6$의 그래프와 직선 $y=2ax-3$이 만나지 않도록 하는 자연수 a의 개수는?

① 1　② 2　③ 3
④ 4　⑤ 5

09

이차함수 $y=x^2+2(m+2)x+m^2$의 그래프와 직선 $y=2x-3$이 적어도 한 점에서 만나기 위한 상수 m의 값의 범위는?

① $m<1$　② $m\le-1$　③ $m\le1$
④ $m\ge1$　⑤ $m\ge-1$

10

이차함수 $y=x^2+ax+b$의 그래프는 점 $(-1,\ 1)$을 지나고 직선 $y=x+2$와 접한다. 실수 a, b에 대하여 $a+b$의 값은?

① 3　② 4　③ 5
④ 6　⑤ 7

11

직선 $y=3x-1$에 평행하고 이차함수 $y=x^2+4x+2$의 그래프에 접하는 직선의 방정식이 $y=ax+b$일 때, 상수 a, b에 대하여 $a-b$의 값은?

① $-\frac{5}{4}$　② -1　③ $-\frac{3}{4}$
④ $\frac{3}{4}$　⑤ $\frac{5}{4}$

12

이차함수 $y=-x^2-4x+1$의 그래프에 접하고 점 $(1,\ 4)$를 지나는 두 직선의 기울기의 합은?

① -18　② -15　③ -12
④ -9　⑤ -6

STEP 2 내신등급 쑥쑥 올리기

13

직선 $y=-x+2$를 y축의 방향으로 m만큼 평행이동하였더니 이차함수 $y=x^2-3x$의 그래프에 접하였다. 이때 상수 m의 값은?

① -5 ② -3 ③ -2
④ -1 ⑤ 1

14 서술형

이차함수 $y=x^2+ax+b$의 그래프가 두 직선 $y=-x+4$와 $y=5x+4$에 동시에 접할 때, 상수 a, b에 대하여 $2ab$의 값을 구하시오.

15

이차함수 $y=x^2-3x+1$의 그래프와 직선 $y=x-2$의 두 교점의 x좌표를 각각 a, $b(a<b)$라고 할 때, $b-a$의 값은?

① 1 ② 2 ③ 3
④ 4 ⑤ 5

16

이차함수 $y=2x^2+mx+2$의 그래프와 일차함수 $y=x+n$의 그래프가 오른쪽 그림과 같이 두 점에서 만날 때, 상수 m, n에 대하여 $m+n$의 값은?

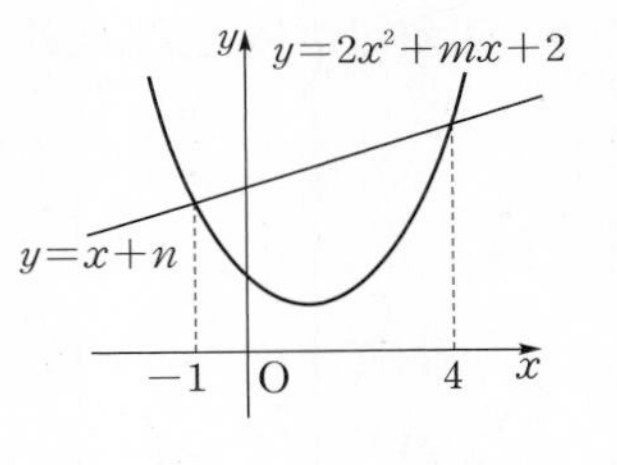

① 1 ② 2 ③ 3
④ 4 ⑤ 5

17

이차함수 $y=x^2+ax+b$의 그래프와 직선 $y=-2x+1$은 서로 다른 두 점에서 만나고, 이 중 한 점의 x좌표가 $1+\sqrt{5}$이다. 유리수 a, b에 대하여 $a+b$의 값은?

① -7 ② -8 ③ -9
④ -10 ⑤ -11

18

이차함수 $y=x^2+x-4$의 그래프와 직선 $y=-3x+k$가 서로 다른 두 점 A, B에서 만난다. 점 A의 x좌표가 -3일 때, 점 B의 x좌표는? (단, k는 상수이다.)

① -2 ② -1 ③ 0
④ 1 ⑤ 2

▶ 이차함수의 최대 · 최소

19

이차함수 $y=-2x^2+8x$의 최댓값을 M, 이차함수 $y=\frac{1}{2}x^2-4x+3$의 최솟값을 m이라고 할 때, $M-m$의 값은?

① 9 ② 10 ③ 11 ④ 12 ⑤ 13

20

이차함수 $y=ax^2+bx+4$가 $x=-1$일 때 최솟값 2를 갖는다. 이때 상수 a, b에 대하여 ab의 값은?

① 6 ② 7 ③ 8 ④ 9 ⑤ 10

21

이차함수 $f(x)=ax^2+bx+c$에 대하여 $f(1)=f(3)=-3$이고 $f(x)$의 최댓값이 -2일 때, 상수 a, b, c에 대하여 $a+2b+c$의 값은? (단, $a<0$)

① -2 ② -1 ③ 0 ④ 1 ⑤ 2

22

x에 대한 이차함수 $y=x^2-2ax-a^2+4a+1$의 최솟값을 $f(a)$라 할 때, $f(a)$의 최댓값은? (단, a는 실수이다.)

① 1 ② $\frac{3}{2}$ ③ 2 ④ $\frac{5}{2}$ ⑤ 3

23

이차함수 $y=2x^2-4x+k+3$의 그래프의 꼭짓점이 직선 $y=x-2$ 위에 있을 때, 이 이차함수의 최솟값과 상수 k의 값의 합은?

① -5 ② -4 ③ -3 ④ -2 ⑤ -1

24 서술형

이차함수 $f(x)=x^2-8x+a$가 모든 실수 x에 대하여 $f(x)\geq 1$이 되도록 하는 상수 a의 최솟값을 구하시오.

STEP 2 내신등급 쑥쑥 올리기

▶ 제한된 범위에서 이차함수의 최대 · 최소

25 ✩

$-1\leq x\leq 1$에서 이차함수 $y=x^2-4x+2a$의 최솟값이 -5일 때, 실수 a의 값은?

① -3　② -2　③ -1
④ 1　⑤ 2

26 ✩✩

$1\leq x\leq 4$에서 이차함수 $y=-x^2+6x+m$이 최댓값 5를 가질 때, 이 이차함수의 최솟값은 (단, m은 상수이다.)

① -2　② -1　③ 1
④ 2　⑤ 3

27 ✩✩

이차함수 $f(x)=ax^2+4ax+b$가 $-3\leq x\leq 0$에서 최댓값 3, 최솟값 -1을 가질 때, 상수 a, b에 대하여 $a-b$의 값은? (단, $a>0$)

① -4　② -3　③ -2
④ -1　⑤ 0

28 ✩✩

$2x-y+1=0$을 만족시키는 실수 x, y에 대하여 x^2-xy의 최댓값과 최솟값의 합은? (단, $0\leq x\leq 1$)

① 2　② 1　③ 0
④ -1　⑤ -2

29 ✩✩✩

x, y가 실수일 때, $2x^2-4x+y^2-6y+13$의 최솟값은?

① 1　② 2　③ 3
④ 4　⑤ 5

30 ✩✩✩

함수 $y=(x^2+2)^2+4(x^2+2)+1$의 최솟값은?

① 13　② 14　③ 15
④ 16　⑤ 17

▶ 이차함수의 최대 · 최소의 활용

31

두 수의 차가 18일 때, 이 두 수의 곱의 최솟값은?

① -25　② -36　③ -49
④ -64　⑤ -81

32

오른쪽 그림과 같이 길이가 40 m인 철망을 이용하여 담장을 한 변으로 하는 직사각형 모양의 꽃밭을 만들려고 한다. 이때 꽃밭의 넓이가 최대가 되도록 하는 꽃밭의 세로의 길이는?

(단, 담장쪽은 철망을 설치하지 않는다.)

① 8 m　② 9 m　③ 10 m
④ 11 m　⑤ 12 m

33

지면에서 초속 20 m로 똑바로 위로 쏘아 올린 공의 t초 후의 높이는 $(-5t^2+20t)$ m라고 한다. 이 공이 최고 높이에 도달하는 데 걸리는 시간은?

① 1초 후　② 2초 후　③ 3초 후
④ 4초 후　⑤ 5초 후

34 서술형

오른쪽 그림과 같이 이차함수 $y=8-2x^2$의 그래프와 x축으로 둘러싸인 부분에 직사각형의 한 변이 x축 위에 오도록 내접시킬 때, 이 직사각형의 둘레의 길이의 최댓값을 구하시오.

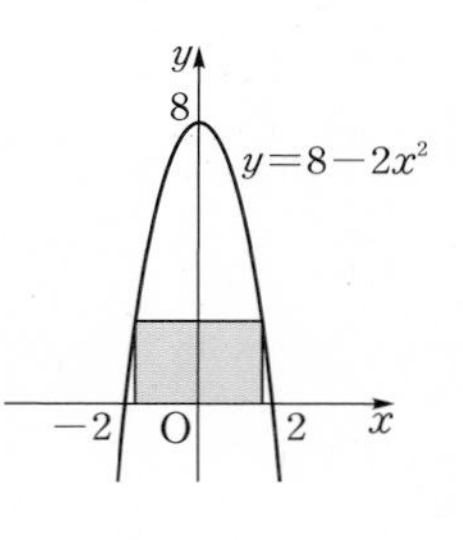

35

현재 500원에 팔리는 초콜릿이 매일 3500개씩 팔리고 있다. 이 초콜릿의 가격을 $2x$원 올리면 판매량은 $10x$개 줄어든다고 한다. 순이익이 매출액의 50 %라고 할 때, 순이익의 최댓값은?

① 90만 원　② 95만 원　③ 100만 원
④ 105만 원　⑤ 110만 원

36

오른쪽 그림과 같이 □ABCD는 둘레의 길이가 12이고 각 변의 길이가 자연수인 직사각형이다. $\overline{AB}$, $\overline{BC}$, $\overline{CD}$, $\overline{DA}$를 각각 한 변으로 하는 정삼각형의 넓이의 합의 최솟값은?

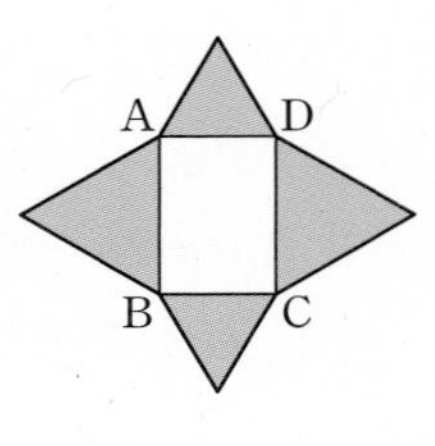

① $8\sqrt{3}$　② $9\sqrt{3}$　③ $10\sqrt{3}$
④ $10\sqrt{5}$　⑤ $11\sqrt{5}$

STEP 3

내신 100점 잡기

37

이차함수 $y=ax^2+bx+c$의 그래프는 꼭짓점의 좌표가 $(1, 4)$이고 x축과 두 점 A, B에서 만난다. 선분 AB의 길이가 4일 때, 상수 a, b, c에 대하여 abc의 값은?

① -12　② -10　③ -9
④ -8　⑤ -6

38

이차함수 $y=f(x)$의 그래프가 오른쪽 그림과 같을 때, 이차방정식 $f(x-a)=0$의 두 실근의 합이 5가 되도록 하는 상수 a의 값은?

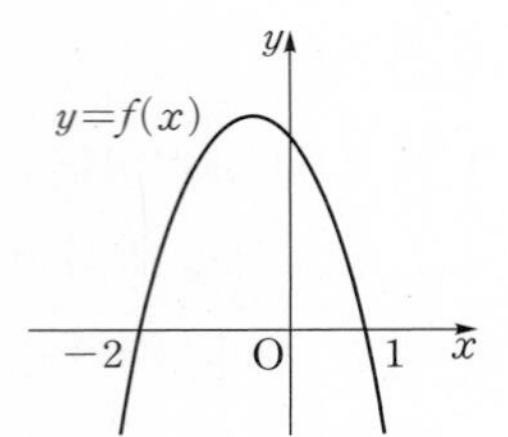

① 4　② 3
③ 2　④ 1
⑤ 0

39

오른쪽 그림과 같이 대칭축의 방정식이 $x=-1$인 이차함수 $f(x)=ax^2+bx+c$의 그래프와 x축의 교점 중 하나가 $(-3, 0)$이다. $3a+2b-c=20$을 만족시킬 때, $f(3)$의 값은? (단, a, b, c는 상수이다.)

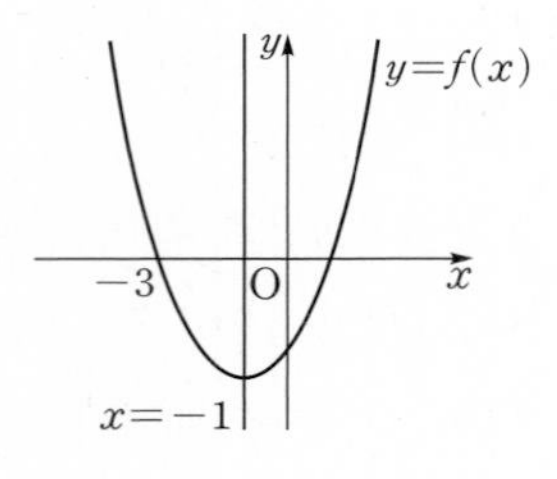

① 22　② 24　③ 26
④ 28　⑤ 30

40

이차함수 $y=2x^2+6x+5$의 그래프 위의 점 $(-1, 1)$에서의 접선의 방정식을 $y=ax+b$라고 할 때, 상수 a, b에 대하여 $a-b$의 값은?

① 4　② 3　③ 2
④ 1　⑤ -1

41

이차함수 $y=f(x)$의 그래프가 오른쪽 그림과 같을 때, 방정식 $\{f(x)\}^2+f(x)-12=0$의 서로 다른 실근의 개수는? (단, 그래프의 꼭짓점의 y좌표는 -4이다.)

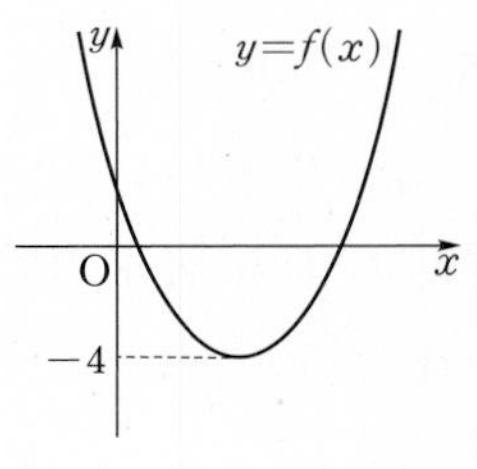

① 1　② 2　③ 3
④ 4　⑤ 5

42

이차함수 $y=ax^2+bx+c$가 $x=2$에서 최댓값 16을 갖는다. 이 이차함수의 그래프가 제 2 사분면을 지나지 않을 때, a의 값의 범위는? (단, a, b, c는 상수이다.)

① $a\geq-2$　② $a\geq-\frac{3}{2}$　③ $a\leq-\frac{3}{2}$
④ $a\geq-1$　⑤ $a\leq-1$

내신 최고 문제

정답 및 해설 26쪽

43

$-2 \le x \le 2$에서 이차함수 $f(x)=x^2-2x+a$의 최댓값과 최솟값의 합이 23일 때, 상수 a의 값은?

① 4　　② 5　　③ 6
④ 7　　⑤ 8

44 서술형

$1 \le x \le 3$일 때, 함수

$$y=-(x^2-4x+3)^2+2(x^2-4x+3)+4$$

의 최댓값과 최솟값의 합을 구하시오.

45

∠C가 직각이고 직각을 낀 두 변의 길이가 2인 직각이등변삼각형 ABC의 변 BC 위를 움직이는 점 P에서 오른쪽 그림과 같이 두 직각이등변삼각형 PDB, PCE를 만들 때, 이 두 삼각형의 넓이의 합의 최솟값은?

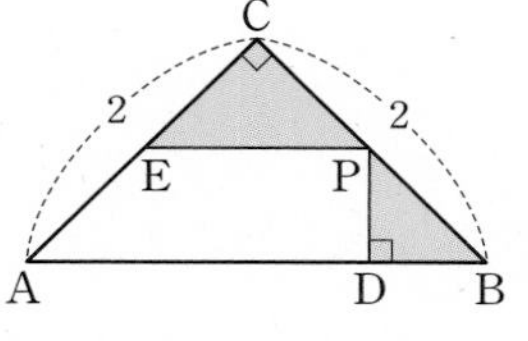

① $\frac{1}{2}$　　② $\frac{2}{3}$　　③ $\frac{3}{4}$
④ 1　　⑤ $\frac{4}{3}$

46

오른쪽 그림과 같이 이차함수 $y=x^2-5x+4$의 그래프가 세 점 A, B, C에서 좌표축과 만난다. 점 P(a, b)가 이차함수 $y=x^2-5x+4$의 그래프 위를 따라 점 A에서 점 C까지 움직일 때, $a-b+3$의 최댓값은?

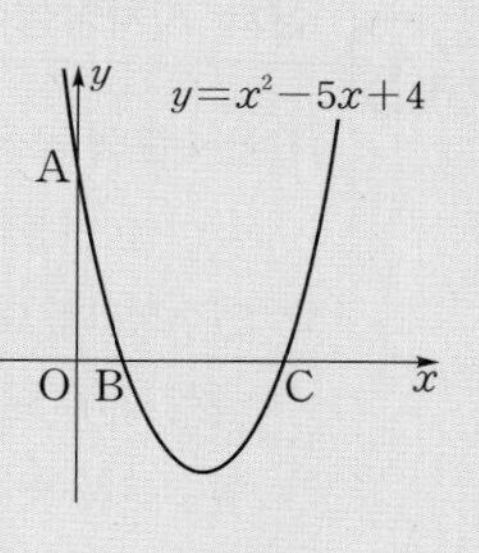

① 4　　② 5　　③ 6
④ 7　　⑤ 8

47

이차함수 $f(x)$가 다음 조건을 만족시킨다.

> (가) 모든 실수 x에 대하여 $f(x+1)-f(x)=2x+3$
> (나) $f(0)=3$

$-2 \le x \le 1$에서 함수 $f(x)$의 최댓값을 M, 최솟값을 m이라고 할 때, $M-m$의 값은?

① 2　　② 3　　③ 4
④ 5　　⑤ 6

개념 정리하기

① 삼차, 사차방정식의 풀이

(1) 인수분해 공식을 이용한 풀이

공식을 이용하여 다항식 $f(x)$를 인수분해한다.

(2) 인수정리를 이용한 풀이

다항식 $f(x)$에 대하여 $f(\alpha)=0$이면 $f(x)=(x-\alpha)Q(x)$임을 이용하여 $f(x)$를 인수분해한다.

예 방정식 $x^3-9x^2+11x+21=0$에서 $f(x)=x^3-9x^2+11x+21$이라고 하면

$f(-1)=-1-9-11+21=0$

따라서 $f(x)$는 $x+1$을 인수로 가지므로 조립제법을 이용하면

-1	1	-9	11	21
		-1	10	-21
	1	-10	21	0

$f(x)=(x+1)(x^2-10x+21)$

$\quad=(x+1)(x-3)(x-7)$

즉, 주어진 방정식은 $(x+1)(x-3)(x-7)=0$이므로 구하는 해는 $x=-1$ 또는 $x=3$ 또는 $x=7$이다.

(3) 치환을 이용한 풀이

방정식에 공통부분이 있으면 공통부분을 한 문자로 치환하여 그 문자에 대한 방정식으로 변형한 후 인수분해한다.

참고 x에 대한 방정식 $f(x)=0$에서 다항식 $f(x)$가 삼차식일 때 $f(x)=0$을 삼차방정식, 다항식 $f(x)$가 사차식일 때 $f(x)=0$을 사차방정식이라고 한다. 또, 삼차 이상의 방정식을 고차방정식이라고 한다.

② 특수한 형태의 사차방정식의 풀이

(1) $x^4+ax^2+b(a\neq0)$ 꼴의 방정식의 풀이

① $x^2=t$로 치환한 후 좌변을 인수분해하여 푼다.

② ①의 방법으로 풀 수 없는 경우에는 $A^2-B^2=0$ 꼴로 변형한 후 좌변을 인수분해하여 푼다.

(2) $ax^4+bx^3+ca^2+bx+a(a\neq0)$ 꼴의 방정식의 풀이

양변을 x^2으로 나눈 후 $x+\dfrac{1}{x}=t$로 치환한 후 t에 대한 이차방정식을 푼다.

③ 삼차방정식의 켤레근

(1) 삼차방정식의 모든 계수가 유리수일 때, 한 근이 $p+q\sqrt{m}$이면 $p-q\sqrt{m}$도 근이다.
(단, p, q는 유리수, $q\neq0$, $\sqrt{m}$은 무리수)

(2) 삼차방정식의 모든 계수가 실수일 때, 한 근이 $p+qi$이면 $p-qi$도 근이다.
(단, p, q는 실수, $q\neq0$, $i=\sqrt{-1}$)

문제로 개념 확인하기

01 개념-①

다음 방정식을 푸시오.

(1) $x^3-8=0$

(2) $x^4-1=0$

02 개념-①

다음 방정식을 푸시오.

(1) $x^3-3x+2=0$

(2) $x^3-4x^2+3x+2=0$

03 개념-②

다음 방정식을 푸시오.

(1) $x^4-2x^2-15=0$

(2) $x^4-3x^2+1=0$

정답 및 해설 27쪽

④ 삼차방정식 $x^3=\pm1$의 허근의 성질

(1) 삼차방정식 $x^3=1$의 한 허근을 ω라 할 때, 다음이 성립한다.
(단, $\overline{\omega}$는 ω의 켤레복소수이다.)

① $\omega^3=1$, $\omega^2+\omega+1=0$

② $\omega^2+\omega+1=0$의 한 근이 ω이면 $\overline{\omega}$도 근이 되므로 근과 계수의 관계에서
$\omega+\overline{\omega}=-1$, $\omega\overline{\omega}=1$

(2) 삼차방정식 $x^3=-1$의 한 허근을 ω라 할 때, 다음이 성립한다.
(단, $\overline{\omega}$는 ω의 켤레복소수이다.)

① $\omega^3=-1$, $\omega^2-\omega+1=0$

② $\omega^2-\omega+1=0$의 한 근이 ω이면 $\overline{\omega}$도 근이 되므로 근과 계수의 관계에서
$\omega+\overline{\omega}=1$, $\omega\overline{\omega}=1$

참고 ω는 그리스문자 Ω의 소문자로 오메가(omega)라 읽는다.

참고 (1) $\omega^3=1 \rightarrow \omega^3-1=0 \rightarrow (\omega-1)(\omega^2+\omega+1)=0 \rightarrow \omega^2+\omega+1=0(\omega\neq1)$
(2) $\omega^3=-1 \rightarrow \omega^3+1=0 \rightarrow (\omega+1)(\omega^2-\omega+1)=0 \rightarrow \omega^2-\omega+1=0(\omega\neq-1)$

연립이차방정식의 풀이

미지수가 2개인 연립방정식에서 차수가 가장 높은 방정식이 이차방정식일 때, 이 연립방정식을 연립이차방정식이라 한다.

(1) 일차방정식과 이차방정식으로 이루어진 연립이차방정식

일차방정식을 한 미지수에 대하여 정리한 것을 이차방정식에 대입하여 미지수가 1개인 이차방정식으로 만들어 푼다.

(2) 이차방정식으로만 이루어진 연립이차방정식

한 이차방정식에서 이차식을 두 일차식의 곱으로 인수분해한 후 일차방정식과 이차방정식으로 이루어진 연립이차방정식으로 만들어 푼다.

(3) x, y에 대한 대칭식인 연립이차방정식

$x+y=u$, $xy=v$로 놓고 주어진 연립방정식을 u, v에 대한 식으로 바꾸어 연립방정식을 푼 후 x, y가 이차방정식 $t^2-ut+v=0$의 두 근임을 이용한다.

참고 x, y를 바꾸어 대입해도 변하지 않는 식을 x, y에 대한 대칭식이라 한다.

(4) 연립방정식의 해의 조건

① 일차방정식을 이차방정식에 대입한다.

② 해의 조건을 만족시키도록 ①에서 구한 이차방정식의 판별식을 이용한다.

문제로 개념 확인하기

04 개념 ④

방정식 $x^3=1$의 한 허근을 ω라 할 때, 다음 식의 값을 구하시오.

(1) $\omega^2+\omega+5$

(2) $\omega+\dfrac{1}{\omega}$

05 개념 ⑤

다음 연립방정식을 푸시오.

(1) $\begin{cases} x-y=2 \\ x^2+y^2=10 \end{cases}$

(2) $\begin{cases} x^2-3xy+2y^2=0 \\ x^2+3y^2=28 \end{cases}$

06 개념 ⑤

다음 연립방정식을 푸시오.

(1) $\begin{cases} x+y=4 \\ xy=-5 \end{cases}$

(2) $\begin{cases} x+y=-3 \\ xy=2 \end{cases}$

STEP 2

내신등급 쑥쑥 올리기

▶ 삼 · 사차방정식의 풀이

01 ✪

삼차방정식 $x^3-x^2-4x+4=0$의 가장 큰 근을 α, 가장 작은 근을 β라고 할 때, $\alpha-\beta$의 값은?

① 2　② 4　③ 6　④ 8　⑤ 10

02 ✪✪

삼차방정식 $x^3+2x^2+5x+4=0$은 한 실근과 두 허근을 가진다. 두 허근을 α, β라고 할 때, $\alpha^2+\beta^2$의 값은?

① -7　② -6　③ -5　④ -4　⑤ -3

03 ✪

사차방정식 $x^4+4x^3+5x^2-4x-6=0$의 모든 실근의 합은?

① -1　② 0　③ 1　④ 3　⑤ 5

04 ✪

사차방정식 $(x^2-3x)^2-2(x^2-3x)-8=0$의 모든 실근의 곱은?

① -10　② -8　③ -6　④ -4　⑤ -2

05 ✪ 서술형

사차방정식 $x^4+3x^2-10=0$의 두 실근을 α, β라 하고, 두 허근을 γ, δ라고 할 때, $\alpha\beta+\gamma\delta$의 값을 구하시오.

06 ✪✪

사차방정식 $(x+1)(x+2)(x+3)(x+4)-8=0$의 모든 근의 합은?

① -10　② -5　③ 0　④ 5　⑤ 10

근이 주어진 삼 · 사차방정식

07

삼차방정식 $x^3-2x+a=0$의 한 근이 $1-i$일 때, 상수 a의 값은?

① 1 ② 2 ③ 3
④ 4 ⑤ 5

08

삼차방정식 $x^3-2x+k=0$의 한 근이 2이고, 나머지 두 근이 α, β일 때, 상수 k에 대하여 $k\alpha\beta$의 값은?

① -12 ② -8 ③ 0
④ 4 ⑤ 10

09

삼차방정식 $x^3+ax^2+bx+12=0$의 중근이 $x=2$일 때, 상수 a, b에 대하여 $a-b$의 값은?

① -9 ② -7 ③ 0
④ 7 ⑤ 9

10

사차방정식 $x^4+ax^3-x^2+ax+b=0$의 두 근이 -2, 1일 때, 나머지 두 근의 곱은? (단, a, b는 상수이다.)

① -2 ② -1 ③ 1
④ 2 ⑤ 4

11

사차방정식 $x^4+ax^2+b=0$의 네 근이 $x=\pm\alpha$, $x=\pm\beta$일 때, 이차방정식 $x^2+ax+b=0$의 근은?

(단, a, b는 상수이다.)

① $x=-\alpha$ 또는 $x=-\beta$ ② $x=-\sqrt{\alpha}$ 또는 $x=-\sqrt{\beta}$
③ $x=\sqrt{\alpha}$ 또는 $x=\sqrt{\beta}$ ④ $x=\alpha$ 또는 $x=\beta$
⑤ $x=\alpha^2$ 또는 $x=\beta^2$

12

삼차방정식 $x^3+x^2+(k-6)x-k+4=0$이 한 개의 실근과 두 개의 허근을 가질 때, 실수 k의 값의 범위는?

① $k<-5$ ② $k<-1$ ③ $k>1$
④ $k>5$ ⑤ $1<k<5$

STEP 2 내신등급 쑥쑥 올리기

삼차방정식 $x^3=1$, $x^3=-1$의 허근의 성질

13

삼차방정식 $x^3=1$의 한 허근을 ω라고 할 때, $\omega^{10}+\omega^5+2$의 값은?

① 0　② 1　③ 2　④ 3　⑤ 4

14

삼차방정식 $x^3=1$의 두 허근을 ω, $\overline{\omega}$라고 할 때, 〈보기〉에서 옳은 것만을 있는 대로 고른 것은?

(단, $\overline{\omega}$는 ω의 켤레복소수이다.)

보기

ㄱ. $\omega+\overline{\omega}=-1$　ㄴ. $\omega^2=\overline{\omega}$

ㄷ. $\omega+\frac{1}{\omega}=1$　ㄹ. $\omega^2-\omega+1=0$

① ㄱ, ㄴ　② ㄱ, ㄷ　③ ㄱ, ㄴ, ㄷ　④ ㄱ, ㄴ, ㄹ　⑤ ㄴ, ㄷ, ㄹ

15

삼차방정식 $x^3+1=0$의 한 허근을 ω라고 할 때, 다음 중 식의 값이 가장 큰 것은?

① $\omega+\frac{1}{\omega}$　② $\frac{\omega^2}{1-\omega}+\frac{1+\omega^2}{\omega}$

③ ω^6+1　④ $\omega^5-\omega^4-1$

⑤ $\omega^3+2\omega^2-2\omega+1$

16

삼차방정식 $x^3=1$의 한 허근을 ω라고 하자. 자연수 n에 대하여 $f(n)=\omega^{2n+1}$으로 약속할 때,
$f(1)+f(2)+f(3)+\cdots+f(7)$의 값은?

① 1　② 2　③ 3　④ ω　⑤ ω^2

17

이차방정식 $x^2-x+1=0$의 한 허근을 ω라고 할 때,

$$1+2\omega^2+3\omega^3+4\omega^4+5\omega^5=a\omega+b$$

를 만족시키는 실수 a, b에 대하여 ab의 값은?

① -11　② -9　③ -7　④ 2　⑤ 7

연립방정식의 풀이

18

다음 연립방정식을 푸시오.

(1) $\begin{cases} x-y=4 \\ x^2+2xy+y^2=4 \end{cases}$

(2) $\begin{cases} x^2-xy-2y^2=0 \\ x^2+y^2=20 \end{cases}$

19

연립방정식 $\begin{cases} x-y=8 \\ x^2+y^2=40 \end{cases}$ 의 해를 $x=\alpha$, $y=\beta$라고 할 때, $|\alpha^2-\beta^2|$의 값은?

① 26　② 28　③ 30　④ 32　⑤ 34

20

연립방정식 $\begin{cases} x^2+xy-6y^2=0 \\ x^2+2xy+2y^2=10 \end{cases}$ 의 해를 $x=\alpha$, $y=\beta$라고 할 때, $\alpha+\beta$의 최댓값은?

① $-\sqrt{2}$　② 1　③ $\sqrt{2}$　④ 3　⑤ 5

21

연립방정식 $\begin{cases} x^2-2xy+3y^2=6 \\ x^2-5xy+6y^2=0 \end{cases}$ 의 해를 $x=\alpha$, $y=\beta$라고 할 때, $\alpha\beta$의 최솟값은?

① 1　② 2　③ 3　④ 4　⑤ 5

22

연립방정식 $\begin{cases} x+ay=-2 \\ x+y=2 \end{cases}$ 의 해가 연립방정식 $\begin{cases} 2x+3y=b \\ x^2+y^2=20 \end{cases}$ 을 만족시키고 $x>y$일 때, 상수 a, b에 대하여 $a+b$의 값은?

① 1　② 2　③ 3　④ 4　⑤ 5

STEP 2 내신등급 쑥쑥 올리기

▶ x, y에 대한 대칭식인 연립방정식의 풀이

23

연립방정식 $\begin{cases} x+y=-1 \\ xy=-6 \end{cases}$ 의 해를 $x=\alpha$, $y=\beta$라고 할 때, $\alpha-\beta$의 최댓값은?

① -5 ② -3 ③ -1
④ 1 ⑤ 5

24

연립방정식 $\begin{cases} xy+x+y=9 \\ xy(x+y)=20 \end{cases}$ 을 만족시키는 자연수 x, y에 대하여 x^2+y^2의 값은?

① 11 ② 13 ③ 15
④ 17 ⑤ 21

25

연립방정식 $\begin{cases} x+y+xy=-3 \\ x^2+xy+y^2=3 \end{cases}$ 을 만족시키는 정수 x, y에 대하여 x^2+y^2의 값은?

① 1 ② 3 ③ 5
④ 7 ⑤ 9

▶ 연립방정식의 해의 조건

26

두 이차방정식 $x^2+2x+3k=0$, $x^2+5x=0$이 공통인 근을 가질 때, 모든 실수 k의 값의 합은?

① -5 ② -3 ③ 0
④ 3 ⑤ 5

27

연립방정식 $\begin{cases} x^2+y^2=5 \\ 2x-y=k \end{cases}$ 가 오직 한 쌍의 해를 가질 때, 양의 실수 k의 값은?

① 1 ② 3 ③ 5
④ 10 ⑤ 25

28 서술형

연립방정식 $\begin{cases} x-y=3 \\ x^2+y^2=2-a \end{cases}$ 를 만족시키는 실수 x, y가 존재하도록 하는 정수 a의 최댓값을 구하시오.

▶ 연립방정식의 활용

29 ✪✪

형과 동생의 나이의 합은 37살이고 곱은 342일 때, 형의 나이와 동생의 나이의 차는?

① 1살　② 2살　③ 3살
④ 4살　⑤ 5살

30 ✪✪ 서술형

두 자리 자연수가 있다. 각 자리 숫자의 제곱의 합은 34이고, 십의 자리 숫자와 일의 자리 숫자를 바꾼 수와 처음 수의 합이 88일 때, 처음 수를 구하시오.
(단, 처음 수의 십의 자리 숫자가 일의 자리 숫자보다 크다.)

31 ✪✪

밑변의 길이가 x, 높이가 y인 직각삼각형의 둘레의 길이가 30, 빗변의 길이가 13일 때, $|x-y|$의 값은?

① 3　② 4　③ 5
④ 6　⑤ 7

32 ✪✪

넓이가 $2400\,\text{cm}^2$인 직사각형 모양의 도화지에 가로, 세로의 길이가 각각 $2\,\text{cm}$, $1\,\text{cm}$인 색종이 조각을 빈틈없이 겹치지 않게 이어 붙여 모자이크를 완성하였다. 세로에 붙인 색종이 조각의 개수가 가로에 붙인 색종이 조각의 개수보다 10만큼 더 많을 때, 세로에 붙인 색종이 조각의 개수는?
(단, 도화지의 가로와 색종이 조각의 가로를 맞추어 방향이 일정하게 붙인다.)

① 20　② 30　③ 40
④ 50　⑤ 60

33 ✪✪✪ 서술형

오른쪽 그림과 같이 지름의 길이가 $5\,\text{cm}$인 원에 둘레의 길이가 $14\,\text{cm}$인 직사각형이 내접하고 있다. 이 직사각형의 가로의 길이를 $x\,\text{cm}$, 세로의 길이를 $y\,\text{cm}$라고 할 때, x, y의 값을 각각 구하시오.

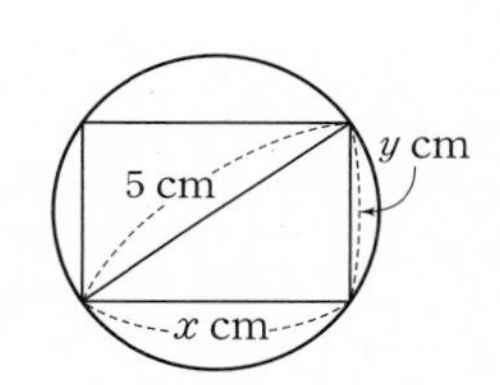

(단, $x>y$)

STEP 3 내신 100점 잡기

34

삼차방정식 $x^3+(a-1)x+a=0$이 중근을 가질 때, 모든 실수 a의 값의 곱은?

① $-\frac{1}{2}$　② $-\frac{1}{4}$　③ 1
④ $\frac{1}{4}$　⑤ $\frac{1}{2}$

35

사차방정식 $x^4+3x^3-2x^2-x+4=0$의 네 근을 α, β, γ, δ라고 할 때, $(1-\alpha)(1-\beta)(1-\gamma)(1-\delta)$의 값은?

① 1　② 2　③ 3
④ 4　⑤ 5

36

x^4의 계수가 1인 사차식 $f(x)$에 대하여

$f(1)=1$, $f(3)=9$, $f(5)=25$, $f(7)=49$

일 때, $f(4)$의 값은?

① 10　② 15　③ 20
④ 25　⑤ 30

37

정육면체 모양의 상자 A의 가로의 길이를 3 cm 줄이고 세로의 길이를 2 cm 늘여서 직육면체 모양의 상자 B를 만들었다. 두 상자 A와 B의 부피의 비가 3 : 2일 때, 상자 A의 한 모서리의 길이는?

① 4 cm　② 5 cm　③ 6 cm
④ 7 cm　⑤ 8 cm

38

연립방정식 $\begin{cases} (x+y)^2=36 \\ x^2+y^2=20 \end{cases}$의 해를 $x=\alpha$, $y=\beta$라고 할 때, $|\alpha-\beta|$의 값은?

① 1　② 2　③ 3
④ 4　⑤ 5

39

삼차방정식 $x^3-1=0$의 두 허근을 α, β라고 할 때, $(1+\alpha+\alpha^2+\cdots+\alpha^{25})(1+\beta+\beta^2+\cdots+\beta^{25})$의 값은?

① -2　② -1　③ 0
④ 1　⑤ 2

40

연립방정식 $\begin{cases} x+y=2(5-a) \\ xy=a^2+5 \end{cases}$ 가 실근을 가질 때, 정수 a의 최댓값은?

① 1 ② 2 ③ 3
④ 4 ⑤ 5

41

삼차방정식 $x^3+x^2-x+2=0$의 두 허근을 α, β라고 할 때, $\alpha^{2018}+\beta^{2018}$의 값은?

① -2 ② -1 ③ 1
④ 2 ⑤ 3

42

오른쪽 그림과 같이 세 변의 길이가 각각 a, b, 15인 직각삼각형 ABC에 내접하는 원의 반지름의 길이가 3일 때, $2a-3b$의 값은? (단, $a>b$)

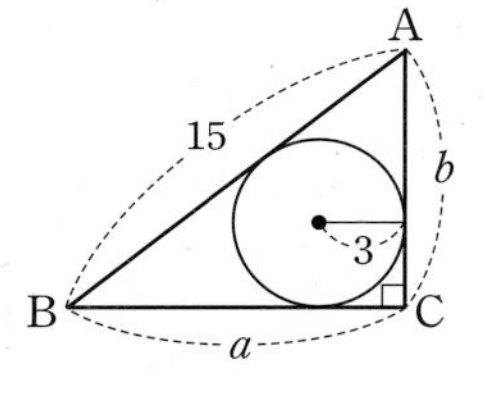

① -3 ② -1 ③ 1
④ 3 ⑤ 5

43

이등변삼각형의 세 변의 길이를 근으로 하는 삼차방정식이

$$x^3-8x^2-(k-12)x+2k=0$$

일 때, 상수 k에 대하여 k^2+2k의 값은?

① 35 ② 48 ③ 63
④ 80 ⑤ 99

44

사차방정식 $x^4-2x^3-x^2-2x+1=0$의 두 실근을 α, β, 두 허근을 γ, δ라고 할 때, $\alpha\beta-\gamma\delta$의 값은?

① -4 ② -2 ③ 0
④ 2 ⑤ 4

STEP 1 개념 정리하기

① 일차부등식

(1) $ax>b$의 해는 $a>0$이면 $x>\frac{b}{a}$이고, $a<0$이면 $x<\frac{b}{a}$이다.

(2) $ax\ge b$의 해는 $a>0$이면 $x\ge\frac{b}{a}$이고, $a<0$이면 $x\le\frac{b}{a}$이다.

(3) $a=0$이고 $b>0$이면 $ax>b$와 $ax\ge b$의 해는 없다.

(4) $a=0$이고 $b<0$이면 $ax>b$와 $ax\ge b$의 해는 '모든 실수'이다.

② 연립일차부등식의 풀이

(1) **연립부등식:** 두 개 이상의 부등식을 한 쌍으로 묶어서 나타낸 것

(2) **연립일차부등식의 풀이**

① 연립일차부등식을 이루는 각 부등식의 해를 구한다.

② 각 부등식의 해를 수직선 위에 나타내어 공통부분을 구한다.

참고 ① 공통부분이 없으면 연립일차부등식의 해는 없다.
② 연립일차부등식의 해가 한 개인 경우: 공통부분은 $x=a$뿐이다.

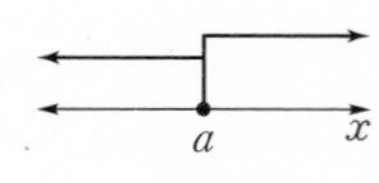

(3) $A<B<C$ 꼴의 연립일차부등식은 $\begin{cases} A<B \\ B<C \end{cases}$ 꼴로 고쳐서 푼다.

③ 절대값 기호를 포함한 일차부등식

(1) $a>0$**일 때**

① $|x|<a$이면 ➡ $-a<x<a$

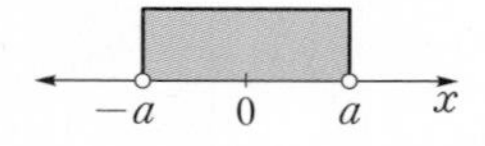

② $|x|>a$이면 ➡ $x<-a$ 또는 $x>a$

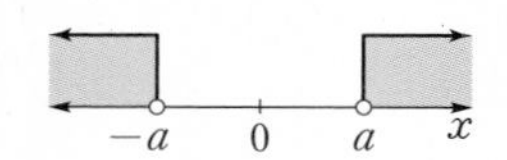

(2) **절대값 기호를 포함한 부등식의 풀이**

(i) 절대값 기호 안의 식이 0이 되는 x의 값을 기준으로 x의 값의 범위를 나눈다.

(ii) 각 범위에서 절댓값 기호를 없앤 후 식을 정리하여 해를 구한다.

이때 $|x-a|=\begin{cases} x-a & (x\ge a) \\ -(x-a) & (x<a) \end{cases}$임을 이용한다.

(iii) (ii)에서 구한 해를 합친 x의 값의 범위를 구한다.

참고 $|x-a|+|x-b|<c\,(a<b,\ c>0)$이면 $x=a,\ x=b$를 기준으로 다음과 같이 x의 값의 범위를 나누어 푼다.
(i) $x<a$ (ii) $a\le x<b$ (iii) $x\ge b$

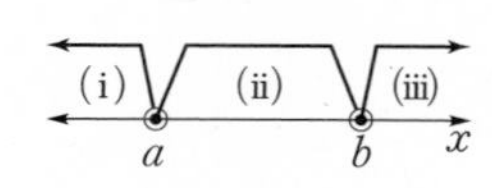

④ 이차부등식

x에 대한 이차식인 부등식을 이차부등식이라 하고 이차부등식의 해는 다음과 같이 구분하여 풀이한다.

문제로 개념 확인하기

01 개념 ①
다음 일차부등식을 푸시오.

(1) $6x-5\le-2x+3$

(2) $\frac{1}{4}x+\frac{1}{3}>\frac{1}{4}$

02 개념 ②
다음 연립일차부등식을 푸시오.

(1) $\begin{cases} 3x-2>x-4 \\ 9-2x\ge 8-x \end{cases}$

(2) $\begin{cases} 3x-5\ge 5x+1 \\ 3x+4\ge -2+x \end{cases}$

(3) $x\le 2x-1\le -4x+11$

03 개념 ③
다음 부등식을 푸시오.

(1) $|2x+1|<5$

(2) $|2x-3|>3$

정답 및 해설 36쪽

(1) **이차방정식 $ax^2+bx+c=0\,(a>0)$이 서로 다른 두 실근 α, β를 갖는 경우**

① $ax^2+bx+c>0$의 해는 '$x<\alpha$ 또는 $x>\beta$'

② $ax^2+bx+c\geq0$의 해는 '$x\leq\alpha$ 또는 $x\geq\beta$'

③ $ax^2+bx+c<0$의 해는 '$\alpha<x<\beta$'

④ $ax^2+bx+c\leq0$의 해는 '$\alpha\leq x\leq\beta$'

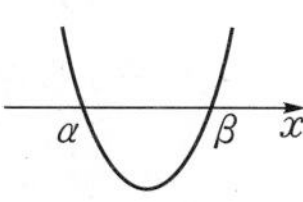

(2) **이차방정식 $ax^2+bx+c=0\,(a>0)$이 중근 α를 갖는 경우**

① $ax^2+bx+c>0$의 해는 $x\neq\alpha$인 모든 실수

② $ax^2+bx+c\geq0$의 해는 모든 실수

③ $ax^2+bx+c<0$의 해는 없다.

④ $ax^2+bx+c\leq0$의 해는 $x=\alpha$

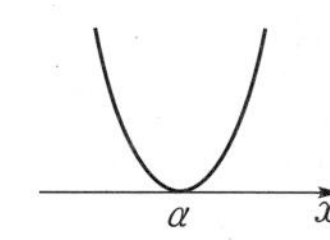

(3) **이차방정식 $ax^2+bx+c=0\,(a>0)$이 허근을 갖는 경우**

① $ax^2+bx+c>0$의 해는 모든 실수

② $ax^2+bx+c\geq0$의 해는 모든 실수

③ $ax^2+bx+c<0$의 해는 없다.

④ $ax^2+bx+c\leq0$의 해는 없다.

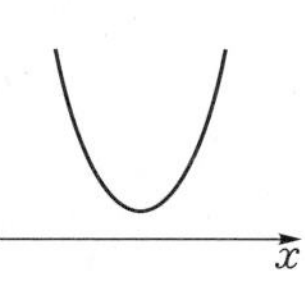

5 이차부등식의 작성

(1) 해가 $x<\alpha$ 또는 $x>\beta\,(\alpha<\beta)$이고 x^2의 계수가 1인 이차부등식은

$(x-\alpha)(x-\beta)>0$, $x^2-(\alpha+\beta)x+\alpha\beta>0$

(2) 해가 $\alpha<x<\beta$이고 x^2의 계수가 1인 이차부등식은

$(x-\alpha)(x-\beta)<0$, $x^2-(\alpha+\beta)x+\alpha\beta<0$

6 이차부등식이 항상 성립할 조건

모든 실수 x에 대하여

(1) 이차부등식 $ax^2+bx+c>0$이 성립하면 $a>0$, $b^2-4ac<0$

(2) 이차부등식 $ax^2+bx+c\geq0$이 성립하면 $a>0$, $b^2-4ac\leq0$

(3) 이차부등식 $ax^2+bx+c<0$이 성립하면 $a<0$, $b^2-4ac<0$

(4) 이차부등식 $ax^2+bx+c\leq0$이 성립하면 $a<0$, $b^2-4ac\leq0$

7 연립이차부등식의 풀이

(1) **연립이차부등식:** 연립부등식에서 차수가 가장 높은 부등식이 이차부등식일 때, 이것을 연립이차부등식이라고 한다.

(2) **연립이차부등식의 풀이**

① 연립부등식 $\begin{cases} f(x)>0 \\ g(x)>0 \end{cases}$의 풀이: 두 부등식 $f(x)>0$, $g(x)>0$을 풀어 공통부분을 구한다.

② 부등식 $f(x)<g(x)<h(x)$의 풀이: 두 부등식 $f(x)<g(x)$, $g(x)<h(x)$를 풀어 공통부분을 구한다.

문제로 개념 확인하기

04 개념 ④

다음 이차부등식을 풀시오.

(1) $2x^2+3x-2\leq0$

(2) $4x^2-12x+9\leq0$

(3) $2x^2-6x+7>0$

(4) $6x^2+5x+3<0$

05 개념 ⑤

x^2의 계수가 1이고, 해가 다음과 같은 이차부등식을 구하시오.

(1) $-3<x<2$

(2) $x\leq-1$ 또는 $x\geq4$

06 개념 ⑥

모든 실수 x에 대하여 이차부등식 $x^2+4x+k>0$이 성립하도록 하는 실수 k의 값의 범위를 구하시오.

07 개념 ⑦

연립부등식 $\begin{cases} 2x+1\geq x \\ x^2-x-6>0 \end{cases}$을 푸시오.

STEP 2

내신등급 쑥쑥 올리기

부등식의 기본 성질

01

$2 \le x \le 5$, $1 \le y \le 4$일 때, $3x-y$의 최솟값과 최댓값의 합은?

① 14　② 15　③ 16
④ 17　⑤ 18

02

$x-2y=4$이고 $-3 \le x+y \le -1$일 때, y의 최댓값을 M, 최솟값을 m이라고 하자. 이때 $M+m$의 값은?

① -5　② -4　③ -3
④ 1　⑤ 2

03

다음 〈보기〉에서 옳은 것만을 있는 대로 고른 것은?
(단, a, b, c, d는 실수이다.)

보기

ㄱ. $a<b$이면 $ac<bc$

ㄴ. $a>b$이면 $\frac{1}{a}<\frac{1}{b}$

ㄷ. $a>b>0$, $c>d>0$이면 $\frac{a}{d}>\frac{b}{c}$

ㄹ. $a>b>0$이면 $a^2>b^2$

① ㄱ, ㄴ　② ㄴ, ㄷ　③ ㄷ, ㄹ
④ ㄱ, ㄴ, ㄷ　⑤ ㄴ, ㄷ, ㄹ

부등식 $ax>b$의 풀이

04

$3x-a>ax-2$의 해가 존재하지 않을 때, 상수 a의 값은?

① -3　② -1　③ 0
④ 1　⑤ 3

05

x에 대한 부등식 $a^2x \ge x+3a^2+b$의 해가 모든 실수일 때, 실수 b의 최댓값은? (단, a는 실수이다.)

① -5　② -3　③ -1
④ 2　⑤ 4

06

x에 대한 부등식 $(2a+3b)x-a-5b>0$의 해가 $x>2$일 때, x에 대한 부등식 $(4a+b)x+2a+b>0$의 해는?

① $x<-1$　② $x<0$　③ $x<1$
④ $x>1$　⑤ $x>2$

▶ 연립일차부등식의 풀이

07 ✪

부등식 $2x-3 \le x-1 < 3x+5$를 만족시키는 모든 정수 x의 값의 합은?

① -3 ② -2 ③ 0
④ 1 ⑤ 3

08 ✪

연립부등식 $\begin{cases} \frac{1}{2}x > 0.3x-0.4 \\ 4x-7 \le x+2 \end{cases}$를 만족시키는 정수 x의 최댓값과 최솟값의 합은?

① -2 ② -1 ③ 0
④ 1 ⑤ 2

09 ✪✪

연립부등식 $3x-4 < x-5 < 2x+a$의 해가 $-7 < x < -\frac{1}{2}$일 때, 상수 a의 값은?

① -7 ② -3 ③ 0
④ 2 ⑤ 5

10 ✪✪

연립부등식 $\begin{cases} 4x < 3x+a \\ 5(x-2) \ge 2x+5 \end{cases}$가 해를 가지도록 하는 상수 a의 값의 범위는?

① $a < -3$ ② $a > 3$ ③ $a > 5$
④ $-3 < a < 5$ ⑤ $-2 < a < 3$

11 ✪✪

연립부등식 $\begin{cases} 2(x-1) \le x+1 \\ 3x \ge x-2a \end{cases}$의 해가 $x=b$일 때, $a+b$의 값은? (단, a는 상수이다.)

① -6 ② -3 ③ 0
④ 3 ⑤ 6

12 ✪✪✪

x에 대한 연립부등식 $\begin{cases} 3x+2 < -x+5 \\ x \ge a \end{cases}$를 만족시키는 정수의 개수가 2일 때, 실수 a의 값의 범위는?

① $-2 < a \le -1$ ② $-2 \le a < -1$
③ $-2 \le a \le -1$ ④ $1 < a < 2$
⑤ $1 < a \le 2$

13

한 마리에 1000원 하는 붕어와 한 마리에 1500원 하는 열대어를 합하여 10마리를 사려고 한다. 전체 금액을 13000원 이하로 하고, 붕어의 수는 열대어의 수보다 적게 하려면 붕어를 몇 마리 사면 되는지 모두 구하면?

① 2마리 ② 3마리 ③ 4마리
④ 2마리, 3마리 ⑤ 3마리, 4마리

14

연속하는 세 자연수가 있다. 세 수의 합은 30보다 작지 않고, 작은 두 수의 합에서 가장 큰 수를 빼면 9보다 작다. 이때 가장 큰 자연수는?

① 10 ② 11 ③ 12
④ 13 ⑤ 14

15

윗변의 길이가 3 cm, 아랫변의 길이가 7 cm인 사다리꼴의 넓이를 40 cm^2 이상 60 cm^2 이하가 되도록 할 때, 이 사다리꼴이 높이의 범위는?

① 4 cm 이상 6 cm 이하
② 5 cm 이상 8 cm 이하
③ 6 cm 이상 10 cm 이하
④ 8 cm 이상 12 cm 이하
⑤ 10 cm 이상 14 cm 이하

▶ 절댓값 기호를 포함한 부등식의 풀이

16 서술형

부등식 $|x-2|>2x-6$을 푸시오.

17

모든 실수 x에 대하여 $|3x-1|>a-2$가 성립하도록 하는 실수 a의 값의 범위는?

① $a<-2$ ② $a>-2$ ③ $a<2$
④ $a>2$ ⑤ $-2<a<2$

18

연립부등식 $\begin{cases} |x-4|<2 \\ 4<3x-2 \end{cases}$ 의 해를 $a<x<b$라고 할 때, $a+b$의 값은?

① 2 ② 4 ③ 6
④ 8 ⑤ 10

19

부등식 $2|x-1|<3x-6$의 해가 $x>a$를 포함하도록 하는 실수 a의 값의 범위는?

① $a\le-4$　② $a\le0$　③ $a\le4$　④ $a>-4$　⑤ $a\ge4$

20

부등식 $|x|+|x-2|\le5$를 만족시키는 x의 값의 범위는?

① $-\frac{7}{2}<x<2$　② $-\frac{7}{2}\le x<\frac{3}{2}$　③ $-\frac{7}{2}<x\le5$　④ $-\frac{3}{2}\le x<5$　⑤ $-\frac{3}{2}\le x\le\frac{7}{2}$

21 서술형

부등식 $|3x-1|-\sqrt{x^2+4x+4}>4$를 푸시오.

이차부등식의 풀이

22

이차부등식 $x^2-x-3<0$의 해가 $\alpha<x<\beta$일 때, $\beta-\alpha$의 값은?

① $\sqrt{11}$　② $2\sqrt{3}$　③ $\sqrt{13}$　④ $\sqrt{14}$　⑤ $\sqrt{15}$

23

$a<0$일 때, 이차부등식 $ax^2-2a^2x-15a^3>0$의 해는?

① $x<5a$　② $x>-3a$　③ $3a<x<-5a$　④ $5a<x<3a$　⑤ $5a<x<-3a$

24

x에 대한 이차방정식 $x^2+2(k-1)x+2k^2-2=0$이 서로 다른 두 실근을 갖도록 하는 정수 k의 최댓값은?

① 0　② 1　③ 2　④ 3　⑤ 4

25

부등식 $x^2-2|x|-3<0$의 해가 $\alpha<x<\beta$일 때, $\alpha^2+\beta^2$의 값은?

① 4　② 8　③ 10
④ 18　⑤ 32

26

이차부등식 $ax^2+2bx+10>0$의 해가 $-1<x<5$일 때, 실수 a, b에 대하여 $a+b$의 값은?

① 1　② 2　③ 3
④ 4　⑤ 5

27

이차부등식 $ax^2+bx+c>0$의 해가 $x<-2$ 또는 $x>3$일 때, $cx^2+bx+a>0$의 해는? (단, a, b, c는 실수이다.)

① $-2<x<3$　② $x<-2$ 또는 $x>3$
③ $-\frac{1}{2}<x<\frac{1}{3}$　④ $x<-\frac{1}{2}$ 또는 $x>\frac{1}{3}$
⑤ 해가 없다.

▶ 이차부등식이 항상 성립할 조건

28

모든 실수 x에 대하여 이차부등식

$$-2x^2+2(k+2)x-k-6<0$$

이 항상 성립할 때, 실수 k의 값의 범위는?

① $-4<k<2$　② $k<-4$ 또는 $k>2$
③ $-2<k<4$　④ $2<k<4$
⑤ $k<2$ 또는 $k>4$

29

이차부등식 $(a+1)x^2+2x+3a+1>0$의 해가 존재하지 않도록 하는 실수 a의 값의 범위는?

① $a\le-\frac{4}{3}$　② $a\ge-\frac{3}{4}$
③ $a<-1$　④ $a\le-\frac{4}{3}$ 또는 $a\ge0$
⑤ $0\le a\le\frac{4}{3}$

30

$-1\le x\le1$에서 이차부등식 $x^2-2x+4\le-x^2+k$가 항상 성립할 때, 실수 k의 최솟값은?

① 8　② 9　③ 10
④ 11　⑤ 12

▶ 연립이차부등식의 풀이

31 서술형

부등식 $5x-4 \le x^2 \le x+2$를 만족시키는 실수 x의 최댓값을 구하시오.

32

연립부등식 $\begin{cases} x^2-2x-8<0 \\ (x+1)(x-2k) \le 0 \end{cases}$의 해가 $-1 \le x < 4$일 때, 실수 k의 값의 범위는?

① $k>0$　② $k<0$　③ $k \le 1$
④ $0<k \le 2$　⑤ $k \ge 2$

33

연립부등식 $\begin{cases} |x-1|>1 \\ 2x^2-9x+7 \le 0 \end{cases}$을 풀면?

① $-2<x<2$　② $-2<x \le 1$
③ $1 \le x \le \frac{7}{2}$　④ $2<x \le \frac{7}{2}$
⑤ $x<-2$ 또는 $x>2$

34

연립부등식 $\begin{cases} x^2 \le x+6 \\ x^2+4x \ge 5 \end{cases}$의 해가 이차부등식 $x^2+ax-b \le 0$의 해와 같을 때, 실수 a, b에 대하여 $a+b$의 값은?

① -7　② -6　③ -5
④ -4　⑤ -3

35

연립부등식 $\begin{cases} 6x^2+5x-4>0 \\ x^2-(a+1)x-a-2<0 \end{cases}$의 정수해가 4개 존재하도록 하는 실수 a의 값의 범위는? (단, $a>-3$)

① $2 \le a<3$　② $2<a \le 3$　③ $3 \le a<4$
④ $3<a \le 4$　⑤ $4<a \le 5$

36 서술형

세 변의 길이가 각각 $x-1$, $x+1$, $x+3$인 삼각형이 둔각삼각형이 되도록 하는 모든 정수 x의 값의 합을 구하시오.

STEP 3 내신 100점 잡기

37

$3x-2y=1$이고 $-3\le x-y\le 5$일 때, x의 최댓값을 M, y의 최솟값을 m이라고 하자. $M+m$의 값은?

① -7 ② -6 ③ -5
④ -4 ⑤ -3

38

부등식 $ax+2>5x+3a$의 해에 대한 〈보기〉의 설명 중 옳은 것만을 있는 대로 고른 것은?

보기
ㄱ. $a=0$이면 부등식을 만족시키는 실수 x는 1개 뿐이다.
ㄴ. $a=5$이면 부등식을 만족시키는 실수 x는 존재하지 않는다.
ㄷ. $a>5$이면 부등식을 만족시키는 실수 x는 무수히 많다.

① ㄱ ② ㄴ ③ ㄱ, ㄴ
④ ㄴ, ㄷ ⑤ ㄱ, ㄴ, ㄷ

39

부등식 $|ax-1|\le b$의 해가 $-1\le x\le 5$일 때, 양수 a, b에 대하여 $a+b$의 값은?

① $\frac{1}{2}$ ② 1 ③ $\frac{3}{2}$
④ 2 ⑤ $\frac{5}{2}$

40

연립방정식 $\begin{cases} 3x-y=a \\ -x+y=-3 \end{cases}$ 의 해를 구할 때, x의 값이 $-1\le x<3$의 범위에 있도록 하는 상수 a의 값의 범위는?

① $1\le a<9$ ② $-5\le a<3$
③ $1<a\le 9$ ④ $-5<a\le 3$
⑤ $-3\le a<5$

41 서술형

상자에 인형을 4개씩 담으면 인형이 6개 남고, 7개씩 담으면 상자가 2개 남는다고 할 때, 인형의 개수를 구하시오.

42

x에 대한 두 이차방정식

$$x^2+2ax+a+6=0,\ x^2-2ax+4=0$$

중 적어도 하나의 방정식이 허근을 갖도록 하는 정수 a의 개수는?

① 2 ② 3 ③ 4
④ 5 ⑤ 6

내신 최고 문제

정답 및 해설 40쪽

43

x^2의 계수가 1인 이차식 $f(x)$에 대하여 부등식 $f(x)<0$의 해가 $-3<x<7$일 때, $f(2x-1)<0$을 만족시키는 정수 x의 개수는?

① 2　② 3　③ 4　④ 5　⑤ 6

44

연립부등식 $\begin{cases} x^2-x-2\leq 0 \\ (x-k-3)(x-k+5)>0 \end{cases}$ 이 해를 갖지 않도록 하는 정수 k의 개수는?

① 3　② 4　③ 5　④ 6　⑤ 7

45

오른쪽 그림과 같이 $f(-3)=f\left(\frac{2}{3}\right)=0$인 이차함수 $y=f(x)$의 그래프와 직선 $y=g(x)$가 두 점 $\mathrm{A}(1, 1)$, $\mathrm{B}(-2, -2)$에서 만날 때, 부등식의 $f(x)g(x)\leq 0$의 해는?

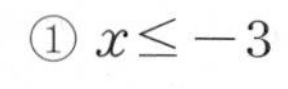

① $x\leq -3$　② $0\leq x<\frac{2}{3}$

③ $-\frac{2}{3}\leq x\leq 0$　④ $x\leq -3$ 또는 $0\leq x\leq \frac{2}{3}$

⑤ $0\leq x\leq \frac{2}{3}$ 또는 $x\geq 3$

46

모든 실수 x에 대하여 $ax^2+2ax+7$의 값이 항상 $-2x^2-4x+2$의 값보다 크도록 하는 실수 a의 값의 범위는?

① $-2\leq a<3$　② $-2<a<3$

③ $-3<a<2$　④ $-3\leq a<2$

⑤ $a\geq -2$

47

연립부등식 $\begin{cases} x^2+ax+b\leq 0 \\ x^2+x+a>0 \end{cases}$ 의 해가 $2<x\leq 5$일 때, 상수 a, b에 대하여 $b-a$의 값은?

① 11　② 12　③ 13　④ 14　⑤ 15

III 도형의 방정식

STEP 1

개념 정리하기

1. 평면좌표

① 두 점 사이의 거리

(1) 수직선 위의 두 점 사이의 거리

수직선 위의 두 점 $A(x_1)$, $B(x_2)$ 사이의 거리는

$\overline{AB}=|x_2-x_1|$

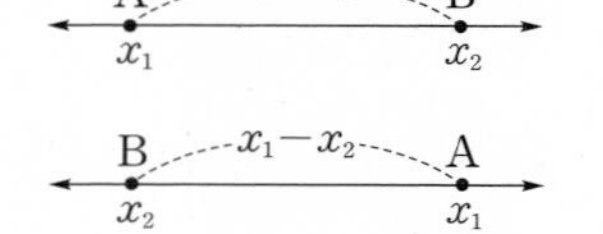

(2) 좌표평면 위의 두 점 사이의 거리

좌표평면 위의 두 점 $A(x_1, y_1)$, $B(x_2, y_2)$ 사이의 거리는

$\overline{AB}=\sqrt{(x_2-x_1)^2+(y_2-y_1)^2}$

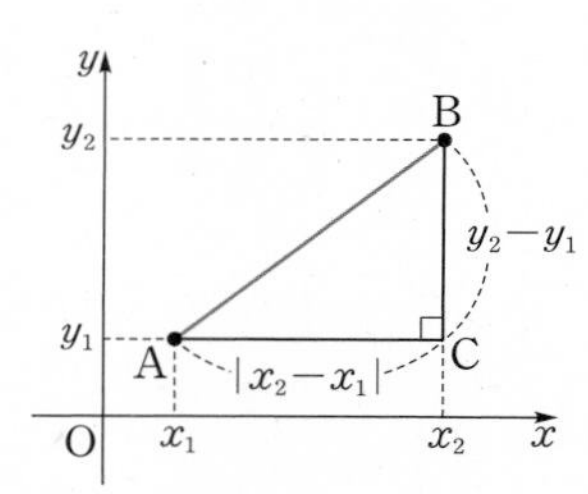

참고 좌표평면 위의 원점 $O(0, 0)$과 점 $A(x_1, y_1)$ 사이의 거리는

$\overline{OA}=\sqrt{x_1^2+y_1^2}$

② 수직선 위의 선분의 내분점과 외분점

(1) 수직선 위의 선분의 내분점

수직선 위의 두 점 $A(x_1)$, $B(x_2)$에 대하여 선분 AB를 m, $n(m>0, n>0)$으로 내분하는 점을 P라고 하면

$P\left(\frac{mx_2+nx_1}{m+n}\right)$

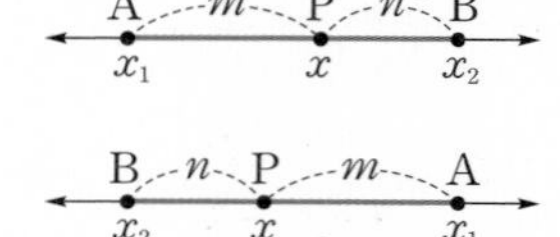

참고 수직선 위의 두 점 $A(x_1)$, $B(x_2)$에 대하여 선분 AB의 중점을 M이라고 하면

$M\left(\frac{x_1+x_2}{2}\right)$

(2) 수직선 위의 선분의 외분점

수직선 위의 두 점 $A(x_1)$, $B(x_2)$에 대하여 선분 AB를 m, $n(m>0, n>0)$으로 외분하는 점을 Q라고 하면

$Q\left(\frac{mx_2-nx_1}{m-n}\right)$ $(m\neq n)$

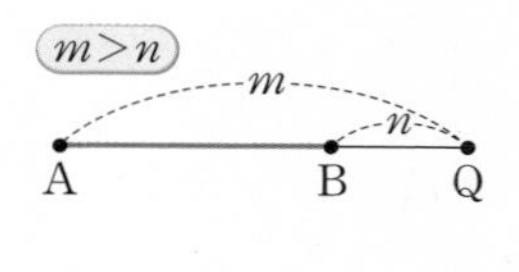

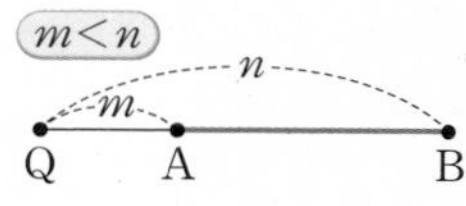

③ 좌표평면 위의 선분의 내분점과 외분점

(1) 좌표평면 위의 선분의 내분점

좌표평면 위의 두 점 $A(x_1, y_1)$, $B(x_2, y_2)$에 대하여 선분 AB를 m, $n(m>0, n>0)$으로 내분하는 점을 P라고 하면

$P\left(\frac{mx_2+nx_1}{m+n}, \frac{my_2+ny_1}{m+n}\right)$

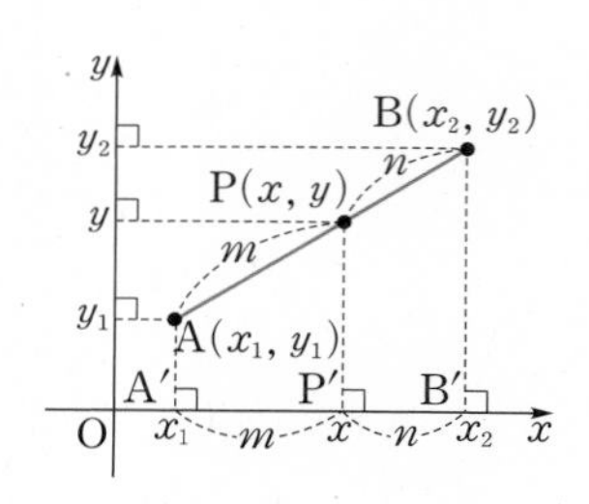

문제로 개념 확인하기

01 개념-①

다음 수직선 위의 두 점 사이의 거리를 구하시오.

(1) $A(-2)$, $B(1)$

(2) $A(-3)$, $B(-5)$

02 개념-①

다음 좌표평면 위의 두 점 사이의 거리를 구하시오.

(1) $A(-2, 3)$, $B(1, -1)$

(2) $O(0, 0)$, $A(-3, 4)$

03 개념-②

수직선 위의 두 점 $A(-3)$, $B(2)$에 대하여 다음 점의 좌표를 기호로 나타내시오.

(1) 선분 AB를 $2:3$으로 내분하는 점 P

(2) 선분 AB의 중점 M

04 개념-②

수직선 위의 두 점 $A(-3)$, $B(7)$을 이은 선분 AB를 $1:3$으로 외분하는 점 Q의 좌표를 구하시오.

05 개념-③

좌표평면 위의 두 점 $A(-3, 1)$, $B(7, 5)$에 대하여 다음 점의 좌표를 기호로 나타내시오.

(1) 선분 AB를 $3:1$로 내분하는 점 P

(2) 선분 AB의 중점 M

정답 및 해설 42쪽

참고 좌표평면 위의 두 점 A(x_1, y_1), B(x_2, y_2)에 대하여 선분 AB의 중점을 M이라고 하면

$$M\left(\frac{x_1+x_2}{2},\ \frac{y_1+y_2}{2}\right)$$

(2) 좌표평면 위의 선분의 외분점

좌표평면 위의 두 점 A(x_1, y_1), B(x_2, y_2)에 대하여

선분 AB를 m, n($m>0$, $n>0$)으로 외분하는 점을 Q라고 하면

$$Q\left(\frac{mx_2-nx_1}{m-n},\ \frac{my_2-ny_1}{m-n}\right)\ (m\neq n)$$

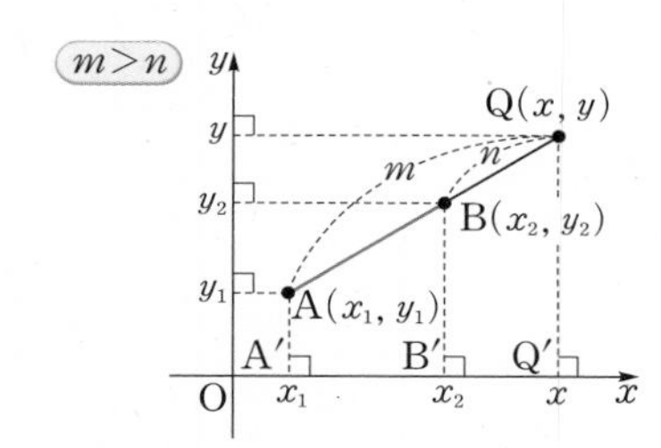

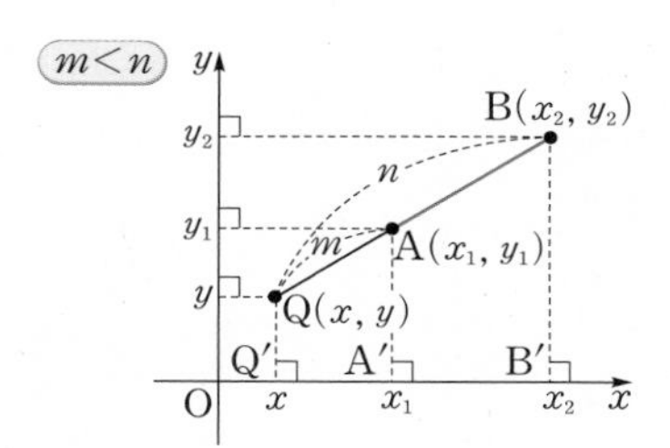

4 삼각형의 무게중심

좌표평면 위의 세 점 A(x_1, y_1), B(x_2, y_2), C(x_3, x_3)을 꼭짓점으로 하는 삼각형 ABC의 무게중심을 G라고 하면

$$G\left(\frac{x_1+x_2+x_3}{3},\ \frac{y_1+y_2+y_3}{3}\right)$$

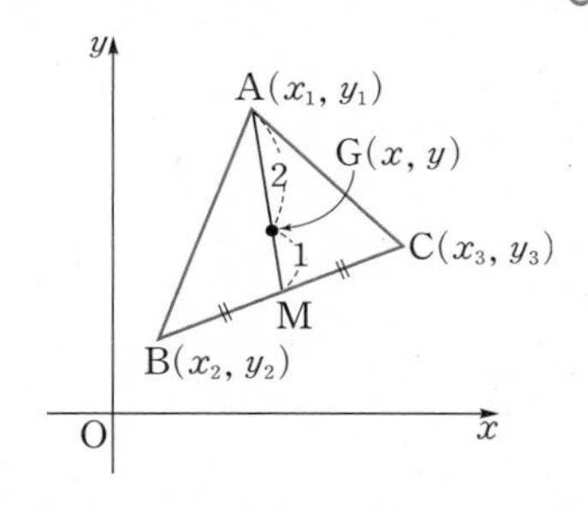

참고 삼각형 ABC의 세 변을 일정한 비율로 내분한 세 점으로 이루어진 삼각형의 무게중심은 원래의 삼각형 ABC의 무게중심과 일치한다.

알아두기+1

삼각형의 내각의 이등분선

오른쪽 그림의 삼각형 ABC에서

$\angle BAD=\angle CAD$이면

$\overline{AB} : \overline{AC}=\overline{BD} : \overline{DC}$

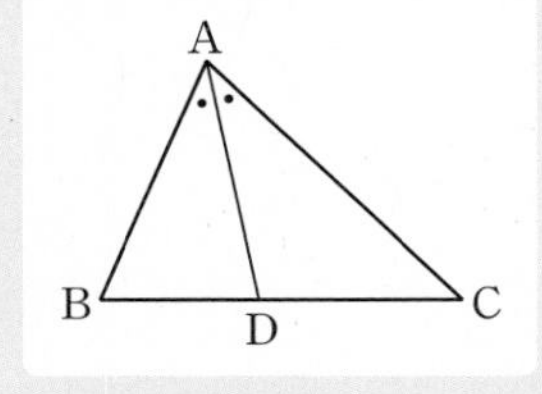

문제로 개념 확인하기

06 개념-③

좌표평면 위의 두 점 A(-2, 4), B(6, 8)을 이은 선분 AB를 $1:3$으로 외분하는 점 Q의 좌표를 구하시오.

07 개념-④

세 점 A(4, 0), B(1, 2), C(-2, -5)를 꼭짓점으로 하는 삼각형 ABC의 무게중심 G의 좌표를 구하시오.

08 개념-④

삼각형 ABC의 세 변 AB, BC, CA를 $3:1$로 내분하는 점을 각각 P(3, 4), Q(-3, 1), R(6, -2)라고 할 때, 삼각형 ABC의 무게중심의 좌표를 구하시오.

STEP 2 내신등급 쑥쑥 올리기

▶ 두 점 사이의 거리

01 ☆

두 점 A(1, 2), B(a, 1) 사이의 거리가 $5\sqrt{2}$일 때, 모든 a의 값의 합은?

① 5 ② 4 ③ 3
④ 2 ⑤ 1

02 ☆

세 점 O(0, 0), A(3, 4), B(2, a)에 대하여 $\overline{OA}=\overline{OB}$일 때, 양수 a의 값은?

① $\sqrt{19}$ ② $2\sqrt{5}$ ③ $\sqrt{21}$
④ $\sqrt{23}$ ⑤ 5

03 ☆☆

두 점 A($a+1$, -3), B(3, $-a+1$)에 대하여 $\overline{AB}$의 길이의 최솟값은?

① 1 ② $\sqrt{2}$ ③ $\sqrt{3}$
④ 2 ⑤ $\sqrt{5}$

▶ 같은 거리에 있는 점의 좌표

04 ☆

두 점 A(-2, 3), B(2, 1)에서 같은 거리에 있는 y축 위의 점 P의 좌표는?

① (0, 1) ② (0, 2) ③ (0, 3)
④ (0, 4) ⑤ (0, 5)

05 ☆☆

두 점 A(2, 1), B(-1, 3)으로부터 같은 거리에 있는 x축 위의 점을 P라 하고, y축 위의 점을 Q라고 하자. 점 P의 x좌표를 α, 점 Q의 y좌표를 β라고 할 때, $\alpha+\beta$의 값은?

① $\frac{1}{12}$ ② $\frac{5}{12}$ ③ 1
④ $\frac{17}{12}$ ⑤ 4

06 ☆☆

두 점 A(-1, -3), B(2, -1)에서 같은 거리에 있는 점 P(α, β)가 직선 $y=x-3$ 위에 있을 때, $\alpha+\beta$의 값은?

① $-\frac{14}{5}$ ② $-\frac{12}{5}$ ③ -2
④ $-\frac{8}{5}$ ⑤ $-\frac{6}{5}$

07

x축 위에 있고, 두 점 A$(-2,\ 1)$, B$(1,\ 4)$에서 같은 거리에 있는 점 P에 대하여 원점 O에서 점 P까지의 거리는?

① 1　② $\sqrt{2}$　③ $\sqrt{3}$
④ 2　⑤ 4

08

세 점 A$(3,\ 3)$, B$(-1,\ 5)$, C$(-5,\ 1)$로부터 같은 거리에 있는 점을 P$(a,\ b)$라고 할 때, $9ab$의 값은?

① -4　② -1　③ 0
④ 1　⑤ 4

09 서술형

세 점 A$(2,\ 2)$, B$(2,\ 4)$, C$(6,\ 4)$를 꼭짓점으로 하는 삼각형 ABC의 외심의 좌표를 구하시오.

▶ 세 변의 길이와 삼각형의 모양

10

세 점 A$(-1,\ 1)$, B$(4,\ -2)$, C$(2,\ 6)$을 꼭짓점으로 하는 삼각형은 어떤 삼각형인가?

① 정삼각형
② 둔각삼각형
③ $\angle$B$=90°$인 직각삼각형
④ $\overline{AB}=\overline{BC}$인 이등변삼각형
⑤ $\angle$A$=90°$이고 $\overline{AB}=\overline{AC}$인 직각이등변삼각형

11 서술형

세 점 A$(1,\ -1)$, B$(-1,\ 1)$, C$(a,\ a)$를 꼭짓점으로 하는 삼각형 ABC가 정삼각형일 때, 양수 a의 값을 구하시오.

12

세 점 A$(1,\ 1)$, B$(a,\ a)$, C$(a+1,\ -1)$을 꼭짓점으로 하는 삼각형 ABC가 $\angle$B$=90°$인 직각삼각형일 때, a의 값은?

① -1　② 0　③ 1
④ 2　⑤ 3

STEP 2 내신등급 쑥쑥 올리기

▶ 거리의 제곱의 합이 최소인 점

13 ✩

좌표평면 위의 두 점 $A(-3, 1)$, $B(2, 5)$와 x축 위를 움직이는 점 Q에 대하여 $\overline{AQ}^2+\overline{BQ}^2$의 최솟값은?

① 37　② $\frac{75}{2}$　③ 38　④ $\frac{77}{2}$　⑤ 39

14 ✩✩

두 점 $A(2, 1)$, $B(7, 4)$와 직선 $y=x+1$ 위의 점 P에 대하여 $\overline{AP}^2+\overline{BP}^2$의 최솟값은?

① 24　② 25　③ 26　④ 27　⑤ 28

15 ✩✩✩

두 점 $A(5, 1)$, $B(3, 9)$와 임의의 점 $P(x, y)$에 대하여 $\overline{AP}^2+\overline{BP}^2$이 최소가 되도록 하는 점 P의 좌표는?

① $(2, 3)$　② $(3, 4)$　③ $(4, 5)$　④ $(5, 4)$　⑤ $(4, 3)$

▶ 선분의 내분점과 외분점

16 ✩

두 점 $A(2)$, $B(7)$에 대하여 선분 AB를 $2:3$으로 내분하는 점을 $P(a)$, 선분 AB를 $3:2$로 외분하는 점을 $Q(b)$라고 할 때, $a+b$의 값은?

① 21　② 22　③ 23　④ 24　⑤ 25

17 ✩

두 점 $A(a, -1)$, $B(-6, b)$에 대하여 선분 AB의 중점의 좌표가 $(-1, 2)$일 때, $a+b$의 값은?

① 1　② 3　③ 5　④ 7　⑤ 9

18 ✩

좌표평면 위의 두 점 $A(-1, a)$, $B(b, 3)$을 이은 선분 AB를 $1:3$으로 내분하는 점이 원점일 때, $a+b$의 값은?

① -2　② -1　③ 0　④ 2　⑤ 3

19

두 점 $A(2, 7)$, $B(-4, -1)$을 이은 선분 AB를 $3:1$로 내분하는 점 P와 $3:1$로 외분하는 점 Q에 대하여 선분 PQ의 중점의 좌표를 (a, b)라고 할 때, $-4a+9b$의 값은?

① 1 ② 2 ③ 3
④ 4 ⑤ 5

20 서술형

두 점 $A(1, -1)$, $B(4, 2)$에 대하여 선분 AB를 $m:3$으로 외분하는 점이 직선 $x+y=-3$ 위에 있을 때, 실수 m의 값을 구하시오. (단, $m \neq 3$)

21

두 점 $A(-3, 5)$, $B(8, -4)$를 이은 선분 AB가 y축에 의하여 $m:n$으로 내분될 때, $m+n$의 값은?

(단, m, n은 서로소인 자연수이다.)

① 3 ② 5 ③ 7
④ 9 ⑤ 11

22

두 점 $A(-1, 2)$, $B(7, -2)$를 이은 선분 AB를 $t:(1-t)$로 내분하는 점 P가 제1사분면 위에 있을 때, t의 값의 범위는?

① $t<\frac{1}{8}$ ② $\frac{1}{8}<t<\frac{1}{2}$
③ $\frac{1}{8}\le t\le\frac{1}{2}$ ④ $t<\frac{1}{8}$ 또는 $t>\frac{1}{2}$
⑤ $t\le\frac{1}{8}$ 또는 $t\ge\frac{1}{2}$

23

두 점 $A(4, 2)$, $B(a, b)$에 대하여 점 A의 방향으로 그은 $\overline{AB}$의 연장선 위에 $3\overline{AB}=2\overline{BC}$를 만족하는 점 C가 있다. 점 C의 좌표가 $\left(7, \frac{7}{2}\right)$일 때, 상수 a, b에 대하여 $b-a$의 값은?

① 1 ② 5 ③ 9
④ 13 ⑤ 17

24

두 점 $A(p, q)$, $B(r, s)$를 지나는 직선 AB 위에 점 $P(x, y)$가 있다. $\overline{AP}=6$이고, $x=\frac{3r+5p}{3+5}$, $y=\frac{3s+5q}{3+5}$일 때, $\overline{AB}$의 길이는?

① 8 ② 10 ③ 12
④ 14 ⑤ 16

STEP 2 내신등급 쑥쑥 올리기

▶ 선분의 내분점과 외분점의 활용

25

좌표평면 위의 세 점 P(6, 0), Q(1, 1), R(−3, −2)를 꼭짓점으로 하는 사각형 PQRS가 평행사변형이 되도록 하는 점 S의 좌표는?

① (1, −3) ② (2, −2) ③ (2, −3)
④ (3, −2) ⑤ (3, −3)

26

세 점 A(6, −2), B(1, 5), O(0, 0)을 꼭짓점으로 하는 삼각형 ABO에 대하여 △AOP=2△BOP가 되도록 하는 선분 AB 위의 점 P의 좌표는?

① $\left(0,\ \frac{5}{2}\right)$ ② $\left(0,\ -\frac{1}{2}\right)$ ③ $\left(2,\ \frac{10}{3}\right)$
④ $\left(\frac{8}{3},\ \frac{8}{3}\right)$ ⑤ $\left(\frac{5}{2},\ -1\right)$

27

네 점 A(1, 7), B(−8, a), C(−5, b), D(4, −2)를 꼭짓점으로 하는 사각형 ABCD가 마름모일 때, 두 양수 a, b에 대하여 $a+b$의 값은?

① 8 ② 9 ③ 10
④ 11 ⑤ 12

28

세 점 A(4, 5), B(−2, −1), C(7, 2)를 꼭짓점으로 하는 삼각형 ABC에서 ∠A의 이등분선이 변 BC와 만나는 점을 D라고 할 때, 선분 AD의 길이는?

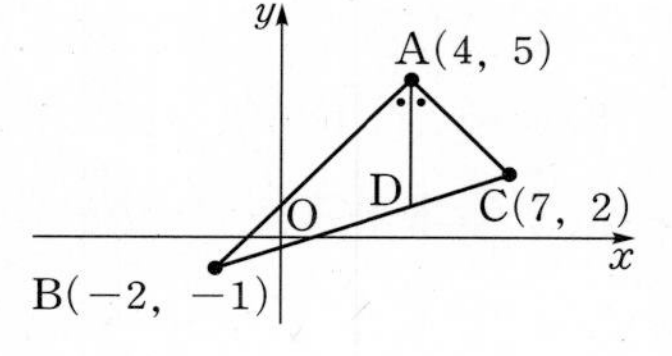

① 2 ② $2\sqrt{2}$ ③ 4
④ $4\sqrt{2}$ ⑤ 6

29

평행사변형 ABCD에서 A(2, 4), B(−1, 2), C(−3, a)이고 평행사변형의 둘레의 길이가 $4\sqrt{13}$일 때, 양수 a의 값은?

① 1 ② 2 ③ 3
④ 4 ⑤ 5

▶ 삼각형의 무게중심

30

세 점 A(3, 3), B(2, 1), C(1, 2)를 꼭짓점으로 하는 삼각형 ABC의 무게중심을 G라고 할 때, 선분 AG의 길이는?

① $\sqrt{2}$ ② $\sqrt{5}$ ③ $\sqrt{6}$
④ $\sqrt{7}$ ⑤ $2\sqrt{2}$

31 ✪

좌표평면 위의 세 점 $A(a, -3)$, $B(4, 5)$, $C(-1, b)$를 꼭짓점으로 하는 삼각형 ABC의 무게중심의 좌표가 $G(3, 2)$일 때, a^2-b^2의 값은?

① 16 ② 17 ③ 18
④ 19 ⑤ 20

32 ✪✪

삼각형 ABC에서 $A(2, 5)$이고 삼각형 ABC의 무게중심의 좌표가 $(0, 3)$일 때, $\overline{BC}$의 중점의 좌표는?

① $(-1, 1)$ ② $(-1, 2)$ ③ $(1, 1)$
④ $(1, 2)$ ⑤ $(1, 3)$

33 ✪✪

좌표평면 위의 세 점 $A(6, -3)$, $B(1, 5)$, $C(8, 7)$을 꼭짓점으로 하는 삼각형 ABC에서 변 AB의 중점을 P, 변 BC의 중점을 Q, 변 CA의 중점을 R라고 하자. 삼각형 PQR의 무게중심의 좌표를 (a, b)라고 할 때, $a+b$의 값은?

① 7 ② 8 ③ 9
④ 10 ⑤ 11

34 ✪✪✪

좌표평면 위의 세 점 $O(0, 0)$, $A(3, 1)$, $B(3, -1)$로부터의 거리의 제곱의 합이 최소가 되게 하는 점을 $R(x, y)$라고 할 때, $x+y$의 값은?

① 0 ② 1 ③ 2
④ 3 ⑤ 4

35 ✪✪✪

오른쪽 그림의 직사각형 ABCD에서 $\overline{AB}=12$, $\overline{AD}=18$이고, 두 대각선의 교점이 M이다. 삼각형 ABD의 무게중심을 G, 삼각형 CDM의 무게중심을 H라고 할 때, $\overline{GH}^2$의 값은?

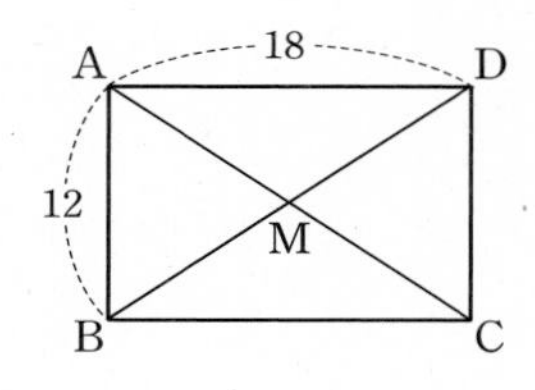

① 65 ② 70 ③ 75
④ 80 ⑤ 85

36 ✪✪✪

좌표평면 위의 정삼각형 ABC에서 $B(2, 3)$이고, 무게중심 G의 좌표가 $(-4, 9)$일 때, 정삼각형 ABC의 넓이는?

① $50\sqrt{3}$ ② $51\sqrt{5}$ ③ $52\sqrt{3}$
④ $53\sqrt{5}$ ⑤ $54\sqrt{3}$

3 내신 100점 잡기

37

삼각형 ABC에서 세 변 AB, CA의 중점이 각각 D$(-2, 3)$, E$(5, 4)$일 때, $\overline{BC}$의 길이는?

① $6\sqrt{2}$ ② $7\sqrt{2}$ ③ $8\sqrt{2}$
④ $9\sqrt{2}$ ⑤ $10\sqrt{2}$

38

세 점 A$(0, 2)$, B$(3, 1)$, C$(4, 6)$을 꼭짓점으로 하는 삼각형 ABC의 외심의 좌표가 (a, b)일 때, $4(a+b)$의 값은?

① 24 ② 28 ③ 32
④ 36 ⑤ 40

39

실수 x, y에 대하여

$$\sqrt{x^2+y^2}+\sqrt{(x-3)^2+(y-4)^2}$$

의 최솟값은?

① 2 ② 3 ③ $2\sqrt{3}$
④ $3\sqrt{2}$ ⑤ 5

40

직선 $x+y=1$은 두 점 A$(-1, 0)$, B$(3, 4)$를 이은 선분 AB를 $m : n$으로 내분한다. 서로소인 자연수 m, n에 대하여 $m+n$의 값은?

① 2 ② 3 ③ 4
④ 5 ⑤ 6

41

다음 그림과 같이 두 점 P$(\sqrt{2})$, Q$(\sqrt{3})$을 수직선 위에 나타내었다.

P$(\sqrt{2})$ Q$(\sqrt{3})$ x

세 점 A$\left(\dfrac{\sqrt{2}+\sqrt{3}}{2}\right)$, B$\left(\dfrac{\sqrt{3}+3\sqrt{2}}{4}\right)$, C$\left(\dfrac{3\sqrt{3}-\sqrt{2}}{2}\right)$를 수직선 위에 나타낼 때, 세 점의 위치를 왼쪽부터 순서대로 나열한 것은?

① A, B, C ② A, C, B ③ B, A, C
④ B, C, A ⑤ C, B, A

42 서술형

선분 AB를 $2 : 1$로 외분하는 점 P와 $1 : 2$로 내분하는 점 Q에 대하여 $\overline{PQ}=10$일 때, 선분 AB의 길이를 구하시오.

43

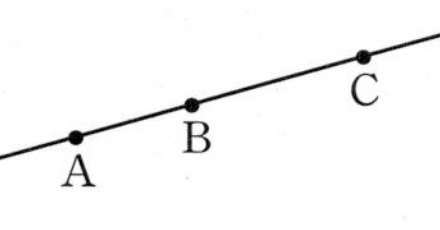

오른쪽 그림과 같이 직선도로 위에 아파트 A, B, C가 위치하고 있을 때, 도로 위 어느 한 지점에 마트를 세우려고 한다. 배달 비용은 마트에서 각 아파트까지의 거리의 제곱의 합에 비례한다고 할 때, 배달 비용을 최소로 하는 마트의 위치는? (단, $3\overline{AB}=2\overline{BC}$)

① $\overline{BC}$의 중점
② $\overline{AC}$의 중점
③ $\overline{BC}$를 1 : 8로 내분하는 점
④ $\overline{AB}$를 4 : 1로 외분하는 점
⑤ $\overline{AC}$를 1 : 4로 내분하는 점

44

좌표평면 위의 임의의 점 P와 한 변의 길이가 8인 정삼각형 ABC에 대하여 $\overline{PA}^2+\overline{PB}^2+\overline{PC}^2$의 최솟값은?

① 72 ② 64 ③ 60
④ 56 ⑤ 52

45

삼각형 ABC의 세 변 AB, BC, CA를 3 : 1로 내분하는 점이 각각 P(3, 4), Q(−3, 1), R(6, −2)라고 할 때, 삼각형 ABC의 무게중심의 좌표는?

① $\left(\frac{4}{3}, \frac{2}{3}\right)$ ② $\left(1, \frac{1}{2}\right)$ ③ $\left(2, \frac{2}{3}\right)$
④ (2, 1) ⑤ (4, 2)

46

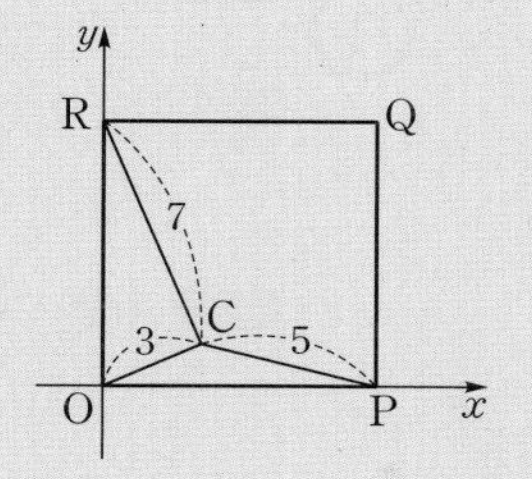

오른쪽 그림과 같은 정사각형 OPQR의 내부에 있는 점 C가 $\overline{OC}=3$, $\overline{PC}=5$, $\overline{RC}=7$을 만족시킬 때, 정사각형 OPQR의 넓이는?

① 54 ② 56
③ 58 ④ 60
⑤ 62

47

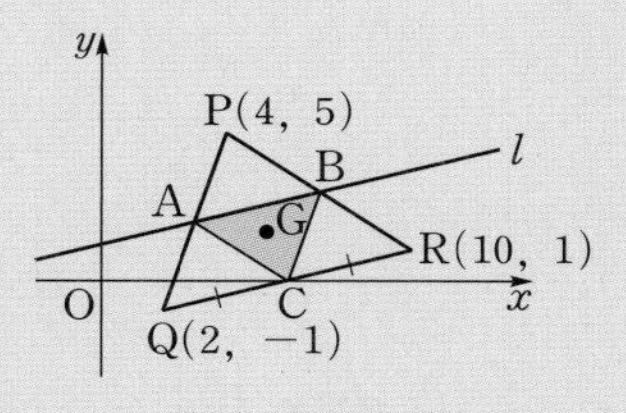

오른쪽 그림과 같이 세 점 P(4, 5), Q(2, −1), R(10, 1)로부터 같은 거리에 있는 직선 l이 선분 PQ, PR와 만나는 점을 각각 A, B라고 하자. 선분 QR의 중점 C에 대하여 삼각형 ABC의 무게중심의 좌표를 G(x, y)라고 할 때, $x+y$의 값은?

① 4 ② 5 ③ 6
④ 7 ⑤ 8

개념 정리하기

① 한 점을 지나고 기울기가 주어진 직선의 방정식

점 $A(x_1, y_1)$을 지나고 기울기가 m인 직선의 방정식은

$$y-y_1=m(x-x_1)$$

참고 기울기가 m이고, y절편이 n인 직선의 방정식은

$$y=mx+n$$

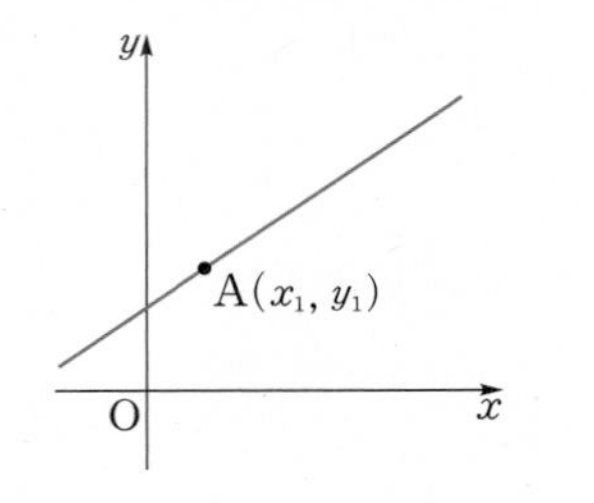

② 서로 다른 두 점을 지나는 직선의 방정식

서로 다른 두 점 $A(x_1, y_1)$, $B(x_2, y_2)$를 지나는 직선의 방정식은

(1) $x_1 \neq x_2$**일 때**

$$y-y_1=\frac{y_2-y_1}{x_2-x_1}(x-x_1)$$

(2) $x_1=x_2$**일 때**

$$x=x_1$$

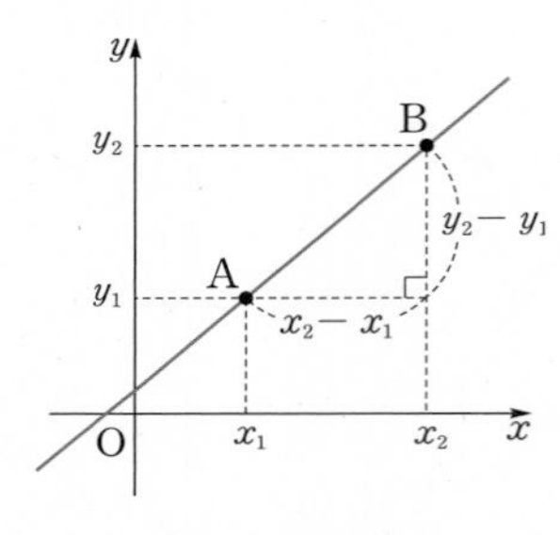

[$x_1 \neq x_2$일 때]

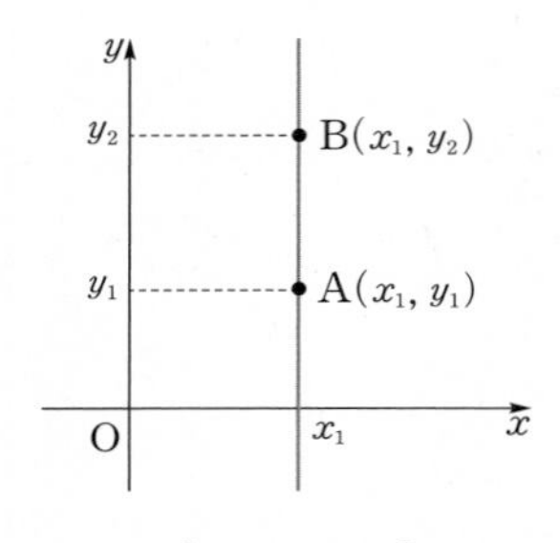

[$x_1=x_2$일 때]

참고 점 $A(x_1, y_1)$을 지나고

(1) x축에 평행한 직선의 방정식은

$y=y_1$

(2) y축에 평행한 직선의 방정식은

$x=x_1$

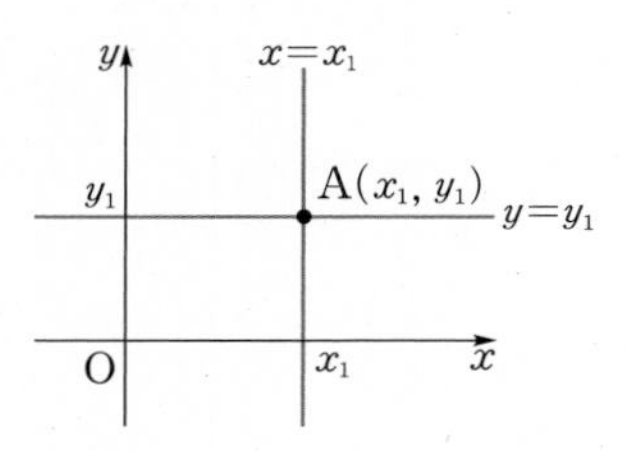

③ x절편과 y절편이 주어진 직선의 방정식

x절편이 a, y절편이 b인 직선의 방정식은

$$\frac{x}{a}+\frac{y}{b}=1(\text{단, } a\neq0,\ b\neq0)$$

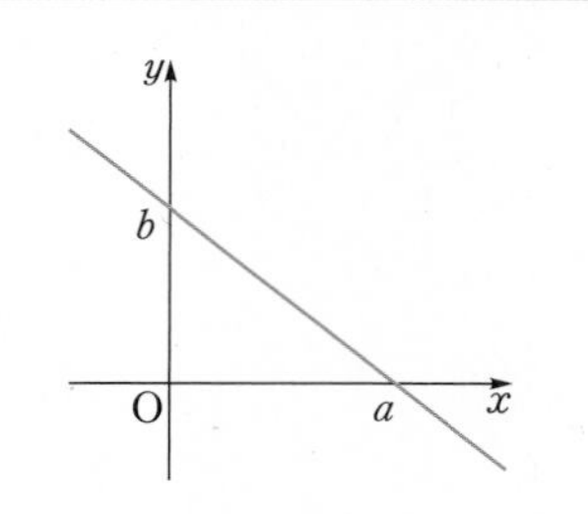

문제로 개념 확인하기

01 개념 ①

다음 직선의 방정식을 구하시오.

(1) 점 $(-1, 2)$를 지나고 기울기가 3인 직선

(2) 기울기가 3이고 y절편이 -1인 직선의 방정식

02 개념 ②

다음 직선의 방정식을 구하시오.

(1) 두 점 $(1, 1)$, $(2, 3)$을 지나는 직선의 방정식

(2) 두 점 $(3, 2)$, $(3, 7)$을 지나는 직선의 방정식

(3) 점 $(4, 2)$를 지나고 x축에 평행한 직선의 방정식

03 개념 ③

x절편이 2, y절편이 -4인 직선의 방정식이 $ax-y-b=0$일 때, 상수 a, b의 값을 각각 구하시오.

정답 및 해설 49쪽

④ 일차방정식 $ax+by+c=0$이 나타내는 도형

x, y에 대한 일차방정식 $ax+by+c=0(a\neq0$ 또는 $b\neq0)$이 나타내는 도형은 직선이다.

(1) $a\neq0$, $b\neq0$일 때, $y=-\frac{a}{b}x-\frac{c}{b}$ ➡ 기울기가 $-\frac{a}{b}$이고, y절편이 $-\frac{c}{b}$인 직선

(2) $a=0$, $b\neq0$일 때, $y=-\frac{c}{b}$ ➡ x축에 평행한 직선

(3) $a\neq0$, $b=0$일 때, $x=-\frac{c}{a}$ ➡ y축에 평행한 직선

⑤ 두 직선의 위치 관계

두 직선의 위치 관계는 다음과 같다.

구분	$y=mx+n$, $y=m'x+n'$	$ax+by+c=0$, $a'x+b'y+c'=0$
평행	$m=m'$, $n\neq n'$	$\frac{a}{a'}=\frac{b}{b'}\neq\frac{c}{c'}$
일치	$m=m'$, $n=n'$	$\frac{a}{a'}=\frac{b}{b'}=\frac{c}{c'}$
수직	$mm'=-1$	$aa'+bb'=0$
한 점에서 만난다.	$m\neq m'$	$\frac{a}{a'}\neq\frac{b}{b'}$

⑥ 두 직선의 교점을 지나는 직선의 방정식

두 직선 $ax+by+c=0$과 $a'x+b'y+c'=0$의 교점을 지나는 직선의 방정식은

$$ax+by+c+k(a'x+b'y+c')=0 \text{ (단, } k\text{는 상수)}$$

⑦ 점과 직선 사이의 거리

한 점 $P(x_1, y_1)$과 직선 l: $ax+by+c=0$ 사이의 거리 d는

$$d=\frac{|ax_1+by_1+c|}{\sqrt{a^2+b^2}}$$

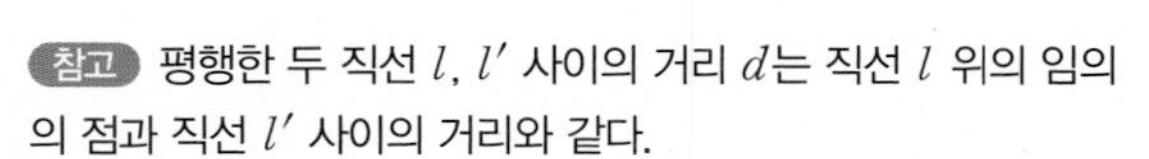
참고 평행한 두 직선 l, l' 사이의 거리 d는 직선 l 위의 임의의 점과 직선 l' 사이의 거리와 같다.

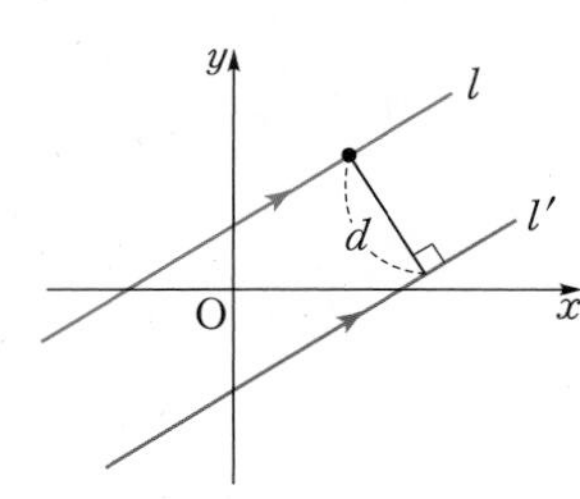

문제로 개념 확인하기

04 개념 ④
직선 $2x-4y+1=0$의 기울기와 y절편을 각각 구하시오.

05 개념 ⑤
두 직선 $ax-y-2=0$, $5x-2y+3=0$이 평행할 때, 상수 a의 값을 구하시오.

06 개념 ⑤
두 직선 $2x-y-3=0$, $3x+ky+2=0$이 수직일 때, 상수 k의 값을 구하시오.

07 개념 ⑥
두 직선 $x-3y+17=0$과 $2x+y-8=0$의 교점을 지나면서 점 $P(5, 8)$을 지나는 직선의 방정식을 구하시오.

08 개념 ⑦
점 $(-1, 2)$와 직선 $4x+3y+3=0$ 사이의 거리를 구하시오.

2 내신등급 쑥쑥 올리기

▶ 직선의 방정식

01

x축의 양의 방향과 이루는 각의 크기가 $45°$이고, 점 $(1,\ 3)$을 지나는 직선의 y절편은?

① -2　② $-\sqrt{3}$　③ 1
④ $\sqrt{3}$　⑤ 2

02

x절편이 -2이고 y절편이 4인 직선의 방정식을 $y=ax+b$라고 할 때, 상수 a, b에 대하여 ab의 값은?

① -6　② -4　③ -2
④ 4　⑤ 8

03

기울기가 3이고 두 점 $(k,\ -10)$, $(2,\ k)$를 지나는 직선의 방정식을 $y=ax+b$라고 할 때, 상수 a, b에 대하여 $a-b$의 값은?

① 7　② 8　③ 9
④ 10　⑤ 11

04

두 점 $\mathrm{A}(-2,\ 5)$, $\mathrm{B}(3,\ 0)$을 이은 선분을 $2:3$으로 내분하는 점을 지나고 기울기가 1인 직선의 방정식은?

① $y=x+2$　② $y=x+3$　③ $y=x+5$
④ $y=x+8$　⑤ $y=x+10$

05

두 점 $\mathrm{A}(0,\ -2)$, $\mathrm{B}(4,\ 10)$을 지나는 직선의 방정식을 $y=ax+b$라고 할 때, 상수 a, b에 대하여 $a+b$의 값은?

① -3　② -1　③ 1
④ 3　⑤ 5

06

두 점 $\mathrm{A}(2,\ 8)$, $\mathrm{B}(-1,\ 2)$를 지나는 직선이 점 $\mathrm{C}(a,\ 4)$를 지날 때, 상수 a의 값은?

① -2　② -1　③ 0
④ 1　⑤ 2

07

두 점 $A(8, -1)$, $B(-4, 2)$를 지나는 직선이 x축, y축과 만나는 점을 각각 C, D라고 할 때, 삼각형 OCD의 넓이는? (단, O는 원점이다.)

① $\frac{1}{3}$ ② $\frac{1}{2}$ ③ 1
④ $\frac{4}{3}$ ⑤ 2

08

직선 $\frac{x}{2}+\frac{y}{3}=1$이 x축과 만나는 점을 P, 직선 $x+\frac{y}{4}=1$이 y축과 만나는 점을 Q라고 할 때, 다음 중 두 점 P, Q를 지나는 직선의 방정식은?

① $x+\frac{y}{3}=1$ ② $x+\frac{y}{4}=1$ ③ $\frac{x}{3}+\frac{y}{2}=1$
④ $\frac{x}{2}+\frac{y}{4}=1$ ⑤ $\frac{x}{3}+\frac{y}{4}=1$

09

좌표평면에서 제3사분면을 지나지 않는 직선 $\frac{x}{a}+\frac{x}{b}=1$과 x축, y축으로 둘러싸인 부분의 넓이가 5일 때, 상수 a, b에 대하여 ab의 값은?

① -1 ② -5 ③ 1
④ 5 ⑤ 10

▶ 세 점이 한 직선 위에 있을 조건

10

세 점 $A(-5, 4)$, $B(7, -2)$, $C\left(k, \frac{1}{2}k+1\right)$이 한 직선 위에 있을 때, 실수 k의 값은?

① 0 ② $\frac{1}{4}$ ③ $\frac{1}{2}$
④ $\frac{3}{4}$ ⑤ 1

11

세 점 $A(-1, -1)$, $B(a, 1)$, $C(-5, -a)$가 한 직선 l 위에 있을 때, 직선 l의 y절편은? (단, $a>0$)

① -1 ② $-\frac{1}{2}$ ③ $\frac{1}{2}$
④ 1 ⑤ $\frac{3}{2}$

12

서로 다른 세 점 $(k, 4)$, $(1, 3)$, $(0, k)$가 삼각형을 이루지 않도록 하는 실수 k의 값은?

① 2 ② 3 ③ 4
④ 5 ⑤ 6

STEP 2 내신등급 쑥쑥 올리기

▶ 도형의 넓이를 이등분하는 직선의 방정식

13

좌표평면 위의 세 점 A$(0,\ 3)$, B$(-3,\ 1)$, C$(-5,\ 3)$을 꼭짓점으로 하는 삼각형 ABC의 넓이를 직선 $y=ax+3$이 이등분할 때, 상수 a의 값은?

① $-\frac{1}{4}$ ② $-\frac{1}{2}$ ③ 0
④ $\frac{1}{4}$ ⑤ $\frac{1}{2}$

14

네 점 A$(1,\ 2)$, B$(4,\ 1)$, C$(5,\ 2)$, D$(2,\ 3)$을 꼭짓점으로 하는 평행사변형 ABCD의 넓이를 직선 $y=ax+b$가 이등분할 때, 상수 a, b에 대하여 $3a+b$의 값은?

① 1 ② 2 ③ 3
④ 4 ⑤ 5

15

오른쪽 그림에서 정사각형과 직사각형의 넓이를 동시에 이등분하는 직선의 방정식은?

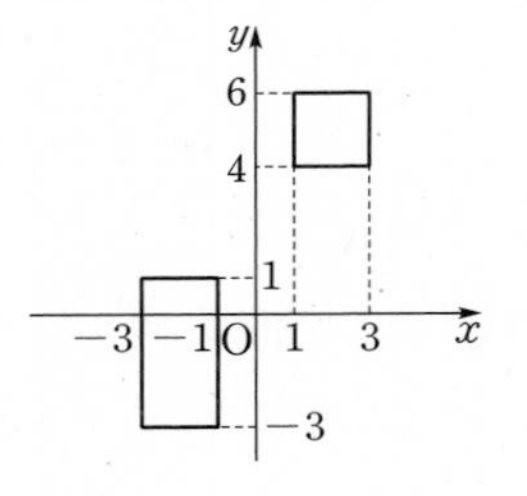

① $y=\frac{1}{2}x+2$ ② $y=x+3$
③ $y=\frac{3}{2}x+2$ ④ $y=2x+1$
⑤ $y=2x+3$

▶ 계수의 부호와 직선의 개형

16

$a>0$, $b<0$, $c>0$일 때, 직선 $ax+by+c=0$의 개형은?
(단, a, b, c는 상수이다.)

①
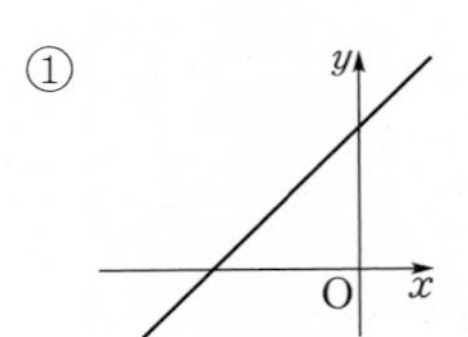

②
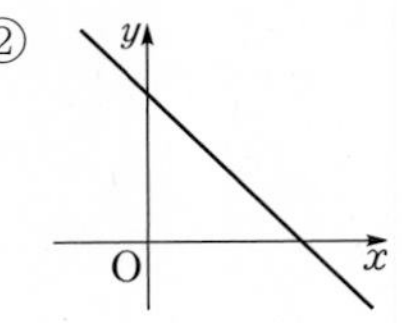

③
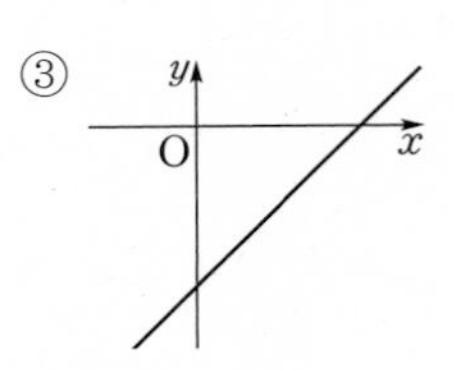

④
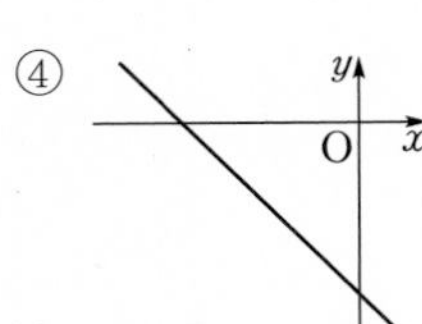

⑤
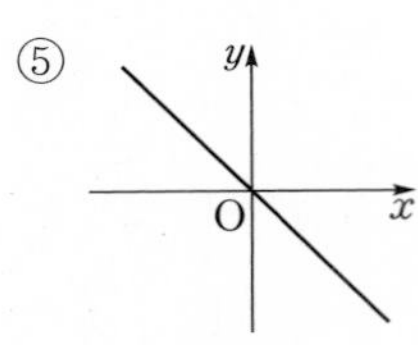

17

$ac<0$, $bc>0$을 만족시키는 직선 $bx+cy+a=0$이 지나는 사분면은? (단, a, b, c는 상수이다.)

① 제1, 3사분면 ② 제1, 2, 3사분면
③ 제1, 2, 4사분면 ④ 제1, 3, 4사분면
⑤ 제2, 3, 4사분면

18

오른쪽 그림은 직선 $ax+by+c=0$을 좌표평면 위에 나타낸 것이다. 직선 $bx-ay+c=0$이 지나지 않는 사분면은? (단, a, b, c는 상수이다.)

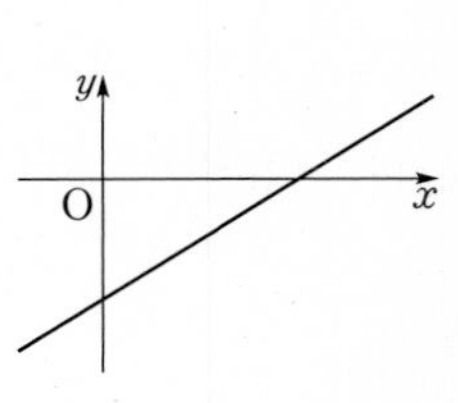

① 제1사분면 ② 제2사분면 ③ 제3사분면
④ 제4사분면 ⑤ 제1, 2사분면

▶ 두 직선의 위치 관계

19 ✪

직선 $-x+3y+6=0$에 수직이고, 점 $(1,\ 4)$를 지나는 직선의 y절편은?

① -7　② -5　③ 0
④ 7　⑤ 9

20 ✪

두 직선 $ax+by+2=0$, $bx+(2a+3)y-4=0$이 일치할 때, 상수 a, b에 대하여 $2a-b$의 값은?

① 2　② 4　③ 6
④ 8　⑤ 10

21 ✪✪

직선 $y=mx-4$가 직선 $nx-3y+4=0$과는 수직이고, 직선 $y=-(3+n)x+4$와는 평행할 때, 상수 m, n에 대하여 m^2+n^2의 값은?

① 3　② 6　③ 9
④ 12　⑤ 15

22 ✪✪

두 직선 $x+(k-2)y+1=0$, $kx+3y-1=0$이 평행할 때, 이 직선들의 기울기는? (단, k는 상수이다.)

① -2　② -1　③ 0
④ 1　⑤ 2

23 ✪✪✪

점 $\mathrm{A}(3,\ 1)$에서 직선 $y=x+4$에 내린 수선의 발을 H라고 할 때, 점 H의 좌표는?

① $(1,\ 4)$　② $(0,\ 4)$　③ $(-1,\ 4)$
④ $(1,\ 2)$　⑤ $(0,\ 2)$

24 ✪✪✪

두 점 $\mathrm{A}(-1,\ 3)$, $\mathrm{B}(2,\ 6)$을 지나는 직선에 수직이고, 선분 AB를 $2:1$로 외분하는 점 C를 지나는 직선의 y절편은?

① 5　② 9　③ 11
④ 14　⑤ 18

STEP 2 내신등급 쑥쑥 올리기

▶ 선분의 수직이등분선

25

두 점 $A(2, 0)$, $B(6, -4)$에 대하여 선분 AB의 중점을 지나고, 직선 AB에 수직인 직선의 방정식을 $x+ay+b=0$이라고 할 때, ab의 값은? (단, a, b는 상수이다.)

① 6 ② 7 ③ 8 ④ 9 ⑤ 10

26

두 점 $A(1, 4)$, $B(-5, 8)$을 이은 선분 AB의 수직이등분선의 방정식은?

① $y=-2x+2$ ② $y=-\frac{1}{2}x+5$ ③ $y=\frac{2}{3}x+\frac{22}{3}$ ④ $y=\frac{3}{2}x+9$ ⑤ $y=2x+10$

27 서술형

오른쪽 그림과 같이 좌표평면 위에 마름모 ABCD가 있다. 점 A의 좌표는 $(1, 3)$, 점 C의 좌표는 $(5, 1)$일 때, 두 점 B, D를 지나는 직선 l의 방정식을 구하시오.

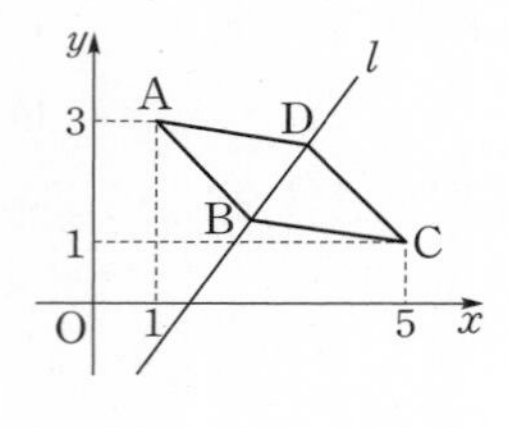

▶ 세 직선의 위치 관계

28

세 직선 $x-2y=5$, $3x-y=10$, $kx+y=5$가 한 점에서 만날 때, 상수 k의 값은?

① 2 ② 4 ③ 6 ④ 8 ⑤ 10

29

서로 다른 세 직선 $2x-3y+2=0$, $(a+1)x+by+1=0$, $2x+(1-b)y-1=0$에 의하여 좌표평면이 네 부분으로 나누어질 때, $b-3a$의 값은? (단, a, b는 상수이다.)

① -1 ② 3 ③ 7 ④ 11 ⑤ 15

30

세 직선 $mx-y+1=0$, $2x-y-5=0$, $x+y-4=0$이 삼각형을 만들지 못할 때, 모든 실수 m의 값의 합은?

① -3 ② -1 ③ 1 ④ 3 ⑤ 5

▶ 정점을 지나는 직선의 방정식

31 ✩✩

직선 $2x-y-1+k(x+y-2)=0$은 실수 k의 값에 관계없이 항상 일정한 점 P를 지난다. 이때 점 P를 지나고 직선 $x+4y+1=0$에 수직인 직선의 y절편은?

① -9 ② -7 ③ -5
④ -3 ⑤ -1

32 ✩✩

직선 $(x+y+2)+k(3x+y-4)=0$에 대한 〈보기〉의 설명 중 옳은 것만을 있는 대로 고른 것은?

보기

ㄱ. k의 값에 관계없이 항상 점 $(3, -5)$를 지난다.
ㄴ. $k=-1$이면 y축에 평행한 직선이다.
ㄷ. 기울기가 -3인 직선은 나타낼 수 없다.

① ㄱ ② ㄱ, ㄴ ③ ㄱ, ㄷ
④ ㄴ, ㄷ ⑤ ㄱ, ㄴ, ㄷ

33 ✩✩

두 직선 $y=2x-4$, $m(x+1)+y-1=0$이 제4사분면에서 만나도록 하는 실수 m의 값의 범위는?

① $-3<m<1$ ② $-1<m<\frac{1}{3}$ ③ $-\frac{1}{3}<m<0$
④ $0<m<1$ ⑤ $\frac{1}{3}<m<5$

34 ✩✩

두 직선 $3x-2y+5=0$, $x+y-2=0$의 교점과 점 $(-1, 5)$를 지나는 직선의 방정식이 $ax+by-3=0$일 때, 상수 a, b에 대하여 $a+b$의 값은?

① 7 ② 9 ③ 11
④ 13 ⑤ 15

35 ✩✩✩

두 직선 $3x+2y+3=0$, $x+4y-2=0$의 교점을 지나고 직선 $x+y-2=0$과 수직인 직선이 점 $(-2, a)$를 지난다고 할 때, 상수 a의 값은?

① -1 ② $-\frac{1}{2}$ ③ 0
④ $\frac{1}{2}$ ⑤ 1

36 ✩✩✩ 서술형

직선 $y=kx-4k$가 오른쪽 그림의 직사각형과 만나도록 하는 실수 k의 최댓값을 M, 최솟값을 m이라고 할 때, $5Mm$의 값을 구하시오.

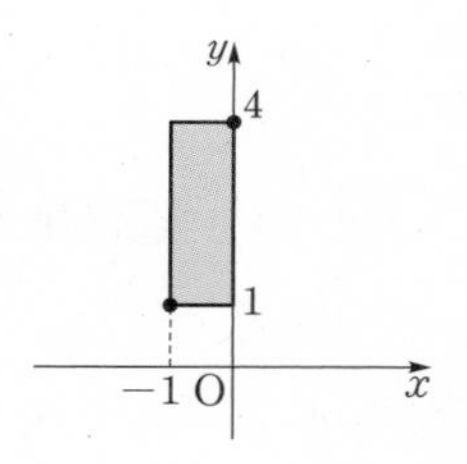

STEP 2 내신등급 쑥쑥 올리기

▶ 점과 직선 사이의 거리

37

점 (0, 1)에서 직선 $y=ax$까지의 거리가 $\frac{\sqrt{2}}{2}$일 때, 양수 a의 값은?

① $\frac{1}{3}$ ② $\frac{1}{2}$ ③ 1
④ 2 ⑤ 3

38

직선 $(2k+1)x-(k-1)y-3k-6=0$은 실수 k의 값에 관계없이 일정한 점 A를 지난다. 이 점 A에서 직선 $x+2y+m=0$까지의 거리가 $2\sqrt{5}$일 때, 모든 실수 m의 값의 합은?

① -18 ② -6 ③ 1
④ 6 ⑤ 8

39 서술형

원점에서 점 (1, 2)를 지나는 직선 l까지의 거리가 2일 때, x축에 평행하지 않는 직선 l의 방정식을 구하시오.

40

좌표평면 위의 세 점 O(0, 0), A(4, 3), B(5, -3)을 꼭짓점으로 하는 삼각형 OAB의 무게중심을 G라고 할 때, 점 G와 직선 OA 사이의 거리는?

① $\frac{2}{3}$ ② $\frac{3}{4}$ ③ $\frac{13}{7}$
④ $\frac{11}{6}$ ⑤ $\frac{9}{5}$

41

수직인 두 직선 $ax+2y+5=0$, $x-y+b=0$에 대하여 점 $(-2, 1)$로부터 각 직선까지의 거리가 같을 때, 모든 실수 b의 값의 합은? (단, a는 상수이다.)

① -6 ② -1 ③ 1
④ 6 ⑤ 10

42

점 $(-2, 1)$과 직선 $(2a-1)x+(a+3)y+3a+2=0$ 사이의 거리를 $f(a)$라고 할 때, $f(a)$의 최댓값은?

① 1 ② $\sqrt{2}$ ③ $\sqrt{3}$
④ 2 ⑤ $\sqrt{5}$

43

세 점 $A(-3,\ 4)$, $B(-1,\ -2)$, $C(4,\ 3)$을 꼭짓점으로 하는 삼각형 ABC의 넓이는?

① 12　② 16　③ 20
④ 24　⑤ 28

44

두 점 $A(-4,\ -2)$, $B(1,\ 10)$과 y축 위의 점 $C(0,\ k)$를 꼭짓점으로 하는 삼각형 ABC의 넓이가 24일 때, 상수 k의 값은? (단, $k<0$)

① -5　② -4　③ -3
④ -2　⑤ -1

45

두 직선 $3x+4y+12=0$, $3x+4y+7=0$ 사이의 거리는?

① 1　② 2　③ $\sqrt{5}$
④ 3　⑤ $\sqrt{10}$

46

두 직선 $4x+3y+12=0$, $4x+3y+a=0$ 사이의 거리가 2일 때, 모든 실수 a의 값의 합은?

① 24　② 20　③ 16
④ 12　⑤ 8

47

평행한 두 직선 $ax+y-a+1=0$, $x-y+2=0$ 사이의 거리는?

① $\sqrt{2}$　② $\sqrt{3}$　③ 2
④ $2\sqrt{2}$　⑤ $2\sqrt{3}$

48

직선 $l: 3x-4y+5=0$ 위의 서로 다른 두 점 A, B에 대하여 직선 l과 평행한 직선 $ax+2y+5=0$ 위의 서로 다른 두 점을 C, D라고 할 때, $\overline{AB}$를 아랫변으로 하는 사다리꼴 ABCD의 높이는?

① 1　② 2　③ 3
④ 4　⑤ 5

49

오른쪽 그림과 같이 두 점 A(3, 0), B(0, $\sqrt{3}$)을 잇는 선분 AB와 직선 $y=mx$가 만나는 점을 P라고 할 때, △OAP=3△OBP를 만족시킨다. 다음 〈보기〉에서 옳은 것만을 있는 대로 고른 것은? (단, $m>0$)

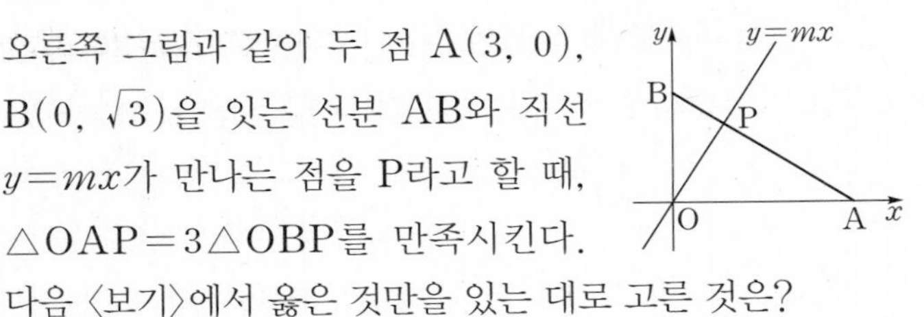

보기

ㄱ. 직선 AB의 방정식은 $x+\sqrt{3}y+3=0$이다.

ㄴ. 점 P의 좌표는 $\left(\frac{3}{4}, \frac{3\sqrt{3}}{3}\right)$이다.

ㄷ. 직선 $y=mx$가 y축의 양의 방향과 이루는 각의 크기를 θ라고 하면 $\theta=30°$이다. (단, $0°<\theta<90°$)

① ㄱ ② ㄱ, ㄴ ③ ㄱ, ㄷ
④ ㄴ, ㄷ ⑤ ㄷ, ㄹ

50

좌표평면 위에 다음 그림과 같이 세 개의 정사각형이 있다. 점 A의 좌표가 (0, 3)이고, 점 D의 좌표가 (16, 8)일 때, 두 점 B, C를 지나는 직선의 기울기는 m이다. 이때 $20m$의 값은?

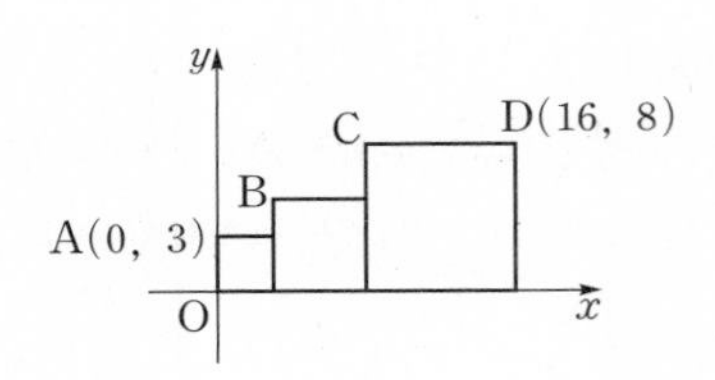

① 10 ② 12 ③ 14
④ 16 ⑤ 18

51

오른쪽 그림과 같이 네 변이 좌표축에 평행한 직사각형 ABCD가 있다. 직사각형 ABCD의 넓이를 이등분하는 직선 l이 변 BC를 1 : 3으로 내분할 때, 직선 l의 x절편은?

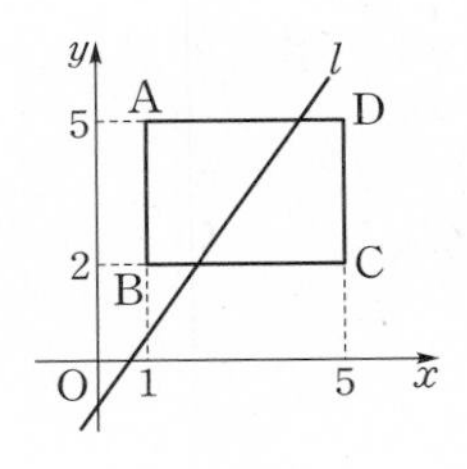

① $\frac{2}{3}$ ② $\frac{4}{3}$ ③ 2
④ $\frac{8}{3}$ ⑤ $\frac{10}{3}$

52

두 점 A(3, 2), B(a, b)를 지나는 직선이 직선 $x+y-3=0$과 직교하고, 두 직선의 교점은 선분 AB를 2 : 1로 내분한다. 상수 a, b에 대하여 $4ab$의 값은?

① 1 ② 3 ③ 4
④ 5 ⑤ 6

53

직선 $y=mx+3$이 두 직선 $y=-2x+4$, $y=x+1$과 x축으로 둘러싸인 삼각형과 만나지 않도록 하는 실수 m의 값의 범위는?

① $m>-1$ ② $m<2$ ③ $m>3$
④ $-1<m<3$ ⑤ $-3<m<1$

내신 최고 문제

정답 및 해설 55쪽

54

두 직선 $ax+by-1=0$, $bx+ay-1=0$이 서로 평행할 때, 두 직선 사이의 거리를 a에 대한 식으로 나타낸 것은?

① $\frac{1}{|a|}$ ② $\frac{\sqrt{2}}{|a|}$ ③ $\frac{2}{|a|}$
④ $\frac{\sqrt{2}}{a^2}$ ⑤ $\frac{2}{a^2}$

55

다음 그림과 같이 폭이 10 m인 보행자 전용도로가 수직으로 만나고 있다. A 지점에 서 있는 사람이 B 지점에 있는 가로등을 보기 위하여 움직여야 할 거리는 최소 몇 m인가?

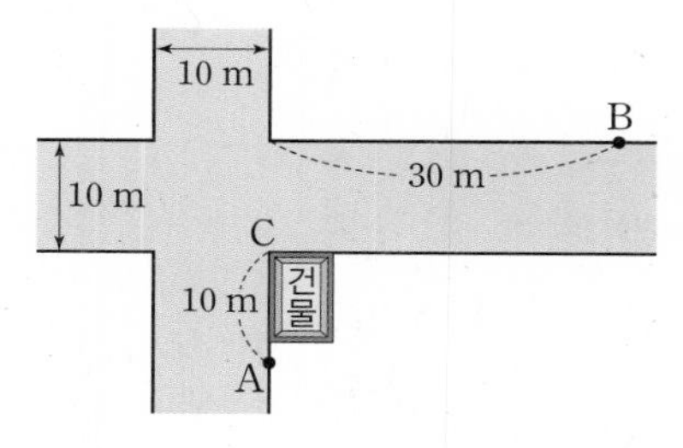

① $2\sqrt{10}$ m ② $6\sqrt{3}$ m ③ $8\sqrt{2}$ m
④ $3\sqrt{10}$ m ⑤ 10 m

56

좌표평면 위에서 세 직선 $y=4x$, $y=\frac{1}{4}x$, $y=-x+8$로 둘러싸인 삼각형의 넓이는?

① $5\sqrt{2}$ ② $\frac{42}{5}$ ③ 10
④ $\frac{96}{5}$ ⑤ 20

57

[교육청]

오른쪽 그림과 같이 좌표평면 위의 네 점 O(0, 0), A(18, 0), B(18, 18), C(0, 18)을 꼭짓점으로 하는 정사각형 OABC에 대하여 점 (9, 9)를 지나고 x축과 만나는 세 직선 l, m, n이 정사각형 OABC의 넓이를 6등분한다. 직선 l의 x절편을 a라 하고 $6\le a\le 10$일 때, 두 직선 m과 n의 기울기의 곱의 최댓값은 α, 최솟값은 β이다. $\alpha^2+\beta^2=\frac{q}{p}$일 때, $p+q$의 값을 구하시오.

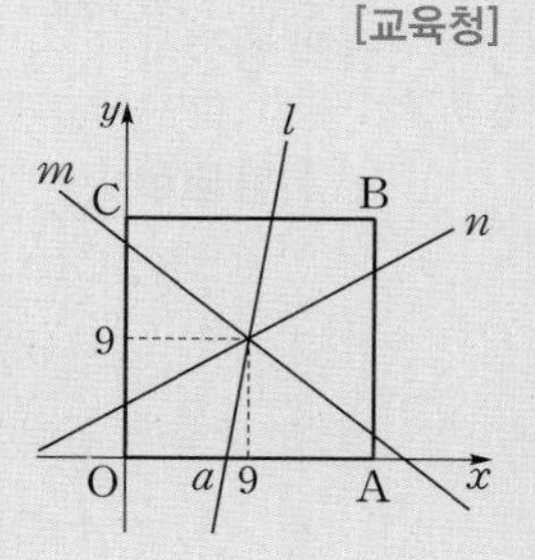

58

오른쪽 그림과 같이 원점 O를 꼭짓점으로 하고, 평행한 두 직선 $y=\frac{4}{3}x+2$, $y=\frac{4}{3}x-3$과 수직인 선분 AB를 밑변으로 하는 삼각형 OAB가 있다. 삼각형 OAB의 넓이가 $\frac{21}{5}$이고, 직선 AB의 방정식이 $y=ax+b$일 때, ab의 값은? (단, a, b는 실수이고, 점 A, B는 제1사분면 위의 점이다.)

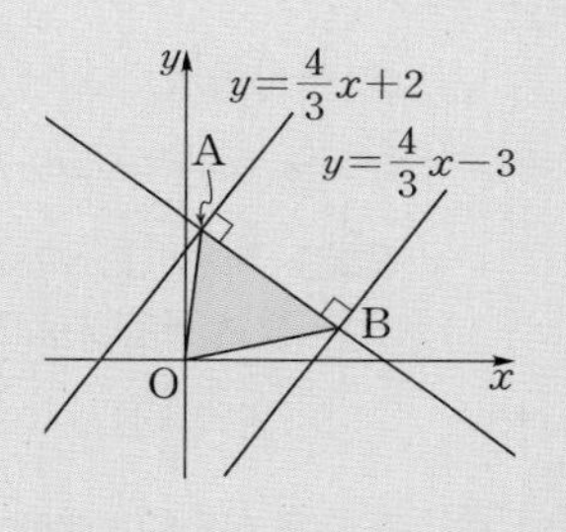

① $-\frac{15}{4}$ ② $-\frac{21}{8}$ ③ $-\frac{7}{8}$
④ $-\frac{5}{12}$ ⑤ $-\frac{7}{12}$

개념 정리하기

① 원의 방정식

(1) 원의 방정식

① 중심이 $C(a, b)$이고 반지름의 길이가 r인 원의 방정식은

$(x-a)^2+(y-b)^2=r^2$

② 중심이 원점이고 반지름의 길이가 r인 원의 방정식은

$x^2+y^2=r^2$

(2) 좌표축에 접하는 원의 방정식

① x축에 접하는 원의 방정식은

$(x-a)^2+(y-b)^2=b^2$

② y축에 접하는 원의 방정식은

$(x-a)^2+(y-b)^2=a^2$

③ x축, y축에 동시에 접하는 원의 방정식은

$(x-a)^2+(y-a)^2=a^2$

② 이차방정식 $x^2+y^2+Ax+By+C=0$이 나타내는 도형

(1) 이차방정식 $x^2+y^2+Ax+By+C=0$이 나타내는 도형은 원이다. 이 원의 중심의 좌표와 반지름의 길이를 알기 위해서는 $(x-a)^2+(y-b)^2=r^2$ 꼴로 고친다.

(2) 이차방정식 $x^2+y^2+Ax+By+C=0$이 원을 나타내기 위해서는 이 식을 $(x-a)^2+(y-b)^2=k$ 꼴로 고쳤을 때, $k>0$을 만족시켜야 한다.

참고 주어진 조건으로부터 원의 방정식 구하기

(1) 두 점 A, B를 지름의 양 끝 점으로 하는 원의 방정식은

① (원의 중심)=($\overline{AB}$의 중점) ② (반지름의 길이)$=\frac{1}{2}\overline{AB}$

임을 이용하여 구한다.

(2) 원 위의 세 점이 주어질 때, 원의 방정식은 $x^2+y^2+Ax+By+C=0$에 세 점의 좌표를 대입하여 구한다.

③ 두 원의 교점을 지나는 도형의 방정식

(1) 두 원의 교점을 지나는 원의 방정식

서로 다른 두 점에서 만나는 두 원 $x^2+y^2+Ax+By+C=0$과 $x^2+y^2+A'x+B'y+C'=0$의 교점을 지나는 원의 방정식은

$x^2+y^2+Ax+By+C+k(x^2+y^2+A'x+B'y+y+C')=0$ (단, $k\neq-1$)

(2) 두 원의 교점을 지나는 직선의 방정식(공통인 현의 방정식)

서로 다른 두 점에서 만나는 두 원 $x^2+y^2+Ax+By+C=0$과 $x^2+y^2+A'x+B'y+C'=0$의 교점을 지나는 직선의 방정식은

$x^2+y^2+Ax+By+C-(x^2+y^2+A'x+B'y+C')=0$

문제로 개념 확인하기

01 개념 ①

다음 원의 방정식을 구하시오.

(1) 중심이 점 $(1, -2)$이고 반지름의 길이가 4인 원

(2) 중심이 원점이고 점 $(4, -3)$을 지나는 원

(3) 중심이 $(-1, 2)$이고, x축에 접하는 원

(4) 중심이 $(2, -1)$이고, y축에 접하는 원

(5) 중심이 $(1, -1)$이고, x축과 y축에 동시에 접하는 원

02 개념 ②

다음 방정식이 나타내는 원의 중심의 좌표와 반지름의 길이를 각각 구하시오.

(1) $x^2+y^2-4x=0$

(2) $x^2+y^2-4x+6y+4=0$

03 개념 ③

다음 도형의 방정식을 구하시오.

(1) 두 원 $x^2+y^2+2x-2y=0$, $x^2+y^2=1$의 교점과 점 $(1, 1)$을 지나는 원

(2) 두 원 $x^2+y^2+2x-2y=0$, $x^2+y^2=1$의 교점을 지나는 직선

정답 및 해설 57쪽

④ 원과 직선의 위치 관계

(1) 판별식을 이용한 원과 직선의 위치 관계

원의 방정식과 직선의 방정식에서 한 문자를 소거하여 얻은 이차방정식의 판별식을 D라고 하면 원과 직선의 위치 관계는 다음과 같다.

① $D>0$이면 서로 다른 두 점에서 만난다.
거꾸로 서로 다른 두 점에서 만나면 $D>0$이다.

② $D=0$이면 한 점에서 만난다(접한다).
거꾸로 한 점에서 만나면 $D=0$이다.

③ $D<0$이면 만나지 않는다.
거꾸로 만나지 않으면 $D<0$이다.

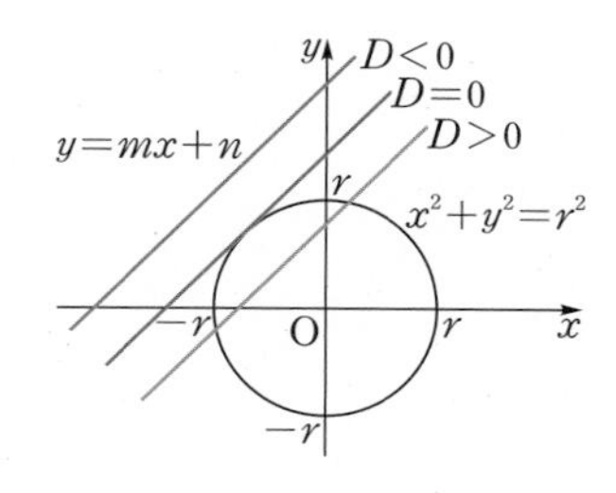

(2) 점과 직선 사이의 거리를 이용한 원과 직선의 위치 관계

반지름의 길이가 r인 원의 중심과 직선 사이의 거리를 d라 하면 원과 직선의 위치 관계는 다음과 같다.

① $d<r$이면 서로 다른 두 점에서 만난다.
거꾸로 서로 다른 두 점에서 만나면 $d<r$이다.

② $d=r$이면 한 점에서 만난다(접한다).
거꾸로 한 점에서 만나면 $d=r$이다.

③ $d>r$이면 만나지 않는다.
거꾸로 만나지 않으면 $d>r$이다.

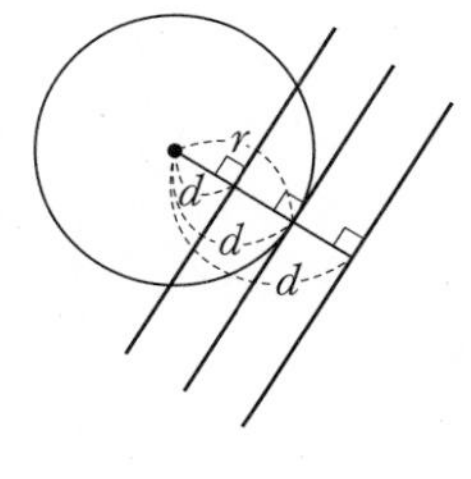

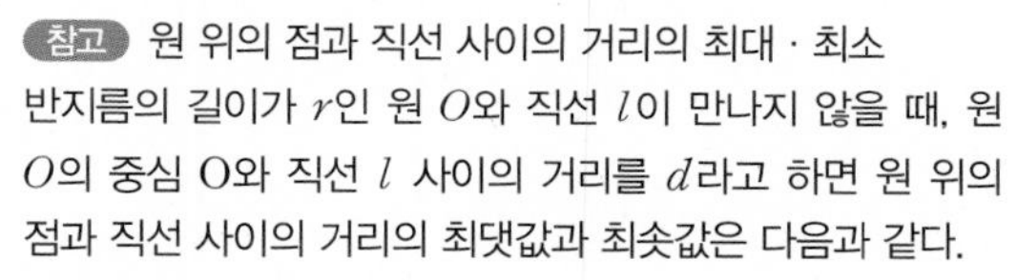

참고 원 위의 점과 직선 사이의 거리의 최대 · 최소

반지름의 길이가 r인 원 O와 직선 l이 만나지 않을 때, 원 O의 중심 O와 직선 l 사이의 거리를 d라고 하면 원 위의 점과 직선 사이의 거리의 최댓값과 최솟값은 다음과 같다.

(1) (최댓값)$=d+r$

(2) (최솟값)$=d-r$

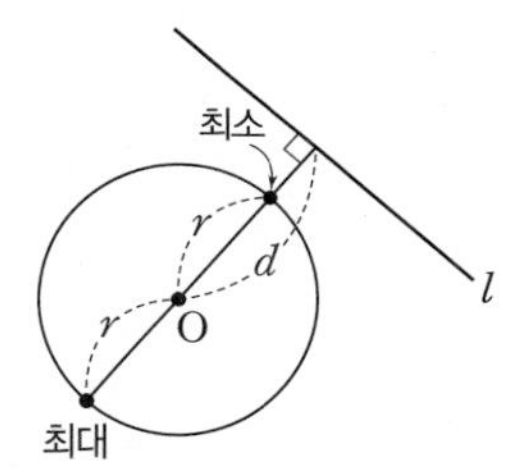

⑤ 원의 접선의 방정식

(1) 기울기가 주어진 접선의 방정식

원 $x^2+y^2=r^2$에 접하고 기울기가 m인 접선의 방정식은

$$y=mx\pm r\sqrt{m^2+1}$$

(2) 원 위의 점에서의 접선의 방정식

원 $x^2+y^2=r^2$ 위의 점 $\mathrm{P}(x_1, y_1)$에서의 접선의 방정식은

$$x_1x+y_1y=r^2$$

(3) 원 밖의 한 점에서 원에 그은 접선의 방정식

① [방법 1] 접점의 좌표를 (x_1, y_1)로 놓고 원 위의 점에서의 접선의 방정식을 구하는 식 $x_1x+y_1y=r^2$을 이용

② [방법 2] 접선의 기울기를 m이라 하고, 접선의 방정식을 $y=mx\pm r\sqrt{m^2+1}$로 놓은 후 원과 직선이 접할 조건을 이용

문제로 개념 확인하기

04 개념 ④

원 $x^2+y^2=1$과 직선 $y=kx+2$가 서로 다른 두 점에서 만날 때, 상수 k의 값의 범위를 구하시오.

05 개념 ⑤

다음을 구하시오.

(1) 원 $x^2+y^2=4$에 접하고 기울기가 3인 접선의 방정식

(2) 원 $x^2+y^2=25$ 위의 점 $(3, -4)$에서의 접선의 방정식

내신등급 쑥쑥 올리기

원의 방정식

01

원 $x^2+y^2-2x-10y-10=0$의 중심의 좌표를 (a, b), 반지름의 길이를 r라고 할 때, abr의 값은?

① 30 ② 32 ③ 33 ④ 34 ⑤ 35

02

방정식 $x^2+y^2+4x-4y+k=0$이 원을 나타내도록 하는 실수 k의 값의 범위는?

① $k<8$ ② $k<9$ ③ $k<10$ ④ $k<11$ ⑤ $k<12$

03

방정식 $x^2+y^2+kx-2y+k=0$이 나타내는 도형이 넓이가 16π인 원일 때, 모든 실수 k의 값의 합은?

① -6 ② -4 ③ 4 ④ 6 ⑤ 10

04

방정식 $x^2+y^2+2ax-6y-3=0$이 나타내는 도형이 점 $(6, 3)$을 지나는 원일 때, 상수 a와 이 원의 반지름의 길이 r의 합 $a+r$의 값은?

① 1 ② 2 ③ 3 ④ 4 ⑤ 5

05

두 점 $\mathrm{A}(3, 2)$, $\mathrm{B}(1, 4)$를 지름의 양 끝 점으로 하는 원의 중심의 좌표가 (a, b)이고, 반지름의 길이가 r이다. 이때 $a+b+r$의 값은?

① 5 ② $5+\sqrt{2}$ ③ $6+\sqrt{2}$ ④ 9 ⑤ $10+\sqrt{2}$

06

원 $(x-1)^2+(y-2)^2=4$와 중심이 같고 점 $(4, 3)$을 지나는 원의 방정식이 $x^2+y^2+Ax+Bx+C=0$일 때, 상수 A, B, C에 대하여 $A+B+C$의 값은?

① -11 ② -9 ③ 7 ④ -5 ⑤ -3

07

중심이 직선 $y=x+2$ 위에 있고 두 점 $A(-2, 0)$, $B(4, 0)$을 지나는 원의 방정식은?

① $(x-1)^2+(y-3)^2=10$
② $(x+1)^2+(y-1)^2=10$
③ $(x-1)^2+(y-3)^2=18$
④ $(x+1)^2+(y-1)^2=18$
⑤ $(x+1)^2+(y-3)^2=18$

08 서술형

오른쪽 그림과 같이 삼각형 OAB의 세 꼭짓점을 지나는 원의 방정식을 구하시오.

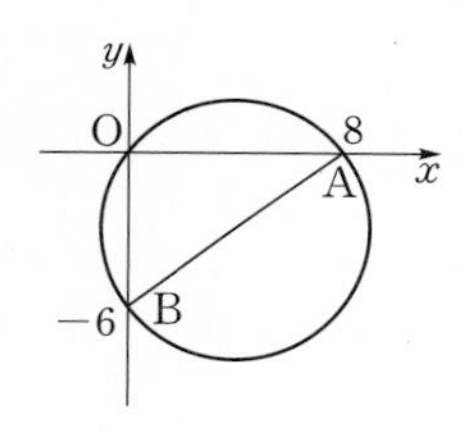

09

세 점 $(0, 0)$, $(-1, -1)$, $(7, -1)$을 지나는 원의 반지름의 길이는?

① 1　② 2　③ 3
④ 4　⑤ 5

▶ 좌표 축에 접하는 원의 방정식

10

원 $x^2+y^2-2x+6y=0$과 중심이 같고, y축에 접하는 원의 반지름의 길이는?

① 1　② 2　③ 3
④ 4　⑤ 5

11

점 $(4, 2)$를 지나고 x축과 y축에 동시에 접하는 두 원의 중심 사이의 거리는?

① $6\sqrt{3}$　② $7\sqrt{2}$　③ $7\sqrt{3}$
④ $8\sqrt{2}$　⑤ $8\sqrt{3}$

12

다음 조건을 만족시키는 원의 반지름의 길이 r의 값은?
(단, r는 자연수이다.)

> (가) 중심이 직선 $y=2x+1$ 위에 있고, 점 $(1, 2)$를 지난다.
> (나) y축에 접한다.

① 1　② 2　③ 3
④ 4　⑤ 5

STEP 2 내신등급 쑥쑥 올리기

▶ 점이 나타내는 도형의 방정식

13

두 점 A(2, −3), B(5, 6)에 대하여 $\overline{AP} : \overline{BP} = 1 : 2$를 만족시키는 점 P가 나타내는 도형의 방정식은?

① $(x-1)^2+(y+6)^2=40$
② $(x+4)^2+(y-4)^2=16$
③ $(x-1)^2+(y-1)^2=20$
④ $(x+6)^2+(y-2)^2=25$
⑤ $(x-1)^2+(y-5)^2=45$

14

좌표평면 위에 길이가 4인 선분 AB가 있다. 점 P에서 두 점 A, B에 이르는 거리의 제곱의 합이 26일 때, 점 P가 나타내는 도형의 둘레의 길이는?

① 2π　② 3π　③ 4π
④ 5π　⑤ 6π

15

두 점 A, B가 $\overline{AB}=6$을 만족시키면서 각각 x축, y축 위를 움직일 때, 선분 AB의 중점이 나타내는 도형의 넓이는?

① 5π　② 6π　③ 7π
④ 8π　⑤ 9π

16

오른쪽 그림과 같이 점 P가 원 $x^2+y^2=9$ 위를 움직일 때, 두 정점 A(3, −2), B(6, 5)에 대하여 삼각형 PAB의 무게중심 G가 나타내는 도형은 중심이 (a, b)이고 반지름의 길이가 r인 원이다. 이때 $a+b+r$의 값은?

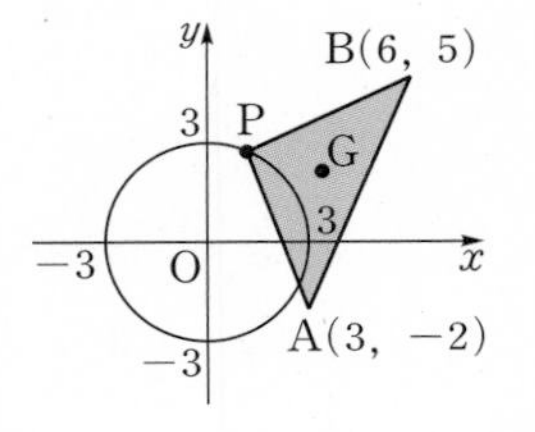

① 3　② 5　③ 7
④ 9　⑤ 11

17

두 점 A(−2, 0), B(3, 0)과 $\overline{AC} : \overline{BC} = 3 : 2$를 만족시키는 점 C에 대하여 삼각형 ABC의 넓이의 최댓값은? (단, 세 점 A, B, C가 한 직선 위에 있는 경우는 제외한다.)

① 9　② 11　③ 13
④ 15　⑤ 17

18

[교육청]

오른쪽 그림과 같이 좌표평면 위의 세 점 A(−2, 4), B(3, −6), C(a, b)를 꼭짓점으로 하는 삼각형 ABC에서 각 ACB의 이등분선이 원점 O를 지날 때, 점 C와 직선 AB 사이의 거리의 최댓값을 m이라고 하자. m^2의 값을 구하시오.

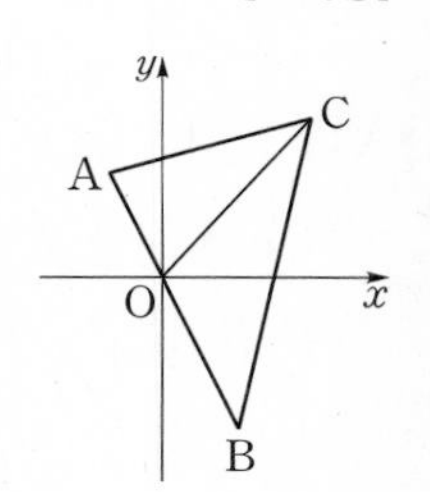

▶ 두 원의 교점을 지나는 도형의 방정식

19 ★ 서술형

두 원 $x^2+y^2+2y=0$, $x^2+y^2+6x-6y-5=0$의 교점과 점 $(1, 0)$을 지나는 원의 반지름의 길이를 구하시오.

20 ★★

원 $x^2+y^2-2x-2y-7=0$이
원 $x^2+y^2-6x-2ay+a^2+8=0$의 둘레를 이등분할 때, 모든 실수 a의 값의 합은?

① -3 ② -2 ③ -1
④ 2 ⑤ 3

21 ★★★

두 원 $x^2+y^2=1$, $(x-1)^2+(y-1)^2=4$의 공통인 현의 중점의 좌표를 (a, b)라고 할 때, $16ab$의 값은?

① 0 ② 1 ③ 2
④ 3 ⑤ 4

▶ 현의 길이

22 ★★

원 $x^2+y^2-2x+6y+1=0$과 직선 $2x-y=0$의 교점을 A, B라고 할 때, 선분 AB의 길이는?

① 3 ② 4 ③ $\sqrt{17}$
④ $\sqrt{34}$ ⑤ 6

23 ★★★

직선 $y=x+k$가 원 $x^2+y^2-6x+2y-12=0$에 의해 잘린 현의 길이가 4가 되도록 k의 값을 정할 때, 모든 실수 k의 값의 합은?

① -10 ② -9 ③ -8
④ -7 ⑤ -6

24 ★★★

두 원 $x^2+y^2=16$, $x^2+y^2+4x+6y+10=0$의 공통인 현의 길이는?

① $\sqrt{3}$ ② $2\sqrt{3}$ ③ 4
④ $\sqrt{5}$ ⑤ $2\sqrt{5}$

▶ 원과 직선의 위치 관계

25

직선 $y=ax$가 원 $x^2+y^2-6x-6y+9=0$의 넓이를 이등분할 때, 상수 a의 값은?

① 0 ② 1 ③ 2
④ 3 ⑤ 4

26

원 $x^2-6x+y^2-4y-k=0$과 직선 $2x-3y+13=0$이 접할 때, 상수 k의 값은?

① 0 ② 1 ③ 2
④ 3 ⑤ 4

27

원 $x^2+y^2=18$과 직선 $y=x+k$가 만나지 않기 위한 실수 k의 값의 범위는?

① $-2<k<9$ ② $-6<x<6$
③ $-9<k<2$ ④ $k<-2$ 또는 $k>9$
⑤ $k<-6$ 또는 $k>6$

28

원 $x^2+y^2=5$와 직선 $2x-y+k=0$이 만나도록 하는 실수 k의 값의 범위는?

① $0\le k\le 2$ ② $0<k<10$
③ $-2\le k<2$ ④ $-5<k<5$
⑤ $-5\le k\le 5$

29

[교육청]

오른쪽 그림과 같이 원 $x^2+y^2=25$와 직선 $y=f(x)$가 제 2 사분면에 있는 원 위의 점 P에서 접할 때, $f(-5)f(5)$의 값을 구하시오.

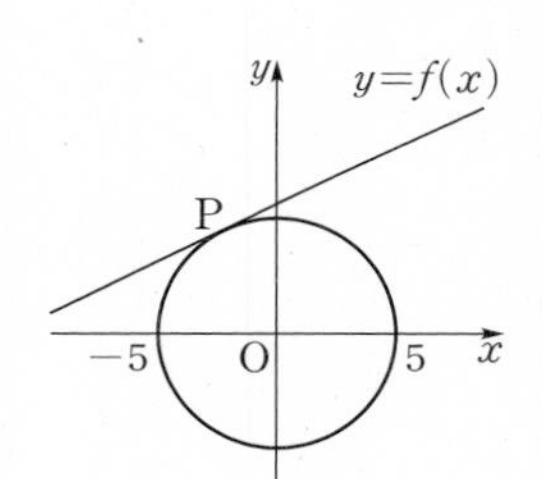

▶ 원 위의 점과 직선 사이의 거리

30 ✪

원 $x^2+y^2=5$ 위의 점 P에서 직선 $2x+y+10=0$에 내린 수선의 발을 H라고 할 때, $\overline{PH}$의 길이의 최솟값은?

① 1　② $\sqrt{2}$　③ $\sqrt{3}$
④ 2　⑤ $\sqrt{5}$

31 ✪

원 $x^2+y^2+2x-6y+1=0$ 위의 점과 직선 $2x-y-5=0$ 사이의 거리의 최댓값을 M, 최솟값을 m이라고 할 때, Mm의 값은?

① $4\sqrt{2}$　② 8　③ $6\sqrt{2}$
④ 11　⑤ $5\sqrt{5}$

32 ✪✪

점 $P(x, y)$가 원 $x^2+y^2=5$ 위의 점일 때, $x-2y$의 최댓값은?

① 3　② 5　③ 7
④ 9　⑤ 10

33 ✪✪✪

원 $x^2+y^2-4x-2y-5=0$ 위의 점 P와 원점 O에 대하여 선분 OP의 길이의 최댓값을 M, 최솟값을 m이라고 할 때, Mm의 값은?

① 2　② 3　③ 4
④ 5　⑤ 6

34 ✪✪✪

원 $(x+3)^2+(y-2)^2=4$ 위의 한 점 P와 두 점 $Q(5, 5)$, $R(-1, -3)$을 세 꼭짓점으로 하는 삼각형 PQR의 넓이의 최댓값은?

① 21　② 24　③ 27
④ 30　⑤ 33

STEP 2 내신등급 쑥쑥 올리기

▶ 원의 접선의 방정식

35

원 $x^2+y^2=7$과 직선 $y=3x+k$가 접할 때, 상수 k에 대하여 k^2의 값은?

① 50 ② 55 ③ 60
④ 65 ⑤ 70

36

원 $x^2+y^2=5$에 접하고, 직선 $y=2x+1$과 평행한 두 직선이 y축과 만나는 점을 각각 P, Q라고 할 때, 선분 PQ의 길이는?

① 4 ② 6 ③ 8
④ 10 ⑤ 12

37

원 $(x-1)^2+(y+2)^2=8$에 접하고 x축의 양의 방향과 이루는 각의 크기가 $45°$인 직선이 두 개 있다. 이 두 직선의 y절편의 합은?

① -10 ② -8 ③ -6
④ 6 ⑤ 8

38

원 $x^2+y^2=5$와 직선 $2x+y-b=0$이 제1사분면 위에서 접할 때, 상수 b의 값은?

① $-5\sqrt{2}$ ② $-\sqrt{2}$ ③ $\sqrt{2}$
④ 5 ⑤ $5\sqrt{2}$

39

원 $(x-1)^2+(y+2)^2=10$ 위의 점 $(2,\ 1)$에서의 접선의 방정식이 $x+ay+b=0$일 때, 상수 a, b에 대하여 $a-b$의 값은?

① 4 ② 5 ③ 6
④ 7 ⑤ 8

40

두 직선 $x+2y=2$, $4x+5y=-1$의 교점을 지나고, 원 $x^2+y^2=25$에 접하는 직선의 기울기는?

① $\frac{1}{2}$ ② 1 ③ $\frac{3}{4}$
④ $\frac{4}{3}$ ⑤ 2

41

원 $x^2+y^2=3$ 위의 점 (a, b)에서의 접선과 x축, y축으로 둘러싸인 삼각형의 넓이가 9일 때, $a+b$의 값은?

(단, $a>0$, $b>0$)

① 1 ② 2 ③ 3
④ 4 ⑤ 5

42

원 $x^2+y^2=5$ 위의 두 점 $A(1, -2)$, $B(2, 1)$에서의 접선과 y축으로 둘러싸인 삼각형의 넓이는?

① 45 ② $\frac{45}{2}$ ③ 15
④ $\frac{45}{4}$ ⑤ 9

43

원 $x^2+y^2=16$ 위의 점 (a, b)에서의 접선이 원 $(x-5)^2+y^2=4$와 서로 다른 두 점에서 만날 때, 정수 a의 개수는?

① 1 ② 2 ③ 3
④ 4 ⑤ 5

44

점 $(2, 0)$에서 원 $x^2+y^2=2$에 그은 두 접선의 기울기의 곱은?

① -3 ② -2 ③ -1
④ 1 ⑤ 2

45

점 $(10, 0)$에서 원 $x^2+y^2=10$에 그은 두 접선과 y축으로 둘러싸인 부분의 넓이는?

① $\frac{100}{3}$ ② 33 ③ $\frac{95}{3}$
④ 30 ⑤ $\frac{85}{3}$

46 서술형

점 $(2, a)$에서 원 $(x-2)^2+(y-3)^2=16$에 그은 두 접선이 서로 수직일 때, 모든 a의 값의 합을 구하시오.

STEP 3

내신 100점 잡기

47

방정식 $x^2+y^2+2kx-2ky+4k-4=0$이 원으로 정의될 때, 이 원의 넓이의 최솟값은?

① π　② 2π　③ 4π
④ $\frac{1}{2}\pi$　⑤ $\frac{2}{3}\pi$

48

원 $x^2+y^2-4x-6y-c=0$이 y축과 만나고 x축과는 만나지 않을 때, 정수 c의 개수는?

① 2　② 3　③ 4
④ 5　⑤ 6

49

원 $x^2+y^2-4x+2ay+7-b=0$이 x축과 y축에 동시에 접할 때, 두 양수 a, b에 대하여 $a+b$의 값은?

① 5　② 6　③ 7
④ 8　⑤ 9

50

두 점 $A(6, 3)$, $B(4, 1)$에 대하여 $\overline{PA}^2+\overline{PB}^2=22$를 만족시키면서 움직이는 점 P가 있다. 원점 O에서 점 P에 이르는 거리 $\overline{OP}$의 최댓값과 최솟값의 곱은?

① 19　② 20　③ 21
④ 22　⑤ 23

51

점 $A(4, 3)$에서 원점을 지나는 임의의 직선에 내린 수선의 발을 H라고 할 때, 점 H가 나타내는 도형의 넓이는?

① $\frac{25}{4}\pi$　② $\frac{13}{2}\pi$　③ $\frac{27}{4}\pi$
④ 7π　⑤ $\frac{29}{4}\pi$

52

두 원 $x^2+y^2-36=0$, $x^2+y^2-4x+8y=0$의 두 교점을 지나는 원의 넓이의 최솟값은?

① $\frac{96}{5}\pi$　② $\frac{97}{5}\pi$　③ $\frac{98}{5}\pi$
④ $\frac{99}{5}\pi$　⑤ 20π

내신 최고 문제

정답 및 해설 63쪽

53

오른쪽 그림과 같이 원 $x^2+y^2=16$의 윗부분을 $\overline{PQ}$를 접는 선으로 하여 접어서 점 $(3, 0)$에서 x축에 접하도록 하였을 때, 직선 PQ의 방정식은 $ax+by-25=0$이다. 상수 a, b에 대하여 $b-a$의 값은?

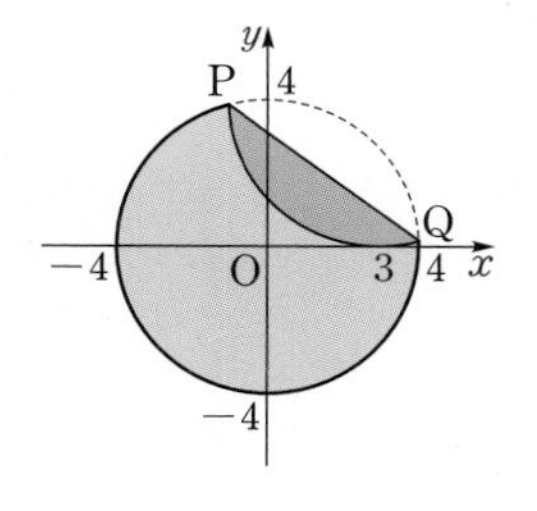

① -2 ② -1 ③ 0
④ 1 ⑤ 2

54

직선 $y=mx$와 원 $x^2+y^2+4x+8y-5=0$의 두 교점을 A, B라고 할 때, $\overline{AB}$의 길이가 최소가 되게 하는 실수 m의 값은?

① $-\frac{4}{5}$ ② $-\frac{4}{3}$ ③ $-\frac{1}{2}$
④ $-\frac{1}{4}$ ⑤ $-\frac{1}{8}$

55

점 $A(-1, 4)$에서 원 $x^2+y^2=1$에 그은 접선의 방정식은 두 개 존재한다. 이 두 접선과 x축으로 둘러싸인 삼각형의 넓이를 S라고 할 때, $15S$의 값은?

① 48 ② 52 ③ 56
④ 60 ⑤ 64

56

한 변의 길이가 1인 정사각형 ABCD의 내부의 한 점 P가

$$\overline{AP}^2+\overline{BP}^2+\overline{CP}^2=2$$

를 만족시키면서 움직일 때, 두 점 D, P 사이의 거리의 최솟값은?

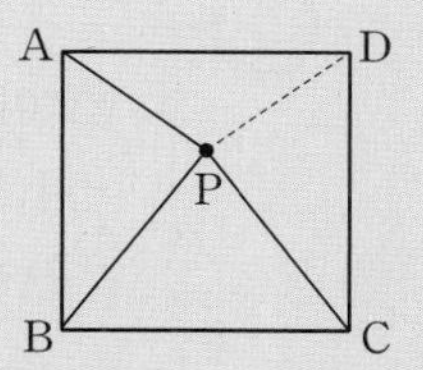

① $\frac{\sqrt{2}}{2}$ ② $\frac{\sqrt{2}}{3}$ ③ $\frac{\sqrt{2}}{4}$
④ $\frac{\sqrt{3}}{4}$ ⑤ $\frac{\sqrt{3}}{5}$

57

x축 위의 점 $(n, 0)$에서 원 $x^2+y^2=1$에 접선을 그었을 때, 제1사분면 위에 있는 접점을 (x_n, y_n)이라고 하자. 이때 $(y_2\times y_3\times y_4\times y_5)^2$의 값은?

(단, n은 2보다 크거나 같은 자연수이다.)

① $\frac{1}{4}$ ② $\frac{1}{2}$ ③ $\frac{3}{4}$
④ $\frac{3}{5}$ ⑤ $\frac{4}{5}$

개념 정리하기

① 평행이동

(1) **평행이동**

어떤 도형을 모양과 크기를 바꾸지 않고 일정한 방향으로 일정한 거리만큼 옮기는 것을 평행이동이라고 한다.

(2) **점의 평행이동**

좌표평면 위의 점 $\mathrm{P}(x,\ y)$를 x축의 방향으로 a만큼, y축의 방향으로 b만큼 평행이동한 점 $\mathrm{P}'(x',\ y')$의 좌표는

$(x+a,\ y+b)$

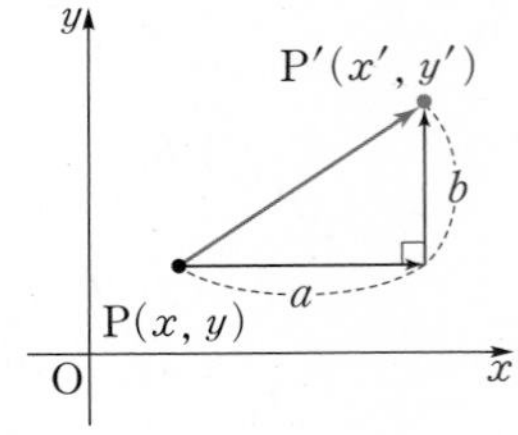

(3) **도형의 평행이동**

방정식 $f(x,\ y)=0$이 나타내는 도형을 x축의 방향으로 a만큼, y축의 방향으로 b만큼 평행이동한 도형의 방정식은

$f(x-a,\ y-b)=0$

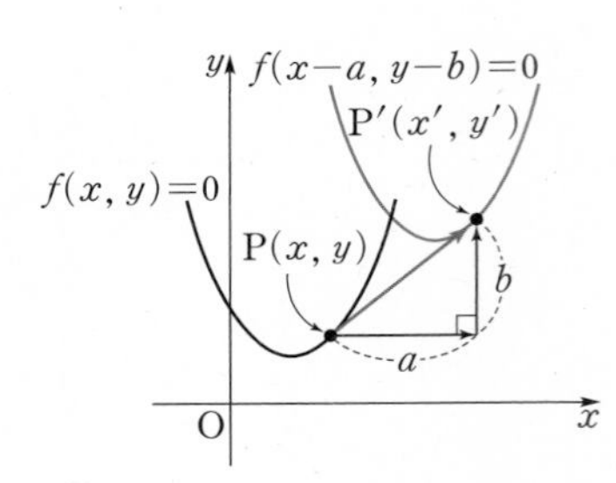

② 대칭이동

(1) **대칭이동**

어떤 도형을 한 직선 또는 한 점에 대하여 대칭인 도형으로 옮기는 것을 대칭이동이라고 한다.

(2) **점의 대칭이동**

좌표평면 위의 점 $\mathrm{P}(x,\ y)$를 x축, y축, 원점 및 직선 $y=x$에 대하여 대칭이동한 점의 좌표는 각각 다음과 같다

① x축에 대하여 대칭이동한 점 P_1의 좌표는

$(x,\ -y)$

② y축에 대하여 대칭이동한 점 P_2의 좌표는

$(-x,\ y)$

③ 원점에 대하여 대칭이동한 점 P_3의 좌표는

$(-x,\ -y)$

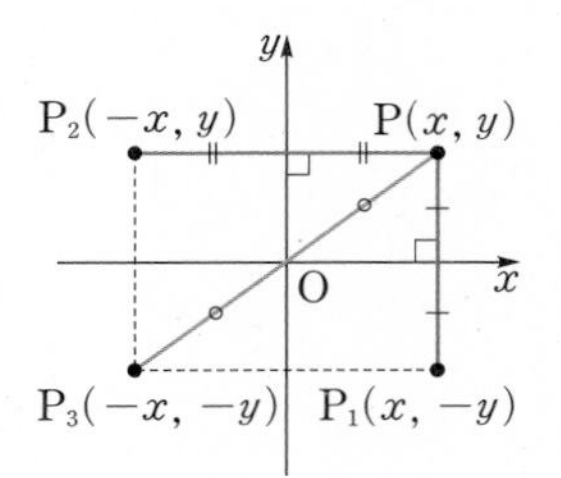

④ 직선 $y=x$에 대하여 대칭이동한 점 P_4의 좌표는

$(y,\ x)$

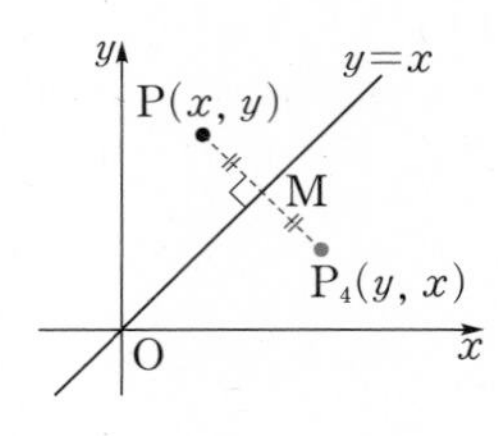

참고 점 $\mathrm{P}(x,\ y)$를 직선 $y=-x$에 대하여 대칭이동한 점의 좌표는
$(-y,\ -x)$

문제로 개념 확인하기

01 개념 ①

다음 점을 x축의 방향으로 -2만큼, y축의 방향으로 3만큼 평행이동한 점의 좌표를 구하시오.

(1) $(2,\ -4)$

(2) $(-1,\ 3)$

02 개념 ①

다음 방정식이 나타내는 도형을 x축의 방향으로 3만큼, y축의 방향으로 2만큼 평행이동한 도형의 방정식을 구하시오.

(1) $y=2x+1$

(2) $y=x^2-2$

(3) $x^2+y^2=1$

(4) $(x-2)^2+y^2=4$

03 개념 ②

다음 점을 x축, y축, 원점 및 직선 $y=x$에 대하여 대칭이동한 점의 좌표를 각각 구하시오.

(1) $(-1,\ 4)$

(2) $(5,\ -2)$

정답 및 해설 65쪽

(3) **도형의 대칭이동**

방정식 $f(x, y)=0$이 나타내는 도형을 x축, y축, 원점 및 직선 $y=x$에 대하여 대칭이동한 도형의 방정식은 각각 다음과 같다.

① x축에 대하여 대칭이동한 도형의 방정식은 $f(x, -y)=0$

② y축에 대하여 대칭이동한 도형의 방정식은 $f(-x, y)=0$

③ 원점에 대하여 대칭이동한 도형의 방정식은 $f(-x, -y)=0$

④ 직선 $y=x$에 대하여 대칭이동한 도형의 방정식은 $f(y, x)=0$

참고 방정식 $f(x, y)$이 나타내는 도형을 직선 $y=-x$에 대하여 대칭이동한 도형의 방정식은 $f(-y, -x)=0$

참고 대칭이동

~에 대하여 대칭이동	점 (x, y)	도형 $f(x, y)=0$
x축	$(x, -y)$	$f(x, -y)=0$
y축	$(-x, y)$	$f(-x, y)=0$
원점	$(-x, -y)$	$f(-x, -y)=0$
직선 $y=x$	(y, x)	$f(y, x)=0$
직선 $y=-x$	$(-y, -x)$	$f(-y, -x)=0$

3 대칭이동의 활용

(1) **직선 $ax+by+c=0$에 대한 대칭이동**

점 $\mathrm{P}(x, y)$를 직선 $ax+by+c=0$에 대하여 대칭이동한 점 $\mathrm{P}'(x', y')$을 구할 때는 다음 조건을 이용한다.

① 중점 조건: 선분 PP'의 중점 $\left(\frac{x+x'}{2}, \frac{y+y'}{2}\right)$이 직선 $ax+by+c=0$ 위의 점이다.

② 수직 조건: 직선 PP'이 직선 $ax+by+c=0$과 수직이다.

➡ (직선 PP'의 기울기)$\times$(직선 $ax+by+c=0$의 기울기)$=-1$

(2) **대칭이동을 이용한 거리의 합의 최솟값**

두 점 A, B와 직선 l 위의 점 P에 대하여 $\overline{\mathrm{AP}}+\overline{\mathrm{BP}}$의 최솟값은 다음과 같이 구한다.

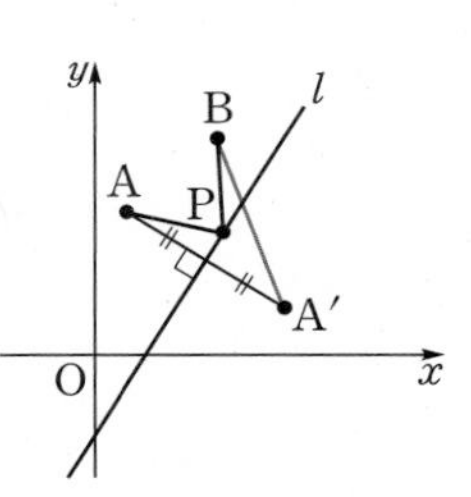

① 점 A를 직선 l에 대하여 대칭이동한 점 A′의 좌표를 구한다.

② $\overline{\mathrm{AP}}+\overline{\mathrm{BP}}=\overline{\mathrm{A'P}}+\overline{\mathrm{BP}}\geq\overline{\mathrm{A'B}}$이므로 구하는 최솟값은 $\overline{\mathrm{A'B}}$의 길이와 같음을 이용한다.

문제로 개념 확인하기

04 개념—②

다음 방정식이 나타내는 도형을 x축, y축, 원점에 대하여 대칭이동한 도형의 방정식을 각각 구하시오.

(1) $2x-y+1=0$

(2) $y=x^2+2x-1$

(3) $(x-3)^2+(y-4)^2=4$

(4) $x^2+y^2-2x+4y=0$

05 개념—②

다음 방정식이 나타내는 도형을 직선 $y=x$에 대하여 대칭이동한 도형의 방정식을 구하시오.

(1) $3x-2y+5=0$

(2) $x^2+(y-3)^2=4$

STEP 2

내신등급 쑥쑥 올리기

▶ 점의 평행이동

01

점 $P(0, 5)$를 x축의 방향으로 2만큼, y축의 방향으로 -3만큼 평행이동한 점이 $P'(a, b)$일 때, $a-b$의 값은?

① -2 ② -1 ③ 0
④ 1 ⑤ 2

02

좌표평면 위의 점 (a, b)를 평행이동
$(x, y) \to (x-3, y+1)$에 의하여 옮겼더니 점 $(2, 3)$이 되었다. 이때 ab의 값은?

① 4 ② 6 ③ 8
④ 10 ⑤ 12

03

점 $(2, 6)$이 $(3, 3)$으로 옮겨지는 평행이동
$(x, y) \to (x+a, y+b)$에 의하여 $(5, 4)$로 옮겨지는 점의 좌표는?

① $(2, 3)$ ② $(2, 5)$ ③ $(3, 5)$
④ $(3, 7)$ ⑤ $(4, 7)$

▶ 도형의 평행이동

04

직선 $y=2x-3$을 x축의 방향으로 p만큼, y축의 방향으로 $4p$만큼 평행이동한 직선이 점 $(2, 2)$를 지난다. 이때 p의 값은?

① $\frac{1}{3}$ ② $\frac{1}{2}$ ③ 1
④ $\frac{5}{2}$ ⑤ 2

05 서술형

점 $(-3, 1)$을 점 $(2, 5)$로 옮기는 평행이동에 의하여 직선 $y=2x+11$이 직선 $y=ax+b$로 옮겨질 때, 상수 a, b에 대하여 $a+b$의 값을 구하시오.

06

평행이동 $(x, y) \to (x+p, y-q)$에 의하여 직선 $2x-5y-3=0$이 직선 $2x-5y-7=0$으로 옮겨질 때, $2p+5q$의 값은?

① 4 ② 5 ③ 6
④ 7 ⑤ 8

07 ✪

포물선 $y=x^2+10$을 x축의 방향으로 a만큼, y축의 방향으로 b만큼 평행이동하였더니 포물선 $y=x^2+2x+9$가 되었다. 이때 $a-b$의 값은?

① 1 ② 2 ③ 3
④ 4 ⑤ 5

08 ✪✪

점 $(-3,\ -1)$을 점 $(-1,\ -5)$로 옮기는 평행이동에 의하여 포물선 $y=ax^2+bx+c$는 포물선 $y=(x+2)^2+3$으로 옮겨진다. 상수 a, b, c에 대하여 $a+b+c$의 값은?

① 16 ② 20 ③ 24
④ 28 ⑤ 32

09 ✪✪

원 $(x-2)^2+(y-3)^2=16$을 x축의 방향으로 a만큼, y축의 방향으로 b만큼 평행이동하였더니 원점을 중심으로 하는 원이 되었다. 이때 $b-a$의 값은?

① -3 ② -1 ③ 1
④ 3 ⑤ 7

10 ✪✪

직선 $x-2y=-2$를 x축의 방향으로 2만큼, y축의 방향으로 -1만큼 평행이동한 직선과 x축, y축으로 둘러싸인 도형의 넓이는?

① 1 ② $\frac{3}{2}$ ③ 2
④ $\frac{5}{2}$ ⑤ 3

11 ✪✪

직선 $3x+2y=7$을 x축의 방향으로 k만큼, y축의 방향으로 $-k$만큼 평행이동하면 원 $(x-2)^2+(y+3)^2=11$의 넓이를 이등분한다. 상수 k의 값은?

① -7 ② -3 ③ 2
④ 3 ⑤ 7

12 ✪✪

원 $x^2+y^2=10$을 x축의 방향으로 a만큼 평행이동하면 직선 $x-3y+9=0$에 접한다. 양수 a의 값은?

① $\frac{1}{2}$ ② 1 ③ $\frac{3}{2}$
④ 2 ⑤ $\frac{5}{2}$

13

포물선 $y=x^2+4x+2a+4$를 x축의 방향으로 2만큼 평행이동한 포물선이 직선 $y=2x+1$과 접할 때, 실수 a의 값은?

① -5 ② -3 ③ 1
④ 3 ⑤ 5

14

평행이동 $(x, y) \to (x+a, y+b)$에 의하여 원 $x^2+y^2=1$을 이동하였더니 처음 원과 한 점에서 만난다고 할 때, 점 (a, b)가 나타내는 도형의 둘레의 길이는?

① 4π ② 5π ③ 6π
④ 10π ⑤ 16π

15

오른쪽 그림과 같이 원점 O와 두 점 A(2, 0), C(0, 1)에 대하여 $\overline{OA}$, $\overline{OC}$를 두 변으로 하는 직사각형 OABC를 평행이동하여 O → O′, A → A′, C → C′으로 옮겨지도록 하였다. 점 B′의 좌표가 (7, 4)이고 세 점 A′, O′, C′을 지나는 원의 방정식이 $x^2+y^2+ax+by+c=0$일 때, 상수 a, b, c에 대하여 $a+b+c$의 값은?

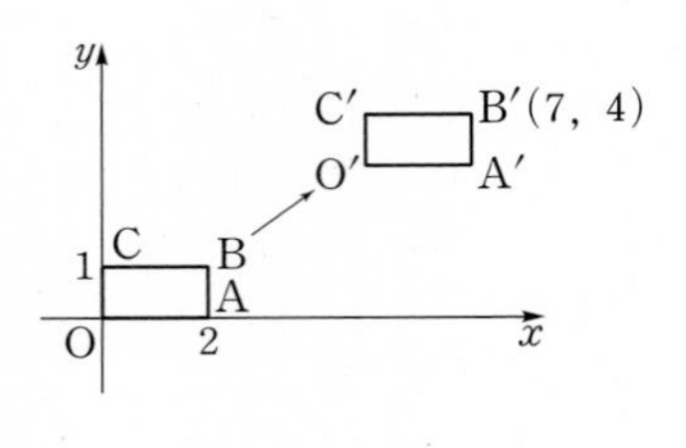

① 25 ② 26 ③ 27
④ 28 ⑤ 29

▶ 점의 대칭이동

16

점 $(p, 3)$을 x축에 대하여 대칭이동한 후 직선 $y=x$에 대하여 대칭이동한 점의 좌표가 $(q, 2)$일 때, $p+q$의 값은?

① -4 ② -3 ③ -2
④ -1 ⑤ 0

17

점 A(4, −1)을 x축, 직선 $y=x$에 대하여 대칭이동한 점을 각각 B, C라고 할 때, 삼각형 ABC의 넓이는?

① 1 ② 3 ③ 5
④ 7 ⑤ 9

18

좌표평면 위의 점 P(4, 1)을 x축, y축에 대하여 대칭이동한 점을 각각 A, B라 하고, 점 Q(a, b)를 y축에 대하여 대칭이동한 점을 C라고 하자. 세 점 A, B, C가 한 직선 위에 있을 때, 직선 PQ의 기울기는? (단, $a \neq \pm 4$)

① -1 ② $-\frac{1}{4}$ ③ $\frac{1}{4}$
④ 1 ⑤ 4

도형의 대칭이동

19

원 $(x+1)^2+(y-6)^2=13$을 y축에 대하여 대칭이동한 다음 직선 $y=x$에 대하여 대칭이동하면 원의 중심이 직선 $y=mx+13$ 위에 있을 때, 상수 m의 값은?

① -1　② -2　③ -3
④ -4　⑤ -5

20

직선 $y=mx+8$을 직선 $y=x$에 대하여 대칭이동하면 원 $x^2+y^2+4x+10y+28=0$의 중심을 지난다고 할 때, 상수 m의 값은?

① -6　② -4　③ 2
④ 4　⑤ 6

21

직선 $y=kx+3$을 x축에 대하여 대칭이동한 직선이 원 $x^2+y^2+4x-2y+3=0$의 넓이를 이등분한다고 할 때, 상수 k의 값은?

① -2　② -1　③ 1
④ 2　⑤ 3

22

다음 도형 중에서 도형 $y=x^2+2x+1$을 이동해서 겹칠 수 없는 것은?

① $y=x^2+x+1$　② $x=y^2+2y+1$
③ $y=2x^2-x+1$　④ $x=-y^2+y+1$
⑤ $y=x^2-x-1$

23

포물선 $y=x^2-6x+5$를 x축에 대하여 대칭이동한 후 원점에 대하여 대칭이동하였더니 포물선의 꼭짓점의 좌표가 원 $x^2+y^2+2ax+2by=0$의 중심과 일치하였다. 상수 a, b에 대하여 $a+b$의 값은?

① 5　② 6　③ 7
④ 8　⑤ 9

24

도형 $(x^2+2x+y^2+4y+1)+k(x-y-3)=0$을 직선 $y=x$에 대하여 대칭이동한 도형이 처음 도형과 일치할 때, 상수 k의 값은?

① -2　② -1　③ 0
④ 1　⑤ 2

STEP 2 내신등급 쑥쑥 올리기

25

직선 $y=-\frac{1}{2}x+1$을 원점에 대하여 대칭이동하였더니 직선 $y=ax+b$와 x축 위의 점에서 수직으로 만났다. 상수 a, b에 대하여 $a+b$의 값은?

① -10　② -6　③ 0　④ 6　⑤ 10

26

원 O: $(x-1)^2+(y-4)^2=2$를 직선 $y=x$에 대하여 대칭이동한 원을 O'이라고 하자. 원 O 위의 한 점을 A, 원 O' 위의 한 점을 B라고 할 때, 선분 AB의 최소 길이는?

① $\sqrt{2}$　② $\sqrt{3}$　③ $2\sqrt{2}$　④ $2\sqrt{3}$　⑤ $\sqrt{5}$

27

직선 l: $y=x+a$를 원점에 대하여 대칭이동한 직선을 m이라고 할 때, 두 직선 l, m 사이의 거리는 $2\sqrt{2}$이다. 이때 모든 상수 a의 값의 곱은?

① -16　② -4　③ 0　④ 4　⑤ 16

28

원 $x^2+y^2-2x+4y=0$을 y축에 대하여 대칭이동하면 직선 $y=mx$에 접한다고 할 때, 실수 m의 값은?

① 1　② $-\frac{1}{2}$　③ 0　④ $\frac{1}{2}$　⑤ 1

29

원 $(x+2)^2+(y+3)^2=4$를 점 $(1,\ -1)$에 대하여 대칭이동한 도형의 방정식은?

① $(x-2)^2+(y-1)^2=4$
② $(x-4)^2+(y-1)^2=4$
③ $(x+3)^2+(y+1)^2=4$
④ $(x+1)^2+(y+1)^2=4$
⑤ $(x-2)^2+(y-3)^2=4$

30

직선 $x-3y+4=0$에 대하여 점 $\mathrm{P}(3,\ 3)$을 대칭이동한 점을 $\mathrm{P}'(a,\ b)$라고 할 때, $a-b$의 값은?

① $\frac{4}{5}$　② 1　③ $\frac{6}{5}$　④ $\frac{7}{5}$　⑤ $\frac{8}{5}$

▶ 도형의 평행이동과 대칭이동

31

점 $(x,\ y)$를 점 $(-y,\ x+2)$로 옮기는 이동에 의하여 방정식 $f(x,\ y)=0$을 나타내는 도형이 옮겨지는 도형의 방정식은?

① $f(-y,\ x+2)=0$　② $f(-y,\ x-2)=0$
③ $f(y-2,\ -x)=0$　④ $f(-y+2,\ x)=0$
⑤ $f(y+2,\ -x)=0$

32

방정식 $f(x,\ y)=0$이 나타내는 도형이 오른쪽 그림과 같을 때, 다음 중 방정식 $f(x-1,\ -y)$이 나타내는 도형은?

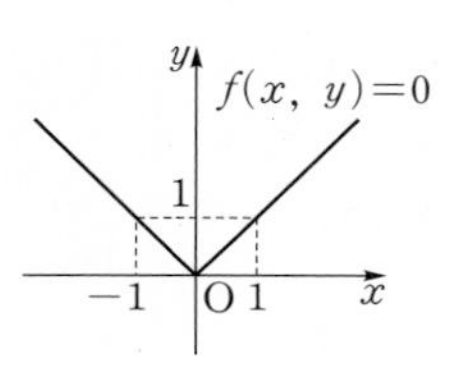

①
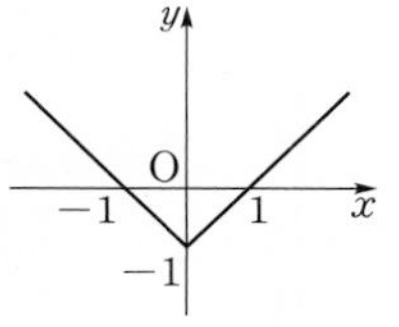

②
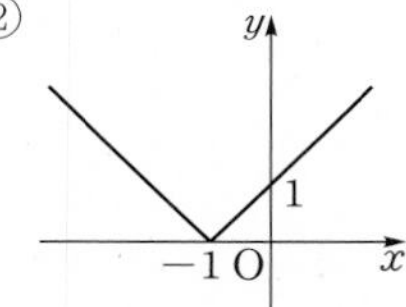

③
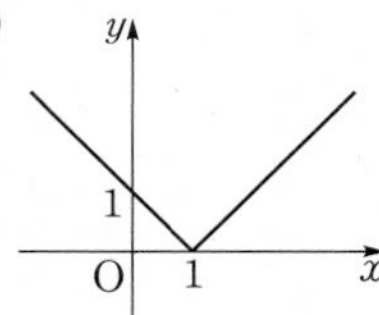

④
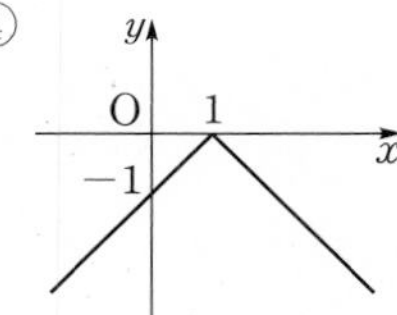

⑤

33

원 $x^2+y^2=9$를 x축의 방향으로 m만큼, y축의 방향으로 n만큼 평행이동한 후 x축에 대하여 대칭이동하였더니 원 $x^2+y^2-10x-2y+k=0$이 되었다. $k-2m+3n$의 값은? (단, k는 상수이다.)

① 2　② 4　③ 6
④ 8　⑤ 10

34 서술형

점 $(1,\ -2)$를 지나는 직선을 x축의 방향으로 2만큼, y축의 방향으로 -3만큼 평행이동한 후 x축에 대하여 대칭이동하면 점 $(1,\ 9)$를 지난다고 한다. 처음 직선의 기울기를 구하시오.

35

직선 $x-y-6=0$을 직선 $y=x$에 대하여 대칭이동한 후 x축의 방향으로 5만큼, y축의 방향으로 2만큼 평행이동하면 원 $x^2+y^2=r^2$에 접할 때, 원의 반지름의 길이 r의 값은?

① $\frac{2\sqrt{5}}{5}$　② $\frac{3\sqrt{5}}{5}$　③ $\frac{\sqrt{3}}{3}$
④ $\frac{2\sqrt{3}}{3}$　⑤ $\frac{3\sqrt{2}}{2}$

대칭이동을 이용한 거리의 최솟값

36

두 점 A(1, 3), B(2, −3)과 y축 위의 점 P에 대하여 $\overline{AB}+\overline{BP}$의 최솟값은?

① $2\sqrt{2}$ ② $2\sqrt{5}$ ③ $3\sqrt{5}$
④ $2\sqrt{13}$ ⑤ $4\sqrt{10}$

37

세 점 A(6, 3), B(2, 1), C(x, 0)을 꼭짓점으로 하는 삼각형 ABC의 둘레의 길이의 합 $\overline{AB}+\overline{BC}+\overline{CA}$의 최솟값은?

① $2\sqrt{5}+\sqrt{31}$ ② $2\sqrt{5}+4\sqrt{2}$ ③ $2\sqrt{5}+4\sqrt{3}$
④ $2\sqrt{5}+4\sqrt{6}$ ⑤ $2\sqrt{5}+4\sqrt{7}$

38 서술형

좌표평면 위에 점 A(−2, 0)과 원 C: $(x+3)^2+(y-6)^2=5$가 있다. y축 위의 점 P와 원 C 위의 점 Q에 대하여 $\overline{AP}+\overline{PQ}$의 최솟값을 구하시오.

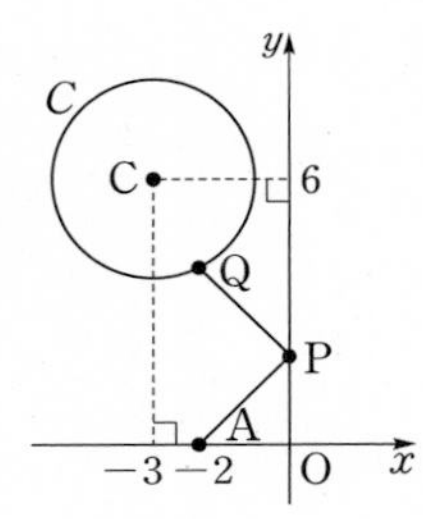

39

좌표평면 위에 두 점 A(0, 10), B(6, 2)가 있다. 길이가 1인 선분 PQ가 x축 위에서 움직일 때, □APQB의 둘레의 길이의 최솟값은?

① 8 ② 12 ③ 16
④ 20 ⑤ 24

40

좌표평면 위의 두 점 A(9, 4), B(6, 6)과 x축 위를 움직이는 점 P, y축 위를 움직이는 점 Q에 대하여 $\overline{AP}+\overline{PQ}+\overline{QB}$의 값이 최소가 되도록 하는 점 P의 좌표는?

① (2, 0) ② (3, 0) ③ (4, 0)
④ (5, 0) ⑤ (6, 0)

41 [교육청]

오른쪽 그림과 같이 좌표평면 위에 두 점 A(−10, 0), B(10, 10)과 선분 AB 위의 두 점 C(−8, 1), D(4, 7)이 있다. 선분 AO 위의 점 E와 선분 OB 위의 점 F에 대하여 $\overline{CE}+\overline{EF}+\overline{FD}$의 값이 최소가 되도록 하는 점 E의 x좌표는? (단, O는 원점이다.)

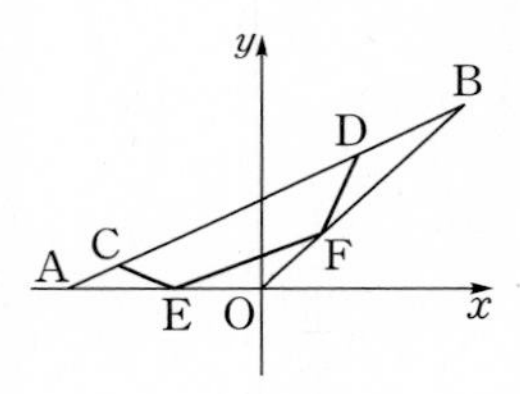

① −5 ② $-\frac{9}{2}$ ③ −4
④ $-\frac{7}{2}$ ⑤ −3

STEP 3 내신 100점 잡기

42

한 개의 동전을 던져서 다음과 같은 방법으로 좌표평면 위의 점 P(1, 1)을 이동시키려고 한다.

- 앞면이 나오면 x축의 방향으로 2만큼, y축의 방향으로 -1만큼 평행이동한다.
- 뒷면이 나오면 x축의 방향으로 -1만큼, y축의 방향으로 2만큼 평행이동한다.

동전을 10회 던진 후 점 P가 위치할 수 있는 점 중에서 제1사분면 위에 있는 것의 개수는?

① 1 ② 2 ③ 3 ④ 4 ⑤ 5

43

[교육청]

좌표평면에서 원 $x^2+(y-1)^2=9$를 x축의 방향으로 m만큼, y축의 방향으로 n만큼 평해이동한 원을 C라고 할 때, 옳은 것만을 〈보기〉에서 있는 대로 고른 것은?

보기

ㄱ. 원 C의 반지름의 길이가 3이다.

ㄴ. 원 C가 x축에 접하도록 하는 실수 n의 값은 1개이다.

ㄷ. $m\neq0$일 때, 직선 $y=\dfrac{n+1}{m}x$는 원 C의 넓이를 이등분한다.

① ㄱ ② ㄴ ③ ㄱ, ㄷ ④ ㄴ, ㄷ ⑤ ㄱ, ㄴ, ㄷ

44

좌표평면 위의 한 점 $P_1(-2, 3)$을 직선 $y=x$에 대하여 대칭이동한 점을 P_2라 하고, 점 P_2를 원점에 대하여 대칭이동한 점을 P_3이라고 하자. 다시 점 P_3을 직선 $y=x$에 대하여 대칭이동한 점을 P_4, 점 P_4를 원점에 대하여 대칭이동한 점을 P_5라고 하자. 이와 같은 방법으로 직선 $y=x$와 원점에 대하여 대칭이동한 점을 차례로 P_6, P_7, P_8, P_9, $\cdots$라고 할 때, 점 P_{2019}의 좌표는?

① $(-3, 2)$ ② $(-2, -3)$ ③ $(-2, 3)$ ④ $(2, -3)$ ⑤ $(3, -2)$

45

두 원 $x^2+y^2+8x-10y+25=0$,
$x^2+y^2-4x+6y-3=0$이 직선 $ax+by+7=0$에 대하여 서로 대칭일 때, 상수 a, b에 대하여 $a+b$의 값은?

① -4 ② -3 ③ -2 ④ -1 ⑤ 0

46

$y=f(x)$의 그래프가 오른쪽 그림과 같을 때, $y=f(-x)$, $y=-f(-x)$, $x=f(y)$의 그래프로 둘러싸인 도형의 넓이는?

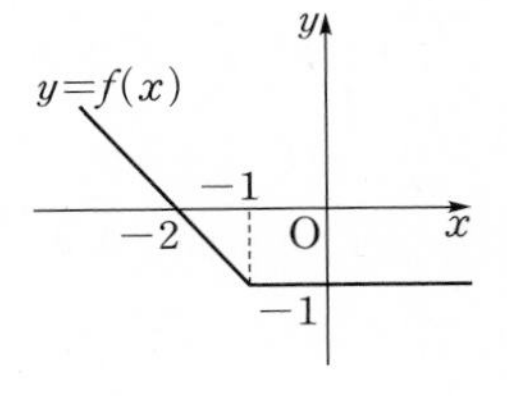

① 2 ② 3 ③ 4 ④ 5 ⑤ 6

47

다음 그림과 같이 가로의 길이가 8, 세로의 길이가 6인 직사각형 ABCD 모양의 종이가 있다. 이 종이를 대각선을 기준으로 접었을 때, 두 점 B, D 사이의 거리는?

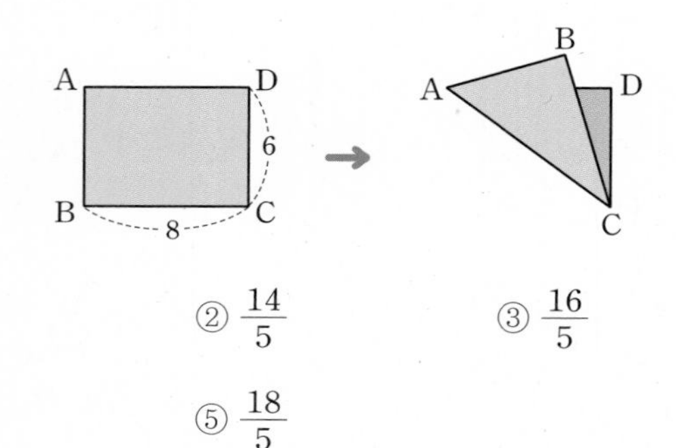

① $\frac{13}{5}$ ② $\frac{14}{5}$ ③ $\frac{16}{5}$

④ $\frac{17}{5}$ ⑤ $\frac{18}{5}$

48 서술형

원 C_1: $(x-1)^2+(y+2)^2=8$을 x축의 방향으로 -3만큼, y축의 방향으로 1만큼 평행이동한 원을 C_2라 하자. 두 원 C_1, C_2가 직선 $y=ax+b$에 대하여 서로 대칭일 때, 상수 a, b에 대하여 $a+b$의 값을 구하시오.

49

오른쪽 그림과 같이 두 상점 A, B가 A(0, 0), B(8, 10)에 위치하고 있다. 두 상점 A, B를 연결하는 횡단보도를 y축과 수직이 되도록 놓으려고 할 때, A−C−D−B의 거리가 최소가 되는 점 C의 좌표는? (단, 횡단보도의 폭은 무시한다.)

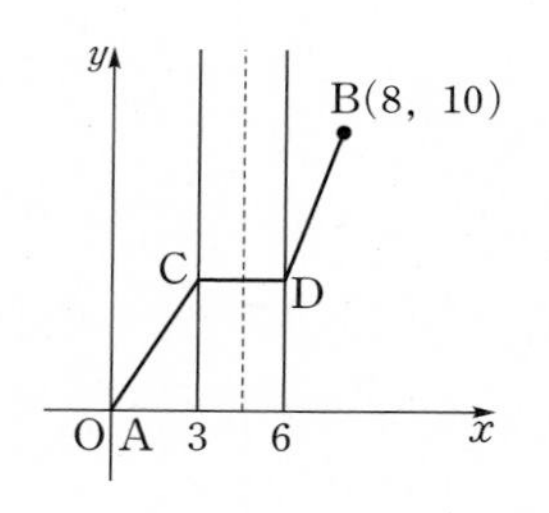

① (3, 2) ② (3, 3) ③ (3, 4)

④ (3, 5) ⑤ (3, 6)

50

중심이 (4, 2)이고 반지름의 길이가 2인 원 O_1이 있다. 원 O_1을 직선 $y=x$에 대하여 대칭이동한 후 y축의 방향으로 a만큼 평행이동한 원을 O_2라고 하자. 원 O_1과 원 O_2가 서로 다른 두 점 A, B에서 만나고 선분 AB의 길이가 $2\sqrt{3}$일 때, a의 값은?

① $-2\sqrt{2}$ ② -2 ③ $-\sqrt{2}$

④ -1 ⑤ $-\frac{\sqrt{2}}{2}$

51 서술형

다음 그림과 같이 $\angle XOY=45°$인 반직선 OX 위에 $\overline{OA}=3$, $\overline{OB}=6$인 두 점 A, B가 있다. 반직선 OY 위의 임의의 점 P에 대하여 $\overline{AP}+\overline{PB}$의 최솟값을 m, 이때의 $\overline{OP}$의 길이를 n이라고 하자. 이때 m^2+n^2의 값을 구하시오.

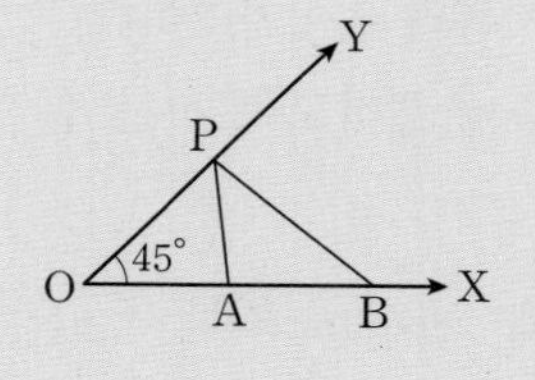

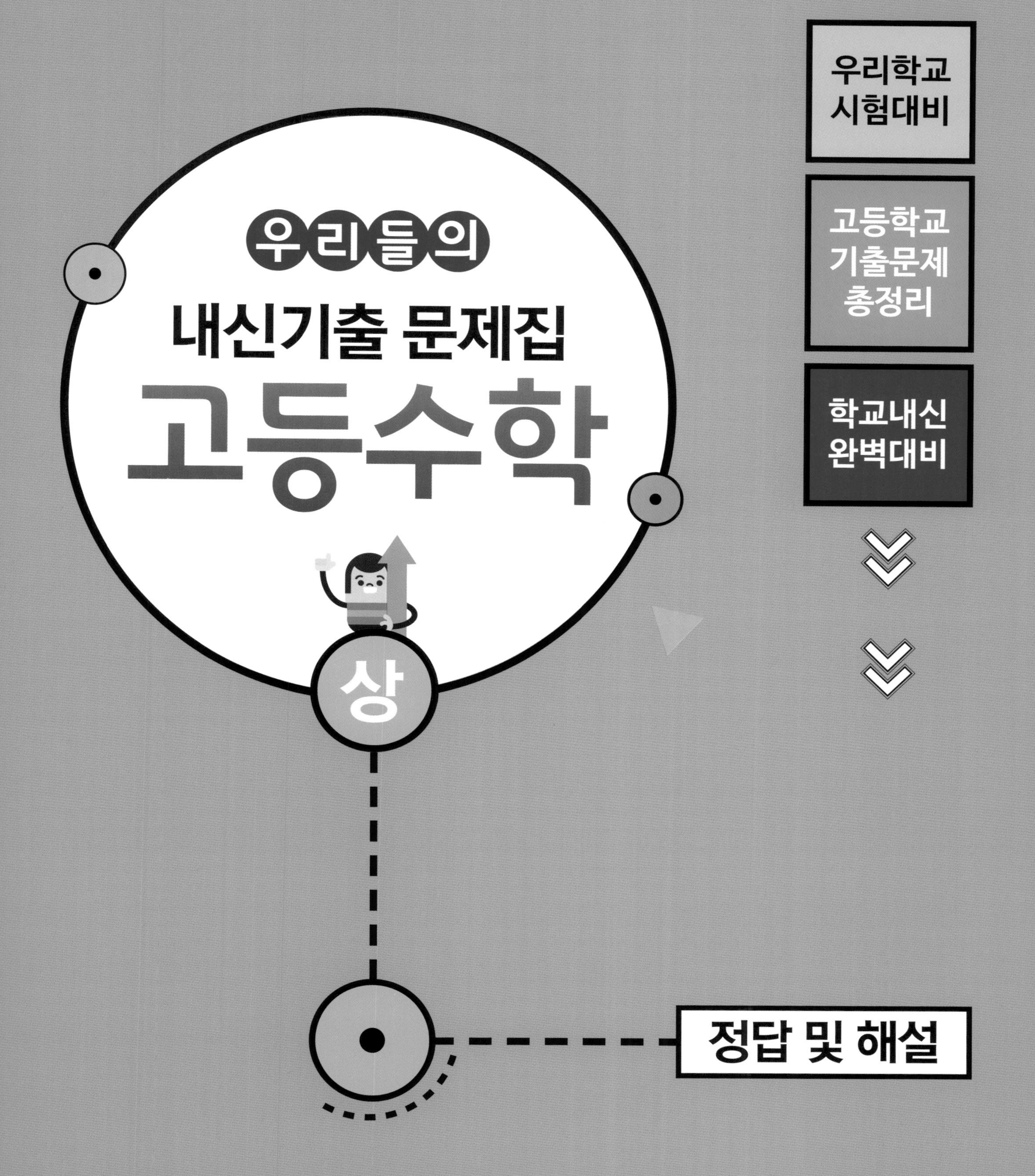

우리교과서

정답 및 해설

정답 및 해설

다항식

01 다항식의 연산

STEP 1 문제로 개념 확인하기 8~9쪽

01 (1) $x^3-3yx^2+2y^2x-4$　(2) $-4+2y^2x-3yx^2+x^3$

02 (1) x^3+5x^2+x+1　(2) x^3+x^2+3x-5

03 (1) $x^2+4y^2+z^2+4xy+4yz+2zx$
(2) $x^3+6x^2y+12xy^2+8y^3$
(3) $8x^3-36x^2y+54xy^2-27y^3$
(4) $8x^3+y^3$
(5) x^3-8
(6) $x^3-y^3+3xy+1$

04 해설 참조

05 (1) 5　(2) 9

06 (1) 12　(2) 32

07 (1) 몫: $2x-2$, 나머지: 3
(2) 몫: $x+1$, 나머지: $-5x+2$

01 (1) $x^3-3yx^2+2y^2x-4$
(2) $-4+2y^2x-3yx^2+x^3$

02 (1) $A+B=(x^3+3x^2+2x-2)+(2x^2-x+3)$
$=x^3+(3+2)x^2+(2-1)x+(-2+3)$
$=x^3+5x^2+x+1$
(2) $A-B=(x^3+3x^2+2x-2)-(2x^2-x+3)$
$=x^3+(3-2)x^2+(2+1)x+(-2-3)$
$=x^3+x^2+3x-5$

03 (1) $(x+2y+z)^2=x^2+4y^2+z^2+4xy+4yz+2zx$
(2) $(x+2y)^3=x^3+6x^2y+12xy^2+8y^3$
(3) $(2x-3y)^3=8x^3-36x^2y+54xy^2-27y^3$
(4) $(2x+y)(4x^2-2xy+y^2)=(2x)^3+y^3=8x^3+y^3$
(5) $(x-2)(x^2+2x+4)=x^3-2^3=x^3-8$
(6) $(x-y+1)(x^2+y^2+1+xy+y-x)$
$=x^3+(-y)^3+1-3x(-y)\times1=x^3-y^3+3xy+1$

04 $(a+b)^3=a^3+3a^2b+3ab^2+b^3$
$=a^3+b^3+3ab(a+b)$
따라서 $a^3+b^3=(a+b)^3-3ab(a+b)$
$(a-b)^3=a^3-3a^2b+3ab^2-b^3$
$=a^3-b^3-3ab(a-b)$
따라서 $a^3-b^3=(a-b)^3+3ab(a-b)$

05 (1) $a^2+b^2=(a+b)^2-2ab=3^2-4=5$
(2) $a^3+b^3=(a+b)^3-3ab(a+b)$
$=3^3-3\times2\times3=9$

06 (1) $a^2+b^2=(a-b)^2+2ab=2^2+8=12$
(2) $a^3-b^3=(a-b)^3+3ab(a-b)$
$=2^3+3\times4\times2=32$

07 (1)
$$\begin{array}{r} 2x-2 \\ x-1\overline{)\,2x^2-4x+5} \\ \underline{2x^2-2x} \\ -2x+5 \\ \underline{-2x+2} \\ 3 \end{array}$$
몫: $2x-2$, 나머지: 3

(2)
$$\begin{array}{r} x+1 \\ x^2+x+1\overline{)\,x^3+2x^2-3x+3} \\ \underline{x^3+x^2+x} \\ x^2-4x+3 \\ \underline{x^2+x+1} \\ -5x+2 \end{array}$$
몫: $x+1$, 나머지: $-5x+2$

STEP 2 내신등급 쑥쑥 올리기 10~13쪽

01 ①	02 ③	03 ②	04 ⑤	05 ③
06 ⑤	07 ②	08 ⑤	09 ⑤	10 ②
11 ③	12 ④	13 해설 참조	14 ③	15 ①
16 ③	17 ④	18 ④	19 ③	20 해설 참조
21 ⑤	22 ③	23 ②	24 ④	25 ①
26 ①				

01 $5A-3(A+B)$
$=5A-3A-3B=2A-3B$
$=2(3x^2+2xy+6y^2)-3(x^2-xy+5y^2)$
$=6x^2+4xy+12y^2-3x^2+3xy-15y^2$
$=3x^2+7xy-3y^2$

02 $X-3(A+2B)=2A$에서 $X-3A-6B=2A$
따라서 $X=5A+6B$
$=5(x^2-2x+1)+6(-3x^2+4x+1)$
$=5x^2-10x+5-18x^2+24x+6$
$=-13x^2+14x+11$

03 $A-2B+3C$
$=(2x^2-5xy+y^2)-2(3x^2-xy-2y^2)+3(x^2+y^2)$
$=2x^2-5xy+y^2-6x^2+2xy+4y^2+3x^2+3y^2$
$=-x^2-3xy+8y^2$

04 【그림 1】에서 색칠한 부분의 넓이는
$A=2x\times3x-y^2=6x^2-y^2$
【그림 2】에서 색칠한 부분의 넓이는
$B=(2x)^2+2y\times3y=4x^2+6y^2$
따라서 $3A-2B=3(6x^2-y^2)-2(4x^2+6y^2)$
$=18x^2-3y^2-8x^2-12y^2$
$=10x^2-15y^2$

05 $2A+B=2x^2+4x+7$ ······ ㉠
$A-2B=x^2-3x+1$ ······ ㉡
㉠$-2\times$㉡을 하면 $5B=10x+5$
따라서 $B=2x+1$

06

		$h(x)$
	x^2+3x	$3x^2+5x+2$
$2x-1$		$f(x)$

위의 표에서
$h(x)+(x^2+3x)+(2x-1)=3x^2+9x$이므로
$h(x)=3x^2+9x-x^2-5x+1$
$=2x^2+4x+1$
또, $(2x^2+4x+1)+(3x^2+5x+2)+f(x)=3x^2+9x$이므로
$f(x)=3x^2+9x-5x^2-9x-3=-2x^2-3$
따라서 $f(4)=-2\times16-3=-35$

07 ① $(2x-1)(4x^2+4x+1)$
$=8x^3+8x^2+2x-4x^2-4x-1$
$=8x^3+4x^2-2x-1$
③ $(x^2+x-1)(x^2+x+1)=(x^2+x)^2-1^2$
$=x^4+2x^3+x^2-1$
④ $(x+y+1)(x-y-1)=\{x+(y+1)\}\{x-(y+1)\}$
$=x^2-(y+1)^2$
$=x^2-y^2-2y-1$
⑤ $(x+y-z)^2=x^2+y^2+z^2+2xy-2yz-2zx$

08 $(x^2-1)(3x^3-2x^2+5)$의 전개식에서 x^2항은
$x^2\times5+(-1)\times(-2x^2)=5x^2+2x^2=7x^2$
따라서 전개식에서 x^2의 계수는 7이다.

09 $(x+a)(x^2+bx+3)$
$=x^3+bx^2+3x+ax^2+abx+3a$
$=x^3+(a+b)x^2+(ab+3)x+3a$
이때 x^2의 계수가 5, x의 계수가 11이므로
$a+b=5$, $ab+3=11$, 즉 $a+b=5$, $ab=8$
따라서 $a^2+b^2=(a+b)^2-2ab=25-16=9$

10 $(3x-1)^3(2x+3)^2$
$=(27x^3-27x^2+9x-1)(4x^2+12x+9)$
이 식의 전개식에서 x항은
$9x\times9+(-1)\times12x=81x-12x=69x$
따라서 전개식에서 x의 계수는 69이다.

11 $(x-3y+1)^2=4$의 좌변을 전개하면
$x^2+9y^2+1-6xy+2x-6y=4$
따라서 $x^2+9y^2-6xy+2x-6y=3$

12 $(x^2-1)(x^2+x+1)(x^2-x+1)$
$=(x+1)(x-1)(x^2+x+1)(x^2-x+1)$
$=(x-1)(x^2+x+1)(x+1)(x^2-x+1)$
$=(x^3-1)(x^3+1)$
$=(8-1)(8+1)=63$

13 ㉮ 상수항의 합이 같도록 두 일차식끼리 짝 지으면
$(x+1)(x+2)(x+3)(x+4)$
$=\{(x+1)(x+4)\}\{(x+2)(x+3)\}$
$=(x^2+5x+4)(x^2+5x+6)$
㉯ 이때 $x^2+5x=A$라고 하면
$(x^2+5x+4)(x^2+5x+6)$
$=(A+4)(A+6)=A^2+10A+24$
㉰ 이 식에 $A=x^2+5x$를 대입하면
$A^2+10A+24$
$=(x^2+5x)^2+10(x^2+5x)+24$
$=x^4+10x^3+25x^2+10x^2+50x+24$
$=x^4+10x^3+35x^2+50x+24$

단계	채점 기준	배점 비율
㉮	치환할 수 있도록 두 일차식끼리 짝 지어 전개하기	30%
㉯	$x^2+5x=A$로 치환하여 전개하기	30%
㉰	$A=x^2+5x$를 대입하여 식을 전개하기	40%

14 $x=5+3\sqrt{3}$, $y=5-3\sqrt{3}$이므로
$x+y=(5+3\sqrt{3})+(5-3\sqrt{3})=10$
$xy=(5+3\sqrt{3})(5-3\sqrt{3})=25-27=-2$
따라서 $-3xy(x^3+y^3)=-3xy\{(x+y)^3-3xy(x+y)\}$
$=-3\times(-2)\times\{10^3-3\times(-2)\times10\}$
$=6(1000+60)=6360$

15 $x-y=2$, $x^2+y^2=10$이므로
$x^2+y^2=(x-y)^2+2xy=4+2xy=10$에서 $xy=3$

따라서 $x^3-y^3=(x-y)^3+3xy(x-y)$

$$=2^3+3\times3\times2=8+18=26$$

16 $x^2-3x+1=0$에서 $x\neq0$이므로 양변을 x로 나누면

$x-3+\dfrac{1}{x}=0$, $x+\dfrac{1}{x}=3$

따라서 $x^3+\dfrac{1}{x^3}=\left(x+\dfrac{1}{x}\right)^3-3\left(x+\dfrac{1}{x}\right)$

$$=3^3-3\times3=18$$

17 $x^2+\dfrac{1}{x^2}=\left(x+\dfrac{1}{x}\right)^2-2=4^2-2=14$

$x^3+\dfrac{1}{x^3}=\left(x+\dfrac{1}{x}\right)^3-3\left(x+\dfrac{1}{x}\right)=4^3-3\times4=52$

따라서 $a=14$, $b=52$이므로 $a+b=66$

18 $(a+b)^2+(b+c)^2+(c+a)^2$

$=a^2+2ab+b^2+b^2+2bc+c^2+c^2+2ca+a^2$

$=2(a^2+b^2+c^2+ab+bc+ca)$

이때 $(a+b+c)^2=a^2+b^2+c^2+2(ab+bc+ca)$이므로

$6^2=12+2(ab+bc+ca)$, $ab+bc+ca=12$

따라서 $(a+b)^2+(b+c)^2+(c+a)^2=2\times(12+12)=48$

19 주어진 식의 양변에 $(5-1)$을 곱하면

$(5-1)(5+1)(5^2+1)(5^4+1)(5^8+1)=(5-1)\times\dfrac{1}{4}(5^n-1)$

$(5^2-1)(5^2+1)(5^4+1)(5^8+1)=5^n-1$

$(5^4-1)(5^4+1)(5^8+1)=5^n-1$

$(5^8-1)(5^8+1)=5^n-1$

$5^{16}-1=5^n-1$

따라서 $n=16$

20 ㉮ 오른쪽 그림의 직각삼각형 ABC에서

$\overline{BC}=a$, $\overline{CA}=b$라고 하면

$a+b=14$

또, 피타고라스 정리에 의하여

$(2\sqrt{15})^2=a^2+b^2$, 즉 $a^2+b^2=60$

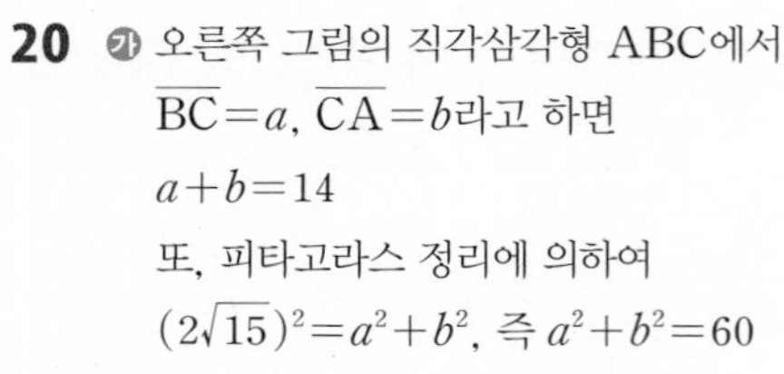

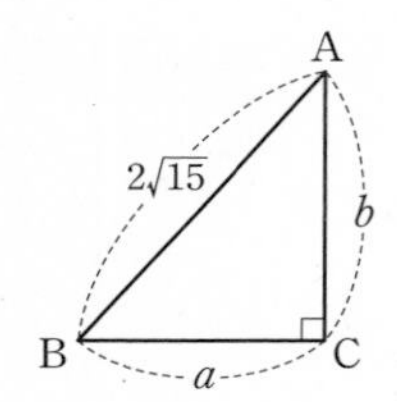

㉯ $a^2+b^2=(a+b)^2-2ab$에서

$60=14^2-2ab$, $2ab=136$, $ab=68$

㉰ 따라서 삼각형 ABC의 넓이는

$\dfrac{1}{2}ab=\dfrac{1}{2}\times68=34$

단계	채점 기준	배점 비율
㉮	$\overline{BC}=a$, $\overline{CA}=b$라 하고, 주어진 조건을 만족시키는 식 세우기	30%
㉯	곱셈 공식을 변형하여 ab의 값 구하기	50%
㉰	삼각형 ABC의 넓이 구하기	20%

21 오른쪽 그림의 직사각형 OEDC에서 $\overline{OC}=a$, $\overline{OE}=b$라고 하면 피타고라스 정리에 의하여

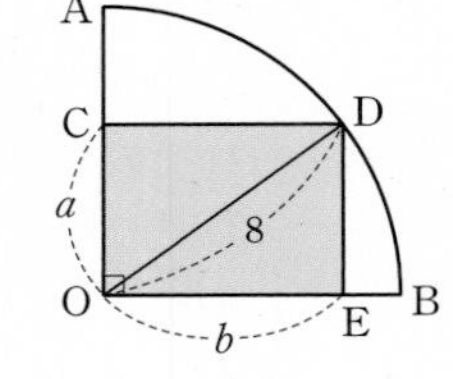

$a^2+b^2=64$

또, 직사각형의 넓이가 40이므로

$ab=40$

이때 $(a+b)^2=a^2+b^2+2ab=64+2\times40=144$이므로

$a+b=12$

따라서 구하는 직사각형의 둘레의 길이는

$2(a+b)=2\times12=24$

22 $f(x)=(x^2+x+1)(x^2-x+1)+4$

$\quad\;\;=(x^2+1)^2-x^2+4=x^4+x^2+5$

이므로 $f(1)=1+1+5=7$

23

$$\begin{array}{r|l} & 2x+1 \\ x^2-6x+3 & 2x^3-11x^2\qquad\;\;+5 \\ & \underline{2x^3-12x^2+6x\quad} \\ & \qquad\quad x^2-6x+5 \\ & \qquad\quad \underline{x^2-6x+3} \\ & \qquad\qquad\qquad 2 \end{array}$$

따라서 $Q(x)=2x+1$, $R(x)=2$이므로

$Q(x)-R(x)=2x+1-2=2x-1$

24 $2x^3-7x^2-4=A(2x-1)-7x-2$에서

$A(2x-1)=2x^3-7x^2+7x-2$

$$\begin{array}{r|l} & x^2-3x\;+2 \\ 2x-1 & 2x^3-7x^2+7x-2 \\ & \underline{2x^3-\;\,x^2\qquad\qquad} \\ & \quad\;-6x^2+7x-2 \\ & \quad\;\underline{-6x^2+3x\qquad} \\ & \qquad\qquad\;\;4x-2 \\ & \qquad\qquad\;\;\underline{4x-2} \\ & \qquad\qquad\qquad\;0 \end{array}$$

따라서 $A=x^2-3x+2$

25 직접 나눗셈을 하면 다음과 같다.

$$\begin{array}{r|l} & x\;+5 \\ x^2+3x+b & x^3+8x^2+\qquad 4x-a \\ & \underline{x^3+3x^2+\qquad bx\qquad} \\ & \qquad 5x^2+(4-b)x-a \\ & \qquad \underline{5x^2+\qquad 15x+5b} \\ & \qquad\quad (-11-b)x-a-5b \end{array}$$

이때 나머지가 $-6x+10$이므로

$-11-b=-6$, $-a-5b=10$

따라서 $a=15$, $b=-5$이므로 $a+b=10$

26

$$\begin{array}{r} x-2 \\ x^2+x+1\overline{)x^3-\ \ x^2+2x-6} \\ \underline{x^3+\ \ x^2+\ \ x\quad} \\ -2x^2+\ \ x-6 \\ \underline{-2x^2-2x-2} \\ 3x-4 \end{array}$$

위의 나눗셈으로부터

$x^3-x^2+2x-6=(x^2+x+1)(x-2)+3x-4$

$=3x-4$ ($x^2+x+1=0$에 의해)

다른 풀이 $x^2+x+1=0$의 양변에 $x-1$을 곱하면

$(x-1)(x^2+x+1)=0$, $x^3=1$

$x^3-x^2+2x-6=-x^2+2x-5$

$=-(x^2+x+1)+3x-4$

$=3x-4$ ($x^2+x+1=0$에 의해)

STEP 3 내신 100점 잡기 14~15쪽

27 ③	28 ③	29 ②	30 ④	31 ②
32 해설 참조	33 ④	34 ③	35 ⑤	

27 $(1+x)(1+x^2)(1+x^4)(1+x^8)$

$=\{(1+x)(1+x^2)\}\{(1+x^4)(1+x^8)\}$

$=(1+x+x^2+x^3)(1+x^4+x^8+x^{12})$

$=1+x+x^2+x^3+x^4+x^5+x^6+x^7+\cdots+x^{12}+x^{13}+x^{14}+x^{15}$

① 항의 개수는 16이다.

② $f(x)=1+x+x^2+\cdots+x^{15}$이라고 하면 모든 계수와 상수항의 합은 $f(1)=16$이다.

③ x^{16} 항은 없다.

④ x^8의 계수는 1이다.

⑤ x^3의 계수는 x^6의 계수는 1로 서로 같다.

28 $a\circledcirc b=(a-b)(a^2+ab+b^2)=a^3-b^3$이므로

$(1\circledcirc 2)+(2\circledcirc 3)+\cdots+(9\circledcirc 10)$

$=(1^3-2^3)+(2^3-3^3)+\cdots+(9^3-10^3)$

$=1-1000=-999$

29 $(x-1)(x-2)(x-3)(x-4)+k$

$=(x-1)(x-4)(x-2)(x-3)+k$

$=(x^2-5x+4)(x^2-5x+6)+k$

$=(X+4)(X+6)+k(\Leftarrow x^2-5x=X)$

$=X^2+10X+k+24$

$=(X+5)^2$

따라서 $k+24=25$이므로 $k=1$

30 $b-c=(a+b)-(a+c)=3+\sqrt{2}-(3-\sqrt{2})=2\sqrt{2}$이므로

$a^2+b^2+c^2+ab-bc+ca=\frac{1}{2}\{(a+b)^2+(b-c)^2+(a+c)^2\}$

$=\frac{1}{2}\{(3+\sqrt{2})^2+(2\sqrt{2})^2+(3-\sqrt{2})^2\}$

$=\frac{1}{2}\times 30=15$

31 $x^4+\frac{1}{x^4}=7$에서 $\left(x^2+\frac{1}{x^2}\right)^2-2=7$

이므로 $\left(x^2+\frac{1}{x^2}\right)^2=9$

이때 $x^2>0$이므로 $x^2+\frac{1}{x^2}=3$

또, $x^2+\frac{1}{x^2}=3$에서 $\left(x+\frac{1}{x}\right)^2-2=3$

이므로 $\left(x+\frac{1}{x}\right)^2=5$

이때 $x>0$이므로 $x+\frac{1}{x}=\sqrt{5}$

따라서 $x^3-2x+2-\frac{2}{x}+\frac{1}{x^3}=x^3+\frac{1}{x^3}-2\left(x+\frac{1}{x}\right)+2$

$=\left(x+\frac{1}{x}\right)^3-5\left(x+\frac{1}{x}\right)+2$

$=(\sqrt{5})^3-5\sqrt{5}+2=2$

32 ㉮ 오른쪽 그림과 같이 삼각형 ABC의 세 변의 길이를 각각 $\overline{BC}=a$, $\overline{CA}=b$, $\overline{AB}=c$라고 하자.

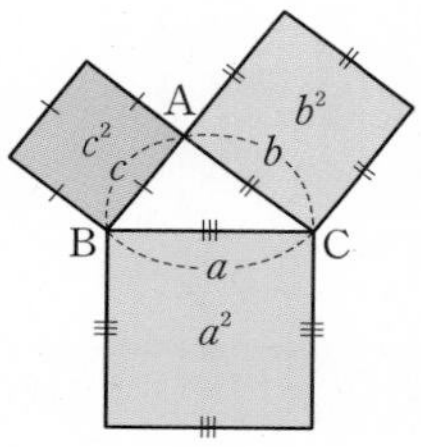

㉯ 둘레의 길이가 12이므로

$a+b+c=12$ ······㉠

㉰ 또한, 이웃하는 두 변의 길이의 곱들의 합이 30이므로

$ab+bc+ca=30$ ······㉡

㉱ 이때 각 변을 한 변으로 하는 세 정사각형의 넓이의 합은

$a^2+b^2+c^2=(a+b+c)^2-2(ab+bc+ca)$

$=12^2-2\times 30$ (㉠, ㉡에 의해)

$=84$

단계	채점 기준	배점 비율
㉮	세 변의 길이를 문자로 나타내기	20%
㉯	삼각형 ABC의 둘레의 길이를 식으로 나타내기	20%
㉰	삼각형 ABC의 두 변의 길이의 곱들의 합을 식으로 나타내기	20%
㉱	세 정사각형의 넓이의 합 구하기	40%

33 직육면체의 가로의 길이, 세로의 길이, 높이를 각각 x cm, y cm, z cm라고 하면 대각선의 길이가 8 cm이므로

$x^2+y^2+z^2=64$

직육면체의 겉넓이가 57 cm^{2}이므로 $2xy+2yz+2zx=57$

이때 모든 변의 길이의 합은 $4(x+y+z)$ cm이므로

$(x+y+z)^2=64+57=121$

이때 $x+y+z>0$이므로 $x+y+z=11$

따라서 모든 변의 길이의 합은

$4(x+y+z)=44$ cm

34 $P(x)+4x=3x^3+5x+9$이므로 $P(x)+4x$를 $Q(x)=x^2-x+1$로 나누면

$$\begin{array}{r} 3x+3 \\ x^2-x+1\overline{)\,3x^3 +5x+9} \\ \underline{3x^3-3x^2+3x } \\ 3x^2+2x+9 \\ \underline{3x^2-3x+3} \\ 5x+6 \end{array}$$

이때 몫이 $3x+3$이고 나머지가 $5x+6$이므로

$a=5$, $b=6$

따라서 $a+b=11$

35 $P(x)=A(x)Q(x)+R(x)$이므로

$P(x)-3A(x)+5R(x)$

$=A(x)Q(x)+R(x)-3A(x)+5R(x)$

$=A(x)\{Q(x)-3\}+6R(x)$

따라서 $P(x)-3A(x)+5R(x)$를 $A(x)$로 나누었을 때의 몫은 $Q(x)-3$이고 나머지는 $6R(x)$이다.

STEP 3 **내신 최고 문제** 15쪽

36 ② **37** ③

36 0이 아닌 세 수를 a, b, c라고 하면

$a+b+c=0$ ······ ㉠

$\frac{1}{a}+\frac{1}{b}+\frac{1}{c}=3$에서 $\frac{ab+bc+ca}{abc}=3$이므로

$ab+bc+ca=3abc$ ······ ㉡

또, $a^2+b^2+c^2=12$

따라서

$a^3+b^3+c^3$

$=(a+b+c)(a^2+b^2+c^2-ab-bc-ca)+3abc$

$=3abc$ (㉠에 의해)

$=ab+bc+ca$ (㉡에 의해)

$=\frac{1}{2}\{(a+b+c)^2-(a^2+b^2+c^2)\}$

$=\frac{1}{2}(0-12)$

$=-6$

37 직육면체의 밑면의 가로의 길이는 $n^2+3n=n(n+3)$이므로 한 모서리의 길이가 n인 정육면체가 $(n+3)$개 들어갈 수 있고,

세로의 길이는 $n+1=n\times1+1$이므로 한 모서리의 길이가 n인 정육면체가 1개 들어가고 길이가 1이 남는다. n이 3 이상의 자연수이므로 세로에는 1개만 들어갈 수 있다.

또, 높이는 $n^3+3n^2+2n+2=n(n^2+3n+2)+2$이므로 한 모서리의 길이가 n인 정육면체가 (n^2+3n+2)개가 들어가고 길이가 2가 남는다.

마찬가지로 n이 3 이상의 자연수이므로 높이에는 정육면체가 $n^2+3n+2=(n+1)(n+2)$(개) 들어간다.

따라서 한 모서리의 길이가 n인 정육면체로 조각낼 때, 최대 개수는 가로 $(n+3)$개, 세로 1개, 높이 $(n+1)(n+2)$개일 때이므로 $(n+1)(n+2)(n+3)$이다.

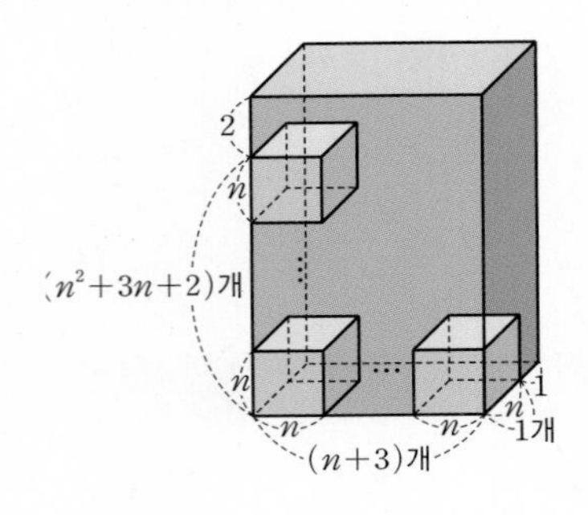

02 나머지정리와 인수분해

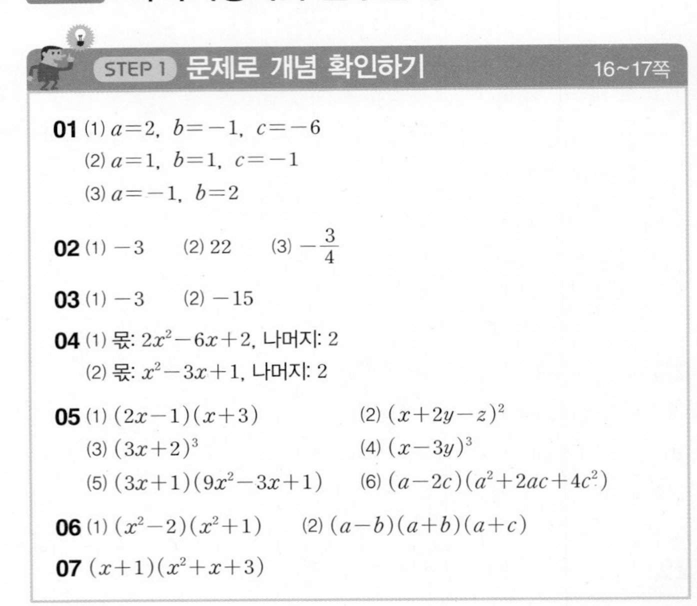

STEP 1 **문제로 개념 확인하기** 16~17쪽

01 (1) $a=2$, $b=-1$, $c=-6$
(2) $a=1$, $b=1$, $c=-1$
(3) $a=-1$, $b=2$

02 (1) -3 (2) 22 (3) $-\frac{3}{4}$

03 (1) -3 (2) -15

04 (1) 몫: $2x^2-6x+2$, 나머지: 2
(2) 몫: x^2-3x+1, 나머지: 2

05 (1) $(2x-1)(x+3)$ (2) $(x+2y-z)^2$
(3) $(3x+2)^3$ (4) $(x-3y)^3$
(5) $(3x+1)(9x^2-3x+1)$ (6) $(a-2c)(a^2+2ac+4c^2)$

06 (1) $(x^2-2)(x^2+1)$ (2) $(a-b)(a+b)(a+c)$

07 $(x+1)(x^2+x+3)$

01 (1) $(x-2)(ax+3)=ax^2+3x-2ax-6$

$=ax^2+(3-2a)x-6$

$=2x^2+bx+c$

위의 식이 x에 대한 항등식이므로

$a=2$, $b=-1$, $c=-6$

(2) $x^3-2x+1=(x-1)(ax^2+bx+c)$

$=ax^3+(b-a)x^2+(c-b)x-c$

위의 식이 x에 대한 항등식이므로

$a=1,\ b-a=0,\ c-b=-2,\ -c=1$

따라서 $a=1,\ b=1,\ c=-1$

(3) 주어진 등식의 양변에 $x=1$을 대입하면

$3b=6,\ b=2$

주어진 등식의 양변에 $x=-2$를 대입하면

$-3a=3,\ a=-1$

따라서 $a=-1,\ b=2$

02 (1) $f(-2)=(-2)^2+4\times(-2)+1=-3$

(2) $f(3)=3^2+4\times3+1=22$

(3) $2x+1=0$에서 $x=-\frac{1}{2}$이므로

$f\left(-\frac{1}{2}\right)=\left(-\frac{1}{2}\right)^2+4\times\left(-\frac{1}{2}\right)+1=-\frac{3}{4}$

03 (1) $f(x)$가 $x+1$로 나누어떨어지므로 $f(-1)=0$이다.

$f(-1)=2\times(-1)^3+a\times(-1)^2-(-1)+4$

$=a+3=0$

따라서 $a=-3$

(2) $f(x)$가 $2x-1$로 나누어떨어지므로 $f\left(\frac{1}{2}\right)=0$이다.

$f\left(\frac{1}{2}\right)=2\times\left(\frac{1}{2}\right)^3+a\times\left(\frac{1}{2}\right)^2-\frac{1}{2}+4=0$

따라서 $a=-15$

04 (1)

$\frac{1}{2}$	2	-7	5	1
		1	-3	1
	2	-6	2	2

몫: $2x^2-6x+2$, 나머지: 2

(2) $2x^3-7x^2+5x+1$을 $2x-1$로 나누었을 때의 몫을 $Q(x)$, 나머지를 R라고 하면

$2x^3-7x^2+5x+1=(2x-1)Q(x)+R$

$=\left(x-\frac{1}{2}\right)2Q(x)+R$

이므로

$\frac{1}{2}$	2	-7	5	1
		1	-3	1
	2	-6	2	2

$2Q(x)=2x^2-6x+2$에서 $Q(x)=x^2-3x+1$

따라서 몫: x^2-3x+1, 나머지: 2

05 (1) $2x^2+5x-3=(2x-1)(x+3)$

(2) $x^2+4y^2+z^2+4xy-4yz-2zx=(x+2y-z)^2$

(3) $27x^3+54x^2+36x+8=(3x+2)^3$

(4) $x^3-9x^2y+27xy^2-27y^3=(x-3y)^3$

(5) $27x^3+1=(3x)^3+1^3=(3x+1)(9x^2-3x+1)$

(6) $a^3-8c^3=a^3-(2c)^3=(a-2c)(a^2+2ac+4c^2)$

06 (1) $x^4-x^2-2=(x^4-1)-(x^2+1)$

$=(x^2-1)(x^2+1)-(x^2+1)$

$=(x^2-2)(x^2+1)$

(2) $a^3+a^2c-ab^2-b^2c=(a^2-b^2)c+a^3-ab^2$

$=(a^2-b^2)c+a(a^2-b^2)$

$=(a^2-b^2)(c+a)$

$=(a-b)(a+b)(a+c)$

07 $f(x)=x^3+2x^2+4x+3$이라고 하면

$f(-1)=-1+2-4+3=0$이므로 조립제법을 이용하여 인수분해하면

-1	1	2	4	3
		-1	-1	-3
	1	1	3	0

$x^3+2x^2+4x+3=(x+1)(x^2+x+3)$

STEP 2 내신등급 쑥쑥 올리기 18~25쪽

01 ⑤	02 ①	03 ③	04 ④	05 ⑤
06 ②	07 ②	08 ①	09 ⑤	10 ③
11 ⑤	12 ②	13 ②	14 ②	15 ①
16 ⑤	17 ④	18 ⑤	19 해설 참조	20 ②
21 ⑤	22 ①	23 ④	24 ②	25 ④
26 ④	27 ①	28 ④	29 ④	30 ①
31 ④	32 ②	33 ①	34 ③	35 ④
36 해설 참조	37 ①	38 ②	39 ⑤	40 ①
41 ③	42 ⑤	43 ④	44 ④	45 ②
46 ④	47 해설 참조	48 ⑤		

01 주어진 등식을 k에 대하여 정리하면

$(x+2y+5)k+(3x+2y-1)=0$

이 식이 k에 대한 항등식이므로

$x+2y+5=0,\ 3x+2y-1=0$

위의 두 식을 연립하여 풀면 $x=3,\ y=-4$

따라서 $2x+y=6-4=2$

02 $x^3+ax^2-x+2=(x^2-bx+1)(x+2)$에서

$x^3+ax^2-x+2=x^3+(2-b)x^2+(1-2b)x+2$

이 식이 x에 대한 항등식이므로

$a=2-b,\ -1=1-2b$

위의 두 식을 연립하여 풀면 $a=1,\ b=1$

따라서 $ab=1$

03 $2x+y=1$에서 $y=1-2x$

$y=1-2x$를 $(2a-b)x+by+2=0$에 대입하면

$(2a-b)x+b(1-2x)+2=0$

$(2a-3b)x+b+2=0$

이 식이 x에 대한 항등식이므로

$2a-3b=0$, $b+2=0$

위의 두 식을 연립하여 풀면 $a=-3$, $b=-2$

따라서 $a+b=-5$

04 주어진 등식의 양변에

$x=0$을 대입하면 $2=2c$, $c=1$

$x=1$을 대입하면 $9=-b$, $b=-9$

$x=2$를 대입하면 $22=2a$, $a=11$

따라서 $a+b+c=3$

05 주어진 등식의 양변에

$x=4$를 대입하면 $7n=14$, $n=2$

$x=\frac{1}{2}$을 대입하면 $-\frac{7}{2}m=-\frac{7}{2}$, $m=1$

따라서 $2m+n=2+2=4$

06 주어진 등식의 양변에

$x=1$을 대입하면 $0=1+a+2b$, $a+2b=-1$ ······ ㉠

$x^2=-2$를 대입하면 $0=16+4a+2b$, $2a+b=-8$ ······ ㉡

㉠, ㉡을 연립하여 풀면 $a=-5$, $b=2$

따라서 $a+b=-3$

07 $x^3+x^2-x+5=(x^2+2)(ax+b)+cx+3$

$=ax^3+bx^2+(2a+c)x+2b+3$

이 식이 x에 대한 항등식이므로

$a=1$, $b=1$, $2a+c=-1$, $2b+3=5$

즉, $a=1$, $b=1$, $c=-3$

따라서 $a+b+c=-1$

다른 풀이

$$\begin{array}{r} x+1 \\ x^2+2\overline{)\,x^3+x^2-\ x+5} \\ \underline{x^3\qquad+2x\quad} \\ x^2-3x+5 \\ \underline{x^2\qquad+2} \\ -3x+3 \end{array}$$

위에서 몫이 $x+1$, 나머지가 $-3x+3$이므로 $a=1$, $b=1$, $c=-3$

따라서 $a+b+c=-1$

08 x^3+ax+b를 x^2+x+1로 나누었을 때의 몫을 $x+c$(c는 상수)라고 하면

$x^3+ax+b=(x^2+x+1)(x+c)$

$=x^3+(c+1)x^2+(c+1)x+c$

이 식이 x에 대한 항등식이므로

$0=c+1$, $a=c+1$, $b=c$

즉, $a=0$, $b=-1$, $c=-1$

따라서 $a-b=1$

09 x^3+ax^2-b를 x^2-x-2로 나누었을 때의 몫을 $Q(x)$라고 하면

$x^3+ax^2-b=(x^2-x-2)Q(x)+5x+1$

$=(x-2)(x+1)Q(x)+5x+1$

이 식이 x에 대한 항등식이므로

$x=2$를 대입하면 $8+4a-b=11$, $4a-b=3$ ······ ㉠

$x=-1$을 대입하면 $-1+a-b=-4$, $a-b=-3$ ······ ㉡

㉠, ㉡을 연립하여 풀면 $a=2$, $b=5$

따라서 $ab=10$

10 $f(x)=x^3+2x^2-2x+3$이라고 하면

다항식 $f(x)$를 $x+1$로 나눈 나머지는 $f(-1)$이므로

$f(-1)=-1+2+2+3=6$

11 $f(x)=x^3+ax^2+8x+3$이라고 하면

$f(-2)=-8+4a-16+3=4a-21$

$f(1)=1+a+8+3=a+12$

나머지가 서로 같으므로 $f(-2)=f(1)$에서

$4a-21=a+12$, $3a=33$

따라서 $a=11$

12 나머지정리에 의하여

$a=f(-1)=1+2018=2019$

$b=g(-1)=-1+2019=2018$

따라서 $a-b=2019-2018=1$

13 $f(x)=x^3+ax^2+b$라고 하면

$f(1)=2$, $f(-2)=-1$이므로

$f(1)=1+a+b=2$에서 $a+b=1$ ······ ㉠

$f(-2)=-8+4a+b=-1$에서 $4a+b=7$ ······ ㉡

㉠, ㉡을 연립하여 풀면 $a=2$, $b=-1$

따라서 $ab=-2$

14 다항식 $f(x)$를 $x-1$로 나누었을 때 몫이 $Q(x)$, 나머지가 5이므로

$f(x)=(x-1)Q(x)+5$ ······ ㉠

$f(x)$를 $x-2$로 나누었을 때의 나머지가 -3이므로

$f(2)=-3$ ······ ㉡

$Q(x)$를 $x-2$로 나누었을 때의 나머지는 $Q(2)$이므로

㉠에 $x=2$를 대입하면

$f(2)=Q(2)+5=-3$ (㉡에 의해)

즉, $Q(2)=-8$

따라서 $Q(x)$를 $x-2$로 나누었을 때의 나머지는 -8이다.

15 $f(x)=\left(x-\frac{2}{5}\right)Q(x)+R$

$=\frac{1}{5}(5x-2)Q(x)+R$

$=(5x-2)\times\frac{1}{5}Q(x)+R$

따라서 구하는 몫은 $\frac{1}{5}Q(x)$, 나머지는 R이다.

16 다항식 $f(x)$를 $2x-4$로 나누었을 때의 몫이 $Q(x)$, 나머지가 R이므로

$f(x)=(2x-4)Q(x)+R$ …… ㉠

㉠에 $x=2$를 대입하면 $R=f(2)$ …… ㉡

㉠의 양변에 x^2을 곱하면

$x^2f(x)=x^2(2x-4)Q(x)+Rx^2$

나머지정리에 의하여 $x^2f(x)$를 $x-2$로 나누었을 때의 나머지는

$2^2f(2)=4f(2)=4R$(㉡에 의해)

17 다항식 $f(x)$를 x^2-2x-3으로 나누었을 때의 몫을 $Q(x)$, 나머지를 $ax+b$(a, b는 상수)라고 하면

$f(x)=(x^2-2x-3)Q(x)+ax+b$

$=(x+1)(x-3)Q(x)+ax+b$ …… ㉠

$f(x)$를 $x+1$, $x-3$으로 나누었을 때의 나머지가 각각 1, 5이므로

$f(-1)=1$, $f(3)=5$

㉠에 $x=-1$, $x=3$을 각각 대입하면

$-a+b=1$, $3a+b=5$

위의 두 식을 연립하여 풀면 $a=1$, $b=2$

따라서 구하는 나머지는 $x+2$이다.

18 두 다항식 $f(x)$, $g(x)$를 x^2-3x+2로 나누었을 때의 몫을 각각 $P(x)$, $Q(x)$라고 하면

$f(x)=(x^2-3x+2)P(x)+2x+1$

$=(x-1)(x-2)P(x)+2x+1$

이므로 $f(1)=3$, $f(2)=5$

$g(x)=(x^2-3x+2)Q(x)-3x+2$

$=(x-1)(x-2)Q(x)-3x+2$

이므로 $g(1)=-1$, $g(2)=-4$

따라서 $(x^2+3x+5)\{f(x)+g(x-1)\}$을 $x-2$로 나누었을 때 나머지는

$(2^2+3\times2+5)\{f(2)+g(1)\}=15\times(5-1)=60$

19 ㉮ 다항식 $f(x)$를 $3x^2+5x-2$로 나누었을 때의 몫을 $Q(x)$라고 하면

$f(x)=(3x^2+5x-2)Q(x)+2x-3$

$=(3x-1)(x+2)Q(x)+2x-3$

㉯ 위의 식의 x에 $6x-5$를 대입하면

$f(6x-5)=(18x-16)(6x-3)Q(6x-5)+12x-13$ …… ㉠

㉰ ㉠에 $x=\frac{1}{2}$을 대입하면

$f(-2)=-7$

따라서 $f(6x-5)$를 $2x-1$로 나누었을 때의 나머지는 -7이다.

단계	채점 기준	배점 비율
㉮	$f(x)$를 몫과 나머지를 이용하여 나타내기	30%
㉯	$f(6x-5)$ 구하기	30%
㉰	$f(6x-5)$를 $2x-1$로 나누었을 때의 나머지 구하기	40%

다른 풀이

㉮ 다항식 $f(x)$를 $3x^2+5x-2$로 나누었을 때의 몫을 $Q(x)$라고 하면

$f(x)=(3x^2+5x-2)Q(x)+2x-3$

$=(3x-1)(x+2)Q(x)+2x-3$ …… ㉠

㉯ $f(6x-5)$를 $2x-1$로 나누었을 때의 나머지는 나머지정리에 의하여

$f\left(6\times\frac{1}{2}-5\right)=f(-2)$이므로

㉰ ㉠의 양변에 $x=-2$를 대입하면

$f(-2)=-7$

단계	채점 기준	배점 비율
㉮	$f(x)$를 몫과 나머지를 이용하여 나타내기	30%
㉯	$f(6x-5)$를 $2x-1$로 나누었을 때의 나머지가 $f(-2)$임을 알기	30%
㉰	$f(6x-5)$를 $2x-1$로 나누었을 때의 나머지 구하기	40%

20 $f(x)=x^3-2x^2-ax+6$이라고 하면 $f(x)$가 $x+1$로 나누어떨어지므로

$f(-1)=-1-2+a+6=0$

따라서 $a=-3$

21 $f(x)=x^4-3x^3+2x^2+ax+b$라고 하면

$f(-1)=1+3+2-a+b=0$에서 $a-b=6$ …… ㉠

$f(2)=16-24+8+2a+b=0$에서 $2a+b=0$ …… ㉡

㉠, ㉡을 연립하여 풀면 $a=2$, $b=-4$

따라서 $a^2+b^2=4+16=20$

22 $f(x)=x^3+x^2+ax+b$가 두 일차식 $x+1$과 $x-2$로 각각 나누어떨어지므로 $f(-1)=0$, $f(2)=0$

$f(-1)=-1+1-a+b=0$에서 $a-b=0$ …… ㉠

$f(2)=8+4+2a+b=0$에서 $2a+b=-12$ …… ㉡

㉠, ㉡을 연립하여 풀면 $a=-4$, $b=-4$

따라서 $a+b=-8$

23 $f(x)=x^4-ax^2-2x+b$라고 하면 $f(1)=0$, $f(2)=4$이므로

$f(1)=1-a-2+b=0$에서 $a-b=-1$ …… ㉠

$f(2)=16-4a-4+b=4$에서 $4a-b=8$ …… ㉡

㉠, ㉡을 연립하여 풀면 $a=3$, $b=4$

따라서 $a+b=7$

24 다항식 $f(x)-1$이 $x-2$로 나누어떨어지므로

$f(2)-1=0$, $f(2)=1$

또, 다항식 $f(x)+2$가 $x+1$로 나누어떨어지므로

$f(-1)+2=0$, $f(-1)=-2$

따라서 다항식 $f(x)$를 $(x+1)(x-2)$로 나누었을 때의 몫을 $Q(x)$, 나머지를 $R(x)=ax+b$(a, b는 상수)라고 하면

$f(x)=(x+1)(x-2)Q(x)+ax+b$

$f(2)=1$에서 $2a+b=1$ ······ ㉠

$f(-1)=-2$에서 $-a+b=-2$ ······ ㉡

㉠, ㉡을 연립하여 풀면 $a=1$, $b=-1$

따라서 $R(x)=x-1$이므로

$R(3)=3-1=2$

25 다항식 $f(x+1)$이 $x+2$를 인수로 가지므로 $f(x+1)$은 $x+2$로 나누어떨어진다.

$f(x+1)$을 $x+2$로 나누었을 때의 몫을 $P(x)$라고 하면

$f(x+1)=(x+2)P(x)$

위의 식에 $x=-2$를 대입하면 $f(-1)=0$

$f(-1)=-1-2-3+k=0$

따라서 $k=6$

26 다항식 $f(x+1)$이 $x-2$로 나누어떨어지므로 $f(3)=0$

또, 다항식 $f(x-1)$이 $x+2$로 나누어떨어지므로 $f(-3)=0$

$f(x)=x^3+ax+b$에 $x=3$, $x=-3$을 각각 대입하면

$27+3a+b=0$, $-27-3a+b=0$

위의 두 식을 연립하여 풀면 $a=-9$, $b=0$

즉, $f(x)=x^3-9x$이므로

$f(-1)=-1+9=8$

따라서 다항식 $f(x)$를 $x+1$로 나누었을 때의 나머지는 8이다.

27 다항식 $f(x)$를 $(x+1)^2(x-1)$로 나누었을 때의 몫을 $Q(x)$, 나머지를 ax^2+bx+c(a, b, c는 상수)라고 하면

$f(x)=(x+1)^2(x-1)Q(x)+ax^2+bx+c$

다항식 $f(x)$가 $(x+1)^2$으로 나누어떨어지므로

$ax^2+bx+c=a(x+1)^2$

즉, $f(x)=(x+1)^2(x-1)Q(x)+a(x+1)^2$

한편 $f(1)=-4$이므로 위의 식에 $x=1$을 대입하면

$-4=4a$, $a=-1$

따라서 구하는 나머지는

$-(x+1)^2=-x^2-2x-1$

28

$$\begin{array}{r|rrrr} 2 & 3 & -2 & 2 & 1 \\ & & 6 & 8 & 20 \\ \hline & 3 & 4 & 10 & \boxed{21} \end{array}$$

에서 $a=2$, $b=3$, $c=10$, $d=21$

따라서 $a+b+c+d=36$

29 $3x^3-2x^2+2x-1$

$=\left(x-\frac{1}{3}\right)\left(3x^2-x+\frac{5}{3}\right)-\frac{4}{9}$

$=(3x-1)\left(x^2-\frac{1}{3}x+\frac{5}{9}\right)-\frac{4}{9}$

$$\begin{array}{r|rrrr} \frac{1}{3} & 3 & -2 & 2 & -1 \\ & & 1 & -\frac{1}{3} & \frac{5}{9} \\ \hline & 3 & -1 & \frac{5}{3} & \boxed{-\frac{4}{9}} \end{array}$$

따라서 $Q(x)=x^2-\frac{1}{3}x+\frac{5}{9}$, $R=-\frac{4}{9}$이므로

$Q\left(\frac{1}{3}\right)+R=\frac{1}{9}-\frac{1}{9}+\frac{5}{9}-\frac{4}{9}=\frac{1}{9}$

30 조립제법을 반복하여 a, b, c, d의 값을 구하면

$$\begin{array}{r|rrrl} 1 & 1 & -5 & 9 & -1 \\ & & 1 & -4 & 5 \\ \hline 1 & 1 & -4 & 5 & \boxed{4=d} \\ & & 1 & -3 & \\ \hline 1 & 1 & -3 & \boxed{2=c} & \\ & & 1 & & \\ \hline & 1 & \boxed{-2=b} & & \\ & \| & & & \\ & a & & & \end{array}$$

따라서 $a+b+c+d=5$

다른풀이 주어진 등식의 양변에 $x=2$를 대입하면

$8-20+18-1=a(2-1)^3+b(2-1)^2+c(2-1)+d$

따라서 $a+b+c+d=5$

31 ④ $x^3-27y^3=x^3-(3y)^3$

$=(x-3y)(x^2+3xy+9y^2)$

32 $x^6-2^6=(x^3)^2-(2^3)^2$

$=(x^3+2^3)(x^3-2^3)$

$=(x+2)(x^2-2x+4)(x-2)(x^2+2x+4)$

따라서 x^6-2^6의 인수가 아닌 것은 ② x^2-2x-4이다.

33 $(a+b+c)^2=a^2+b^2+c^2+2(ab+bc+ca)$에서

$3^2=5+2(ab+bc+ca)$, $ab+bc+ca=2$

또, $a^3+b^3+c^3-3abc$

$=(a+b+c)(a^2+b^2+c^2-ab-bc-ca)$

에서 $3-3abc=3\times(5-2)$, $3abc=-6$

따라서 $abc=-2$

34 주어진 다항식에서 $x^2+2x=X$라고 하면

$(x^2+2x-1)(x^2+2x-2)-2$

$=(X-1)(X-2)-2$

$=X^2-3X$

$=X(X-3)$

$=(x^2+2x)(x^2+2x-3)$

$=x(x+2)(x+3)(x-1)$

따라서 주어진 다항식의 인수가 아닌 것은 ③ $x+1$이다.

35 주어진 다항식에서 $x^2+x=X$라고 하면

$(x^2+x)^2-8(x^2+x)+12=X^2-8X+12=(X-6)(X-2)$

$=(x^2+x-6)(x^2+x-2)$

$=(x+3)(x-2)(x+2)(x-1)$

$=(x-1)(x+2)(x-2)(x+3)$

따라서 $a=-2$, $b=3$ 또는 $a=3$, $b=-2$이므로

$a+b=1$

36 ㉮ $x(x+1)(x+2)(x+3)-15$

$=x(x+3)(x+1)(x+2)-15$

$=(x^2+3x)(x^2+3x+2)-15$

㉯ $x^2+3x=X$라고 하면

$x(x+1)(x+2)(x+3)-15$

$=X(X+2)-15=X^2+2X-15$

$=(X+5)(X-3)$

㉰ $=(x^2+3x+5)(x^2+3x-3)$

단계	채점 기준	배점 비율
㉮	$x(x+3)$, $(x+1)(x+2)$를 각각 전개하기	30%
㉯	공통 부분을 치환하여 인수분해하기	50%
㉰	환원하여 옳게 인수분해하기	20%

37 $x^2=X$라고 하면

$x^4-5x^2+4=X^2-5X+4=(X-1)(X-4)$

$=(x^2-1)(x^2-4)$

$=(x-1)(x+1)(x+2)(x-2)$

따라서 x^4-5x^2+4의 인수가 아닌 것은 ① $x-3$이다.

38 $x^4-11x^2+25=x^4-10x^2+25-x^2$

$=(x^2-5)^2-x^2$

$=(x^2+x-5)(x^2-x-5)$

따라서 $ab+cd=-5+5=0$

39 $4x^4-8x^2y^2+y^4$

$=4x^4-4x^2y^2+y^4-4x^2y^2$

$=(2x^2-y^2)^2-4x^2y^2$

$=(2x^2-y^2+2xy)(2x^2-y^2-2xy)$

$=(2x^2+2xy-y^2)(2x^2-2xy-y^2)$

따라서 $a=2$, $b=-1$, $c=2$, $d=-1$이므로

$a+b+c+d=2$

40 $2x^2-xy-y^2-4x+y+2$

$=2x^2-(y+4)x-(y^2-y-2)$

$=2x^2-(y+4)x-(y+1)(y-2)$

$=(x-y-1)(2x+y-2)$

따라서 $a=1$, $b=-1$, $c=2$, $d=1$이므로

$a+b+c+d=3$

41 $x^4-2x^2y-3x^2-3y^2+5y+2$

$=x^4-(2y+3)x^2-(3y^2-5y-2)$

$=x^4-(2y+3)x^2-(3y+1)(y-2)$

$=(x^2-3y-1)(x^2+y-2)$

따라서 주어진 다항식의 인수인 것은 ③ x^2+y-2이다.

42 $ab(a-b)+bc(b-c)+ca(c-a)$

$=ab(a-b)+c^2(a-b)-c(a^2-b^2)$

$=ab(a-b)+c^2(a-b)-c(a-b)(a+b)$

$=(a-b)\{ab+c^2-c(a+b)\}$

$=(a-b)(ab+c^2-ca-bc)$

$=(a-b)\{b(a-c)-c(a-c)\}$

$=(a-b)(b-c)(a-c)$

43 $f(x)=x^3-5x^2+8x-4$라고 하면

$f(1)=1-5+8-4=0$이므로 $f(x)$는 $x-1$을 인수로 갖는다.

조립제법을 이용하여 인수분해하면

1	1	−5	8	−4
		1	−4	4
	1	−4	4	0

$f(x)=(x-1)(x^2-4x+4)=(x-1)(x-2)^2$

44 $f(x)=x^4-4x^3-x^2+16x+a$라고 하면 $f(x)$가 $x-1$로 나누어떨어지므로

$f(1)=1-4-1+16+a=12+a=0$에서 $a=-12$

즉, $f(x)=x^4-4x^3-x^2+16x-12$

조립제법을 이용하여 인수분해하면

1	1	−4	−1	16	−12
		1	−3	−4	12
2	1	−3	−4	12	0
		2	−2	−12	
	1	−1	−6	0	

$f(x)=(x-1)(x-2)(x^2-x-6)$

$=(x-1)(x-2)(x-3)(x+2)$

따라서 주어진 다항식의 인수가 아닌 것은 ④ $x+1$이다.

45 $f(x)=x^3+x^2-8x+k$라고 하면 $x+2$가 $f(x)$의 인수이므로

$f(-2)=-8+4+16+k=0$에서 $k=-12$

즉, $f(x)=x^3+x^2-8x-12$

조립제법을 이용하여 인수분해하면

−2	1	1	−8	−12
		−2	2	12
	1	−1	−6	0

$f(x)=(x+2)(x^2-x-6)$

$=(x+2)(x+2)(x-3)$

$=(x-3)(x+2)^2$

따라서 $f(x)$의 인수인 것은 ② $(x-3)(x+2)$이다.

46 $2018=a$, $18=b$라고 하면

$$\frac{2018^3+18^3}{2018\times2000+18^2}=\frac{a^3+b^3}{a(a-b)+b^2}$$
$$=\frac{(a+b)(a^2-ab+b^2)}{a^2-ab+b^2}$$
$$=a+b=2018+18$$
$$=2036$$

47 ㉮ (직육면체의 부피)

=(가로의 길이)×(세로의 길이)×(높이)

이므로

$a^3-3a^2-10a+24=(a+3)(a-2)\times$(높이)

㉯ $f(a)=a^3-3a^2-10a+24$라고 하면

$a+3$, $a-2$는 $f(a)$의 인수이다.

조립제법을 이용하여 인수분해하면

-3	1	-3	-10	24
		-3	18	-24
2	1	-6	8	0
		2	-8	
	1	-4	0	

$f(a)=(a+3)(a-2)(a-4)$

㉰ 따라서 직육면체의 높이는 $a-4$이다.

단계	채점 기준	배점 비율
㉮	직육면체의 부피를 가로의 길이, 세로의 길이, 높이의 곱의 꼴로 나타내기	30%
㉯	조립제법을 이용하여 인수분해하기	50%
㉰	직육면체의 높이 구하기	20%

48 $a^3+a^2b-ac^2+ab^2+b^3-bc^2$

$=a^2(a+b)-c^2(a+b)+b^2(a+b)$

$=(a+b)(a^2+b^2-c^2)=0$

이때 $a+b\neq0$이므로 $a^2+b^2-c^2=0$

즉, $a^2+b^2=c^2$

따라서 삼각형 ABC는 c를 빗변의 길이로 하는 직각삼각형이다.

STEP 3 내신 100점 잡기 26~27쪽

49 ④	50 ④	51 ③	52 ⑤	53 해설 참조
54 ⑤	55 ⑤	56 ③	57 ⑤	

49 주어진 등식의 양변에

$x=1$을 대입하면 $4^2=a_0+a_1+a_2+\cdots+a_6$ ...... ㉠

$x=-1$을 대입하면 $0=a_0-a_1+a_2-\cdots+a_6$ ...... ㉡

㉠−㉡을 하면 $16=2(a_1+a_3+a_5)$

따라서 $a_1+a_3+a_5=8$

50 주어진 등식의 양변에

$x=1$을 대입하면

$f(-1)=f(1)+4$, $f(1)=f(-1)-4$ ...... ㉠

$x=-1$을 대입하면 $f(3)=-f(-1)-2$ ...... ㉡

$x=3$을 대입하면 $f(3)=3f(3)+10$, $f(3)=-5$

$f(3)=-5$를 ㉡에 대입하면

$-5=-f(-1)-2$, $f(-1)=3$

$f(-1)=3$을 ㉠에 대입하면

$f(1)=3-4=-1$

51 $x=7$이라고 하면 $7^{30}+7^{20}+7$을 6으로 나누었을 때의 나머지는 $x^{30}+x^{20}+x$를 $x-1$로 나누었을 때의 나머지와 같다.

$x^{30}+x^{20}+x$를 $x-1$로 나누었을 때의 몫을 $Q(x)$, 나머지 R라고 하면

$x^{30}+x^{20}+x=(x-1)Q(x)+R$

위의 등식의 양변에 $x=1$을 대입하면 $R=3$

따라서 $7^{30}+7^{20}+7$을 6으로 나누었을 때의 나머지는 3이다.

52 나머지정리에 의하여

$f(m)=m^2+am+b=m$ ...... ㉠

$f(n)=n^2+an+b=n$ ...... ㉡

㉠−㉡을 하면

$(m^2-n^2)+a(m-n)=m-n$

$(m-n)(m+n+a)=m-n$

$m\neq n$이므로 $m+n+a=1$

따라서 $a=1-m-n$

53 ㉮ 다항식 $f(x)$를 x^2+2x-3으로 나누었을 때의 몫을 $Q_1(x)$라고 하면

$f(x)=(x^2+2x-3)Q_1(x)+3$

$=(x+3)(x-1)Q_1(x)+3$

즉, $f(-3)=3$, $f(1)=3$

㉯ 다항식 $f(x)$를 x^2-4x+3으로 나누었을 때의 몫을 $Q_2(x)$라고 하면

$f(x)=(x^2-4x+3)Q_2(x)+3x$

$=(x-3)(x-1)Q_2(x)+3x$

즉, $f(3)=9$

㉰ 다항식 $f(x)$를 x^2-9으로 나누었을 때의 몫을 $Q(x)$, 나머지를 $ax+b$(a, b는 상수)라고 하면

$f(x)=(x^2-9)Q(x)+ax+b$ ...... ㉠

㉠에 $x=-3$, $x=3$을 각각 대입하면

$f(-3)=-3a+b$에서 $3a-b=-3$ ...... ㉡

$f(3)=3a+b$에서 $3a+b=9$ ...... ㉢

㉱ ㉡, ㉢을 연립하여 풀면 $a=1$, $b=6$

따라서 구하는 나머지는 $x+6$이다.

단계	채점 기준	배점 비율
㉮	항등식의 성질을 이용하여 $f(-3)$, $f(1)$의 값 구하기	25%
㉯	항등식의 성질을 이용하여 $f(3)$의 값 구하기	25%
㉰	항등식의 성질을 이용하여 a, b 사이의 관계식 구하기	35%
㉱	나머지 구하기	15%

54 (A, B, C의 부피의 합)$=x^3+y^3+1$,
(D의 부피의 3배)$=3xy$이므로
$x^3+y^3+1=3xy$
$x^3+y^3+1-3xy=0$
$\frac{1}{2}(x+y+1)\{(x-y)^2+(y-1)^2+(1-x)^2\}=0$
$x+y+1\neq0$이므로
$(x-y)^2+(y-1)^2+(1-x)^2=0$
따라서 $x=y=1$이므로 항상 성립하는 것은
⑤ $(x-1)^2+(y-1)^2=0$이다.

55 $x^{2020}+x^{2019}-x-1$
$=x^{2019}(x+1)-(x+1)$
$=(x+1)(x^{2019}-1)$
$=(x+1)(x-1)(x^{2018}+x^{2017}+\cdots+x+1)$
따라서 주어진 다항식의 인수인 것은 ⑤ $x^{2018}+x^{2017}+\cdots+x+1$이다.

56 $10=a$라고 하면
$10\times11\times12\times13+1=a(a+1)(a+2)(a+3)+1$
$=a(a+3)(a+1)(a+2)+1$
$=(a^2+3a)(a^2+3a+2)+1$
$a^2+3a=A$라고 하면
$A(A+2)+1=A^2+2A+1=(A+1)^2$
$=(a^2+3a+1)^2$
$=(100+30+1)^2$
$=131^2$
따라서 $x=131$

57 주어진 식을 전개한 후 x에 대한 내림차순으로 정리하면
$(x-y)^3+(y-z)^3+(z-x)^3$
$=(x^3-3x^2y+3xy^2-y^3)+(y^3-3y^2z+3yz^2-z^3)$
$+(z^3-3z^2x+3zx^2-x^3)$
$=-3x^2y+3zx^2+3xy^2-3z^2x-3y^2z+3yz^2$
$=-3(y-z)x^2+3(y^2-z^2)x-3yz(y-z)$
$=-3(y-z)x^2+3(y+z)(y-z)x-3yz(y-z)$
$=-3(y-z)\{x^2-(y+z)x+yz\}$
$=3(x-y)(y-z)(z-x)$
다른 풀이 $x-y=A$, $y-z=B$, $z-x=C$라고 하면
$A+B+C=(x-y)+(y-z)+(z-x)=0$
따라서 $(x-y)^3+(y-z)^3+(z-x)^3$
$=(A^3+B^3+C^3-3ABC)+3ABC$
$=(A+B+C)(A^2+B^2+C^2-AB-BC-CA)+3ABC$
$=3ABC$($A+B+C=0$에 의해)
$=3(x-y)(y-z)(z-x)$

STEP 3 내신 최고 문제 27쪽

58 ② **59** ②

58 $f(x)+g(x)$는 $x-2$로 나누어떨어지므로
$f(2)+g(2)=0$ …… ㉠
또, $f(x)-g(x)$를 $x-2$로 나누었을 때의 나머지가 4이므로
$f(2)-g(2)=4$ …… ㉡
㉠, ㉡을 연립하여 풀면 $f(2)=2$, $g(2)=-2$
ㄱ. $h(x)=f(x)+\frac{1}{2}x^2$이라고 하면
$h(2)=f(2)+2=4$
ㄴ. $h(x)=g(x)+x$라고 하면
$h(2)=g(2)+2=0$
ㄷ. $h(x)=4x^2+f(x)g(x)$라고 하면
$h(2)=16+f(2)g(2)=12$
따라서 보기에서 $x-2$로 나누어떨어지는 것은 ㄴ이다.

59 주어진 그림은 조립제법을 이용하여 다항식 $f(x)$를 $x-3$으로 나누었을 때의 나머지를 반복하여 구하는 과정이다.
조립제법을 반복하여 a, b, c, d의 값을 구하면

3	1	-10	27	-8
		3	-21	18
3	1	-7	6	$10=a$
		3	-12	
3	1	-4	$-6=b$	
		3		
	1	$-1=c$		
	‖			
	d			

따라서 $a+b+c+d=4$

Ⅱ 방정식과 부등식

01 복소수와 이차방정식

STEP 1 문제로 개념 확인하기 30~31쪽

01 (1) $a=4$, $b=1$ (2) $a=-\frac{1}{2}$, $b=\frac{1}{2}$

02 (1) $7-\sqrt{2}i$ (2) $-1+2i$ (3) 10

03 (1) $\frac{3}{13}+\frac{2}{13}i$ (2) $-i$

04 (1) $\pm 4i$ (2) $\pm 2\sqrt{5}i$

05 -1

06 (1) $x=1$ 또는 $x=-\frac{1}{2}$ (2) $x=\frac{1\pm\sqrt{7}i}{2}$

07 (1) 서로 다른 두 실근 (2) 서로 다른 두 허근 (3) 중근

08 (1) 5 (2) 2

09 (1) $x^2-x-12=0$ (2) $x^2-2x-1=0$

01 (1) $a-1+(3-b)i=3+2i$에서 복소수가 서로 같을 조건에 의하여 $a-1=3$, $3-b=2$

따라서 $a=4$, $b=1$

(2) $(a-b+1)+(a+b)i=0$에서 $a-b+1=0$, $a+b=0$

$a=-b$에서 $-b-b+1=0$

따라서 $a=-\frac{1}{2}$, $b=\frac{1}{2}$

02 (1) $(3+2\sqrt{2}i)+(4-3\sqrt{2}i)=(3+4)+(2\sqrt{2}-3\sqrt{2})i$
$=7-\sqrt{2}i$

(2) $(5-3i)-(6-5i)=(5-6)+(-3+5)i$
$=-1+2i$

(3) $(1+3i)(1-3i)=1-3i+3i-9i^2$
$=1+9=10$

03 (1) $\frac{1}{3-2i}=\frac{3+2i}{(3-2i)(3+2i)}=\frac{3+2i}{9-4i^2}=\frac{3}{13}+\frac{2}{13}i$

(2) $\frac{2-i}{1+2i}=\frac{(2-i)(1-2i)}{(1+2i)(1-2i)}=\frac{2-4i-i+2i^2}{1-4i^2}$
$=\frac{-5i}{5}=-i$

04 (1) $\pm\sqrt{-16}=\pm\sqrt{16}i=\pm 4i$

(2) $\pm\sqrt{-20}=\pm\sqrt{20}i=\pm 2\sqrt{5}i$

05 $2018=4\times 504+2$이므로

$i^{2018}=(i^4)^{504}\times i^2=i^2=-1$

06 (1) $2x^2-x-1=0$에서

$x=\frac{-(-1)\pm\sqrt{(-1)^2-4\times 2\times(-1)}}{2\times 2}$

$=\frac{1\pm\sqrt{1+8}}{4}=\frac{1\pm 3}{4}$

따라서 $x=1$ 또는 $x=-\frac{1}{2}$

(2) $x^2-x+2=0$에서

$x=\frac{1\pm\sqrt{1-8}}{2}=\frac{1\pm\sqrt{-7}}{2}=\frac{1\pm\sqrt{7}i}{2}$

07 이차방정식의 판별식을 D라고 하면

(1) $D=25-24=1>0$이므로 서로 다른 두 실근을 갖는다.

(2) $D=9-16=-7<0$이므로 서로 다른 두 허근을 갖는다.

(3) $D=144-144=0$이므로 중근을 갖는다.

08 근과 계수의 관계에 의하여 $\alpha+\beta=2$, $\alpha\beta=3$이므로

(1) $\alpha\beta+\alpha+\beta=2+3=5$

(2) $(\alpha-1)(\beta-1)=\alpha\beta-(\alpha+\beta)+1$
$=3-2+1=2$

09 (1) $x^2-(-3+4)x+(-3)\times 4=0$에서

$x^2-x-12=0$

(2) $x^2-\{(1+\sqrt{2})+(1-\sqrt{2})\}x+(1+\sqrt{2})(1-\sqrt{2})=0$에서

$x^2-2x-1=0$

STEP 2 내신등급 쑥쑥 올리기 32~41쪽

01 ②	02 ③	03 ②	04 ①	05 해설 참조
06 ⑤	07 ③	08 ④	09 ④	10 ②
11 ①	12 ①	13 ⑤	14 해설 참조	15 ③
16 ⑤	17 ②	18 ④	19 ②	20 ④
21 ①	22 ③	23 ③	24 ②	25 ②
26 ③	27 ②	28 ⑤	29 ⑤	30 ②
31 ②	32 ①	33 ⑤	34 ⑤	35 해설 참조
36 ②	37 ⑤	38 ③	39 ⑤	40 ④
41 ⑤	42 해설 참조	43 ③	44 ②	45 ①
46 ③	47 ①	48 ①	49 해설 참조	50 ①
51 ②	52 ③	53 ③	54 해설 참조	55 ③
56 ①	57 ③	58 ②	59 ⑤	60 ③
61 ④				

01 ② -2는 실수이면서 복소수이다.

02 $3i^2-2i=-3-2i$이므로 복소수는 6개,
실수는 2, $3+2\sqrt{3}$, π의 3개,
허수는 $3i^2-2i$, $-i$, $3-4i$의 3개,
순허수는 $-i$의 1개이다.
따라서 $a+b+c+d=6+3+3+1=13$

03 $1+2i$의 실수부분은 1이므로 $a=1$
$2-5i$의 허수부분은 -5이므로 $b=-5$
따라서 $a+b=-4$

04 $x^2+(1-i)x-2+i=(x^2+x-2)+(-x+1)i$
이 복소수가 순허수이려면 $x^2+x-2=0$, $-x+1\neq 0$
$x^2+x-2=0$에서 $(x+2)(x-1)=0$, $x=-2$ 또는 $x=1$
그런데 $-x+1\neq 0$에서 $x\neq 1$이므로 $x=-2$

05 ㉮ $(x-1)+(x-3)i$의 제곱이 실수가 되려면 실수부분이 0이거나 허수부분이 0이어야 하므로
㉯ $x-1=0$ 또는 $x-3=0$
$x=1$ 또는 $x=3$
㉰ 따라서 모든 실수 x의 값의 합은
$1+3=4$

단계	채점 기준	배점 비율
㉮	$(x-1)+(x-3)i$의 제곱이 실수가 되려면 실수부분이나 허수부분이 0임을 알기	30%
㉯	모든 실수 x의 값 구하기	40%
㉰	모든 실수 x의 값의 합 구하기	30%

06 ⑤ $\dfrac{1}{2+\sqrt{2}i}+\dfrac{1}{2-\sqrt{2}i}=\dfrac{2-\sqrt{2}i+2+\sqrt{2}i}{(2+\sqrt{2}i)(2-\sqrt{2}i)}=\dfrac{2}{3}$

07 $(2-\sqrt{3}i)(\sqrt{3}-3i)+\dfrac{13}{2\sqrt{3}-i}$
$=2\sqrt{3}-6i-3i-3\sqrt{3}+\dfrac{13(2\sqrt{3}+i)}{(2\sqrt{3}-i)(2\sqrt{3}+i)}$
$=-\sqrt{3}-9i+\dfrac{13(2\sqrt{3}+i)}{12-(-1)}$
$=-\sqrt{3}-9i+2\sqrt{3}+i=\sqrt{3}-8i$

08 $x=\dfrac{1+\sqrt{3}i}{2}$에서 $2x=1+\sqrt{3}i$, $2x-1=\sqrt{3}i$
위의 식의 양변을 제곱하면
$4x^2-4x+1=-3$, $4x^2-4x+4=0$
$x^2-x+1=0$
따라서 $x^2-x+2=(x^2-x+1)+1=0+1=1$

09 $\alpha+\beta=2-i+3+i=5$
$\alpha\beta=(2-i)(3+i)=6+2i-3i+1=7-i$
따라서 $\alpha^2\beta+\alpha\beta^2=\alpha\beta(\alpha+\beta)$
$=5(7-i)=35-5i$

10 $(1+i)x-(2i-1)y=-4+2i$에서
$(x+y)+(x-2y)i=-4+2i$
복소수가 서로 같을 조건에 의하여
$x+y=-4$, $x-2y=2$
위의 두 식을 연립하여 풀면 $x=-2$, $y=-2$
따라서 $3x-2y=-6+4=-2$

11 $\dfrac{2x}{1+i}+\dfrac{y}{1-i}=\dfrac{2x(1-i)+y(1+i)}{(1+i)(1-i)}$
$=\dfrac{(2x+y)-(2x-y)i}{2}$
$=\dfrac{2x+y}{2}-\dfrac{2x-y}{2}i$
$=12-9i$
복소수가 서로 같을 조건에 의하여
$\dfrac{2x+y}{2}=12$, $\dfrac{2x-y}{2}=9$
위의 두 식을 연립하여 풀면 $x=\dfrac{21}{2}$, $y=3$
따라서 $2x+3y=21+9=30$

12 조건 (가)에서
$(a+bi-2-3i)^2=\{(a-2)+(b-3)i\}^2<0$
제곱하여 음의 실수가 되는 복소수는 순허수이므로
$a-2=0$, $b-3\neq 0$에서 $a=2$, $b\neq 3$
또, 조건 (나)에 $z=2+bi$를 대입하면
$(2+bi)^2=c+4i$, $4-b^2+4bi=c+4i$
복소수가 서로 같을 조건에 의하여
$4-b^2=c$, $4b=4$, 즉 $b=1$, $c=3$
따라서 $a+b+c=6$

13 $z=a+bi$(a, b는 실수)라고 하면 $\overline{z}=a-bi$이므로
$(3+i)\overline{z}+2iz=(3+i)(a-bi)+2i(a+bi)$
$=3a-3bi+ai+b+2ai-2b$
$=(3a-b)+(3a-3b)i$
즉, $(3a-b)+(3a-3b)i=5+3i$에서
복소수가 서로 같을 조건에 의하여
$3a-b=5$, $3a-3b=3$
위의 두 식을 연립하여 풀면 $a=2$, $b=1$
따라서 $z=2+i$

14 ㉮ $z=a+bi$(a, b는 실수)라고 하면 $\overline{z}=a-bi$
$z+\overline{z}=6$에서 $(a+bi)+(a-bi)=6$
$2a=6$, $a=3$

ⓝ $z-\bar{z}=-8i$에서 $(a+bi)-(a-bi)=8i$

$2bi=-8i$, $b=-4$

ⓓ 따라서 $z=3-4i$, $\bar{z}=3+4i$이므로

$z\bar{z}=(3-4i)(3+4i)=3^2-(4i)^2=25$

단계	채점 기준	배점 비율
㉮	$z=a+bi$로 놓고 $z+\bar{z}=6$에서 a의 값 구하기	40%
㉯	$z-\bar{z}=-8i$에서 b의 값 구하기	40%
㉰	$z\bar{z}$의 값 구하기	20%

15 $z=a+bi$(a, b는 실수)라고 하면

ㄱ. $z=-\bar{z}$에서 $a+bi=-(a-bi)$, $2a=0$, $a=0$

따라서 복소수 z는 0 또는 순허수이다. (거짓)

ㄴ. $z-\bar{z}=0$에서 $a+bi-(a-bi)=0$, $2bi=0$, $b=0$

따라서 복소수 z는 실수이다. (거짓)

ㄷ. $z\bar{z}=0$에서 $(a+bi)(a-bi)=0$, $a^2+b^2=0$

이때 a, b는 모두 실수이므로 $a=b=0$

따라서 $z=0$ (참)

ㄹ. $z=1+i$라고 하면

$z^2+\bar{z}^2=(1+i)^2+(1-i)^2=2i-2i=0$

이지만 $z\neq0$이다. (거짓)

따라서 옳은 것은 ㄷ이다.

16 $\overline{\alpha+\beta}=\bar{\alpha}+\bar{\beta}$이므로 $\bar{\alpha}+\bar{\beta}=5-3i$

또, $\overline{(\overline{\alpha+\beta})}=\alpha+\beta$이므로 $\alpha+\beta=\overline{5-3i}=5+3i$

따라서 $\alpha\bar{\alpha}+\beta\bar{\beta}+\alpha\bar{\beta}+\bar{\alpha}\beta=\alpha(\bar{\alpha}+\bar{\beta})+\beta(\bar{\alpha}+\bar{\beta})$

$=(\alpha+\beta)(\bar{\alpha}+\bar{\beta})$

$=(5+3i)(5-3i)$

$=25+9=34$

17 복소수 $z(z\neq0)$에 대하여 $z+\bar{z}=0$이므로 z는 순허수이다.

$x^2-1=0$에서 $(x+1)(x-1)=0$

$x=-1$ 또는 $x=1$

$x^2-3x+2\neq0$에서 $(x-1)(x-2)\neq0$

$x\neq1$이고 $x\neq2$

따라서 $x=-1$

18 $\overline{z_1}+\overline{z_2}=\overline{z_1+z_2}=1-2i$이므로 $z_1+z_2=1+2i$

$\overline{z_1}\times\overline{z_2}=\overline{z_1z_2}=5+3i$이므로 $z_1z_2=5-3i$

따라서 $(z_1+1)(z_2+1)=z_1z_2+(z_1+z_2)+1$

$=(5-3i)+(1+2i)+1$

$=7-i$

19 $\frac{1}{i}=\frac{i}{i^2}=-i$, $\frac{1}{i^2}=-1$, $\frac{1}{i^3}=\frac{i}{i^4}=i$, $\frac{1}{i^4}=1$, $\cdots$

이므로 n이 음이 아닌 정수일 때

$\frac{1}{i^{4n+1}}=-i$, $\frac{1}{i^{4n+2}}=-1$, $\frac{1}{i^{4n+3}}=i$, $\frac{1}{i^{4n+4}}=1$

따라서

$\frac{1}{i}+\frac{2}{i^2}+\frac{3}{i^3}+\frac{4}{i^4}+\frac{5}{i^5}+\cdots+\frac{99}{i^{99}}$

$=(-i-2+3i+4)+(-5i-6+7i+8)$

$+\cdots+(-93i-94+95i+96)+(-97i-98+99i)$

$=(2+2i)+(2+2i)+\cdots+(2+2i)+2i-98$

$=(2+2i)\times24+2i-98$

$=48+48i+2i-98=-50+50i$

20 $(1+i)^{2n}=\{(1+i)^2\}^n=(2i)^n=2^ni^n=2^ni$

따라서 $i^n=i$를 만족시키는 자연수 n은 $n=4k+1$(k는 음이 아닌 정수)의 꼴이다.

한편 50 이하의 자연수 n은 $k=0$, 1, 2, $\cdots$, 12일 때이므로 자연수 n의 개수는 13이다.

21 $\frac{1-i}{1+i}=\frac{(1-i)^2}{(1+i)(1-i)}=\frac{-2i}{2}=-i$,

$\frac{1+i}{1-i}=\frac{(1+i)^2}{(1-i)(1+i)}=\frac{2i}{2}=i$이므로

$\left(\frac{1-i}{1+i}\right)^{2018}+\left(\frac{1+i}{1-i}\right)^{2019}=(-i)^{2018}+i^{2019}$

$=(i^4)^{504}\times(-i)^2+(i^4)^{504}\times i^3$

$=-1-i$

22 $\frac{1-i}{1+i}=\frac{(1-i)^2}{(1+i)(1-i)}=-i$, $\frac{1+2i}{2-i}=\frac{(1+2i)(2+i)}{(2-i)(2+i)}=i$

이므로 $(-i)^n+i^n=-2$를 만족시키는 자연수 n은 $n=4k+2$(k는 음이 아닌 정수)의 꼴이다.

따라서 100 이하의 자연수 n은 $k=0$, 1, 2, $\cdots$, 24일 때이므로 자연수 n의 개수는 25이다.

23 (주어진 식)$=\sqrt{3}i\times i+\frac{3i}{\sqrt{3}i}-\frac{\sqrt{10}}{\sqrt{5}i}+\frac{2i}{\sqrt{2}}$

$=-\sqrt{3}+\sqrt{3}+\sqrt{2}i+\sqrt{2}i=2\sqrt{2}i$

24 $\sqrt{a}\sqrt{b}+\sqrt{ab}=0$, 즉 $\sqrt{a}\sqrt{b}=-\sqrt{ab}$에서 $a<0$, $b<0$

이때 $a-1<0$, $a+b<0$, $1-a>0$, $b<0$이므로

$\sqrt{(a-1)^2}-|a+b|-\sqrt{(1-a)^2}+\sqrt{b^2}$

$=|a-1|-|a+b|-|1-a|+|b|$

$=-(a-1)+(a+b)-(1-a)-b$

$=-a+1+a+b-1+a-b=a$

25 $\sqrt{\frac{a}{b}}=-\frac{\sqrt{a}}{\sqrt{b}}$에서 $a>0$, $b<0$

따라서 함수 $y=ax+b$의 그래프가 오른쪽 그림과 같으므로 지나지 않는 사분면은 제2사분면이다.

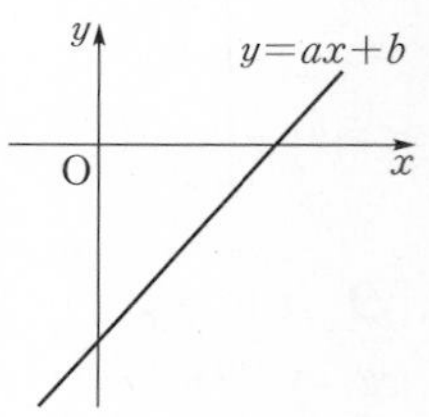

y
y=ax+b
O
x

26 이차방정식 $2x^2-x+3=0$에서

$x=\frac{-(-1)\pm\sqrt{(-1)^2-4\times2\times3}}{2\times2}=\frac{1\pm\sqrt{23}i}{4}$

따라서 $a=1$, $b=23$이므로 $a+b=24$

27 주어진 이차방정식의 한 근이 α이므로 $\alpha^2+4\alpha+5=0$

$\alpha\neq0$이므로 양변을 α로 나누면 $\alpha+4+\frac{5}{\alpha}=0$

따라서 $\alpha+\frac{5}{\alpha}=-4$

28 이차방정식 $ax^2-9x+4=0$에 $x=4$를 대입하면

$16a-36+4=0$, $16a=32$, $a=2$

이차방정식 $2x^2+x+2a=0$에 $a=2$를 대입하면

$2x^2+x+4=0$

따라서 $x=\frac{-1\pm\sqrt{1^2-4\times2\times4}}{2\times2}=\frac{-1\pm\sqrt{31}i}{4}$

29 $2a^2x+3ax-4=2x+2a$를 정리하면

$(2a^2+3a-2)x=2a+4$

$2a^2+3a-2=0$에서 $(a+2)(2a-1)=0$

$a=-2$ 또는 $a=\frac{1}{2}$

$a=\frac{1}{2}$이면 $2a+4=2\times\frac{1}{2}+4=5\neq0$

$a=-2$이면 $2a+4=2\times(-2)+4=0$

따라서 $a=\frac{1}{2}$일 때 해가 없고, $a=-2$일 때 해가 무수히 많으므로

$m-n=\frac{1}{2}-(-2)=\frac{5}{2}$

30 $x=2$를 주어진 방정식에 대입하면

$4k+2(a+1)+(k-1)b=0$

$(4+b)k+2a-b+2=0$

위의 식이 k에 대한 항등식이므로

$4+b=0$, $2a-b+2=0$

따라서 $b=-4$, $a=-3$이므로

$b-2a=-4-2\times(-3)=2$

31 이차방정식 $f(x)=0$의 두 근이 α, β이므로

$f(2x-1)=0$의 두 근은

$2x-1=\alpha$에서 $x=\frac{\alpha+1}{2}$

$2x-1=\beta$에서 $x=\frac{\beta+1}{2}$

이때 $\alpha+\beta=4$이므로 이차방정식 $f(2x-1)=0$의 두 근의 합은

$\frac{\alpha+1}{2}+\frac{\beta+1}{2}=\frac{\alpha+\beta+2}{2}=\frac{4+2}{2}=3$

32 방정식 $x^2-3|x|-4=0$에서

(i) $x>0$일 때

$x^2-3x-4=0$, $(x+1)(x-4)=0$

$x=-1$ 또는 $x=4$

그런데 $x>0$이므로 $x=4$

(ii) $x<0$일 때

$x^2+3x-4=0$, $(x+4)(x-1)=0$

$x=-4$ 또는 $x=1$

그런데 $x<0$이므로 $x=-4$

(i), (ii)에서 주어진 방정식의 근은 $x=-4$ 또는 $x=4$

따라서 모든 실근의 곱은 $-4\times4=-16$

33 $2[x]^2+[x]-1=0$을 인수분해하면

$([x]+1)(2[x]-1)=0$

이때 $[x]$는 정수이므로 $[x]=-1$, $-1\le x<0$

따라서 보기 중 이 범위 안에 속하지 않는 것은 0이다.

34 둘레의 길이가 $2\pi x$인 원의 반지름의 길이는 x이므로

$2\pi x^2=\pi(x+1)^2$, $x^2-2x-1=0$, $x=1\pm\sqrt{2}$

그런데 $x>0$이므로 $x=1+\sqrt{2}$

35 ㉮ 길의 폭을 x m라고 하면 길을 제외한 밭의 넓이는

$(10-x)^2\text{m}^2$, 길의 넓이는 $(2\times10x-x^2)\text{m}^2$이므로

㉯ $(10-x)^2=3(20x-x^2)$

$x^2-20x+100=60x-3x^2$

$4x^2-80x+100=0$, $x^2-20x+25=0$

$x=-(-10)\pm\sqrt{(-10)^2-25}=10\pm5\sqrt{3}$

㉰ 따라서 $0<x<10$이므로 $x=10-5\sqrt{3}$

그러므로 길의 폭은 $5(2-\sqrt{3})$ m이다.

단계	채점 기준	배점 비율
㉮	길을 제외한 밭의 넓이와 길이의 넓이를 x에 대한 식으로 나타내기	30%
㉯	조건을 만족시키는 이차방정식을 세우고 풀기	50%
㉰	길의 폭 구하기	20%

36 처음 직사각형과 정사각형을 잘라내고 남은 직사각형이 닮음이므로

$x:y=(y-x):x$, $x^2=y^2-xy$

$x^2+yx-y^2=0$, $\left(x+\frac{y}{2}\right)^2=\frac{5}{4}y^2$

$x+\frac{y}{2}=\pm\frac{\sqrt{5}}{2}y$, $x=\frac{-1\pm\sqrt{5}}{2}y$

그런데 $x>0$, $y>0$이므로 $x=\frac{-1+\sqrt{5}}{2}y$

따라서 $\frac{x}{y}=\frac{-1+\sqrt{5}}{2}$

37 놀이공원의 지난해 입장료를 a원, 관람객 수를 b명이라고 하면 올해 입장료와 관람객 수는 각각 $a\left(1+\frac{10x}{100}\right)$원, $b\left(1-\frac{4x}{100}\right)$명이다.

연간 수입은 ab원에서 20% 증가하여 $ab\left(1+\frac{20}{100}\right)$원이므로

$ab\left(1+\frac{10x}{100}\right)\left(1-\frac{4x}{100}\right)=ab\left(1+\frac{20}{100}\right)$

$(100+10x)(100-4x)=12000$

$40x^2-600x+2000=0$, $x^2-15x+50=0$

$(x-5)(x-10)=0$, $x=5$ 또는 $x=10$

그런데 $0<x<10$이므로 $x=5$

38 ㄱ~ㄹ의 각각의 이차방정식의 판별식을 각각 D_1, D_2, D_3, D_4라고 하면

ㄱ. $\frac{D_1}{4}=2^2-1\times2=2>0$ (실근)

ㄴ. $D_2=(-3)^2-4\times2\times5=-31<0$ (허근)

ㄷ. $\frac{D_3}{4}=(-6)^2-9\times4=0$ (실근)

ㄹ. $\frac{D_4}{4}=(-1)^2-2\times1=-1<0$ (허근)

따라서 실근을 가지는 이차방정식은 ㄱ, ㄷ의 2개이다.

39 주어진 이차방정식의 판별식을 D라고 하면

$D=(k+1)^2-4(2k-1)=0$

$k^2+2k+1-8k+4=0$, $k^2-6k+5=0$

$(k-1)(k-5)=0$, $k=1$ 또는 $k=5$

따라서 모든 실수 k의 값의 합은 $1+5=6$

40 주어진 이차방정식의 판별식을 D라고 하면

$D=(\sqrt{a})^2-16<0$, $a<16$

따라서 부등식을 만족시키는 자연수 a의 개수는 15이다.

41 이차방정식 $ax^2+ax+2=0$의 판별식을 D라고 할 때, 주어진 이차식이 완전제곱식이 되려면 중근을 가져야 하므로

$D=a^2-4\times a\times2=0$

$a^2-8a=0$, $a(a-8)=0$

$a=0$ 또는 $a=8$

그런데 주어진 식이 이차식이므로 $a\neq0$

따라서 $a=8$

42 ㉮ 주어진 이차방정식의 판별식을 D라고 하면

$D=(2k+a)^2-4(k^2-k+b)=0$

$4k^2+4ak+a^2-4k^2+4k-4b=0$

$(4a+4)k+a^2-4b=0$

㉯ 위의 식이 실수 k에 대한 항등식이므로

$4a+4=0$, $a^2-4b=0$

㉰ 따라서 $a=-1$, $b=\frac{1}{4}$이므로 $b-a=\frac{5}{4}$

단계	채점 기준	배점 비율
㉮	주어진 이차방정식의 판별식을 D라 하고 $D=0$을 k에 대하여 정리하기	40%
㉯	㉮의 식이 실수 k에 대한 항등식임을 알고 식 세우기	30%
㉰	$b-a$의 값 구하기	30%

43 주어진 이차방정식을 x에 대하여 정리하면

$(a+c)x^2-2bx+a-c=0$

위 이차방정식의 판별식을 D라고 하면

$\frac{D}{4}=(-b)^2-(a+c)(a-c)=0$

$b^2-a^2+c^2=0$, $a^2=b^2+c^2$

따라서 주어진 삼각형은 빗변의 길이가 a인 직각삼각형이다.

44 이차방정식의 근과 계수의 관계에 의하여 $p=\frac{3}{2}$, $q=\frac{5}{2}$

따라서 $p+q=4$

45 이차방정식의 근과 계수의 관계에 의하여

$\alpha+\beta=2$, $\alpha\beta=-4$

따라서 $\frac{\beta}{\alpha}+\frac{\alpha}{\beta}=\frac{\alpha^2+\beta^2}{\alpha\beta}=\frac{(\alpha+\beta)^2-2\alpha\beta}{\alpha\beta}$

$=\frac{2^2-2\times(-4)}{-4}=-3$

46 이차방정식 $x^2+ax-b=0$의 두 근이 -2, 6이므로 근과 계수의 관계에 의하여

$-a=-2+6=4$, $a=-4$

$-b=-2\times6=-12$, $b=12$

따라서 이차방정식 $-4x^2+12x+1=0$의 두 근의 합은

$-\frac{12}{-4}=3$

47 주어진 이차방정식의 두 근이 α, β이므로

$\alpha^2-5\alpha+2=0$, $\beta^2-5\beta+2=0$

즉, $\alpha^2-4\alpha+2=\alpha$, $\beta^2-4\beta+2=\beta$

근과 계수의 관계에 의하여 $\alpha\beta=2$이므로

$(\alpha^2-4\alpha+2)(\beta^2-4\beta+2)=\alpha\beta=2$

48 이차방정식 $x^2+5x-2=0$의 두 근이 α, β이므로 근과 계수의 관계에 의하여 $\alpha+\beta=-5$

또, α는 이차방정식 $x^2+5x-2=0$의 근이므로

$\alpha^2+5\alpha-2=0$, $\alpha^2=-5\alpha+2$

따라서 $\alpha^2-5\beta=(-5\alpha+2)-5\beta$

$=-5(\alpha+\beta)+2$

$=(-5)\times(-5)+2$

$=27$

49 ㉮ 주어진 이차방정식의 두 근을 α, $2\alpha(\alpha \neq 0)$라고 하면

㉯ 근과 계수의 관계에 의하여

$\alpha+2\alpha=3\alpha=3k$, $\alpha=k$ …… ㉠

$\alpha \times 2\alpha=2\alpha^2=4k-2$, $2\alpha^2-4k+2=0$ …… ㉡

㉰ ㉠을 ㉡에 대입하면

$2k^2-4k+2=0$, $2(k-1)^2=0$

즉, $k=1$이므로 $\alpha=1$

따라서 주어진 이차방정식의 두 근은 1, 2이다.

단계	채점 기준	배점 비율
㉮	두 근을 α, 2α로 놓기	30%
㉯	근과 계수의 관계를 이용하여 α와 k 사이의 관계식 구하기	35%
㉰	㉯의 두 식을 연립하여 k의 값과 두 근 구하기	35%

50 주어진 이차방정식의 두 근을 α, $\alpha-1$이라고 하면 근과 계수의 관계에 의하여

$\alpha+(\alpha-1)=2k+1$, $\alpha=k+1$ …… ㉠

$\alpha(\alpha-1)=k^2$ …… ㉡

㉠을 ㉡에 대입하면

$(k+1)(k+1-1)=k^2$, $k^2+k-k^2=0$

따라서 $k=0$

다른 풀이 주어진 방정식의 두 근을 α, $\beta(\alpha>\beta)$라고 하면 $\alpha-\beta=1$이고, 근과 계수의 관계에 의하여

$\alpha+\beta=2k+1$, $\alpha\beta=k^2$

이때 $(\alpha-\beta)^2=(\alpha+\beta)^2-4\alpha\beta$이므로

$1=(2k+1)^2-4k^2$, $4k+1=1$

따라서 $k=0$

51 이차방정식 $x^2+ax+b=0$의 두 근을 α, β라고 하면

a를 잘못 보고 구한 근이 -2, 3이므로

$\alpha\beta=-2\times3=-6$에서 $b=-6$

b를 잘못 보고 구한 근이 $2+\sqrt{3}$, $2-\sqrt{3}$이므로

$\alpha+\beta=2+\sqrt{3}+2-\sqrt{3}=4$에서 $a=-4$

따라서 원래의 이차방정식은 $x^2-4x-6=0$이므로

$x=-(-2)\pm\sqrt{(-2)^2-1\times(-6)}$

$=2\pm\sqrt{10}$

52 이차방정식 $x^2+(m^2+m-6)x-m-2=0$의 두 근을 α, $-\alpha$라고 하면 근과 계수의 관계에 의하여

$\alpha+(-\alpha)=-m^2-m+6=0$

$m^2+m-6=0$, $(m+3)(m-2)=0$

$m=-3$ 또는 $m=2$

$\alpha\times(-\alpha)=-m-2$

$\alpha^2=m+2$ …… ㉠

(i) $m=-3$일 때, ㉠에 대입하면 $\alpha^2=-1$

$\alpha=-i$ 또는 $\alpha=i$

(ii) $m=2$일 때, ㉠에 대입하면 $\alpha^2=4$

$\alpha=-2$ 또는 $\alpha=2$

따라서 (i), (ii)에서 두 근은 실근이므로 $m=2$이다.

53 이차방정식 $2x^2+3x+6=0$의 두 근이 α, β이므로 근과 계수의 관계에 의하여

$\alpha+\beta=-\frac{3}{2}$, $\alpha\beta=3$

$\frac{1}{\alpha}+\frac{1}{\beta}=\frac{\alpha+\beta}{\alpha\beta}=\left(-\frac{3}{2}\right)\div3=-\frac{1}{2}$

$\frac{1}{\alpha}\times\frac{1}{\beta}=\frac{1}{\alpha\beta}=\frac{1}{3}$

따라서 $\frac{1}{\alpha}$, $\frac{1}{\beta}$을 두 근으로 하고 x^2의 계수가 6인 이차방정식은

$6\left(x^2+\frac{1}{2}x+\frac{1}{3}\right)=0$, 즉 $6x^2+3x+2=0$

54 ㉮ 이차방정식 $x^2-2x+1=0$의 두 근이 α, β이므로 근과 계수의 관계에 의하여

$\alpha+\beta=2$, $\alpha\beta=-1$

㉯ $(\alpha^2+\beta)+(\beta^2+\alpha)=(\alpha+\beta)^2-2\alpha\beta+(\alpha+\beta)$

$=2^2-2\times(-1)+2=8$

$(\alpha^2+\beta)(\beta^2+\alpha)=\alpha^2\beta^2+\alpha^3+\beta^3+\alpha\beta$

$=(\alpha\beta)^2+(\alpha+\beta)^3-3\alpha\beta(\alpha+\beta)+\alpha\beta$

$=(-1)^2+2^3-3\times(-1)\times2+(-1)$

$=14$

㉰ 따라서 $\alpha^2+\beta$, $\beta^2+\alpha$를 두 근으로 하고 x^2의 계수가 1인 이차방정식은 $x^2-8x+14=0$이다.

단계	채점 기준	배점 비율
㉮	$\alpha+\beta$, $\alpha\beta$의 값 구하기	20%
㉯	$(\alpha^2+\beta)+(\beta^2+\alpha)$, $(\alpha^2+\beta)(\beta^2+\alpha)$의 값 구하기	60%
㉰	$\alpha^2+\beta$, $\beta^2+\alpha$를 두 근으로 하고 x^2의 계수가 1인 이차방정식 구하기	20%

55 $\overline{BP}=x$라고 하면 $\overline{AP}=16-x$

이때 $\triangle APC \backsim \triangle DPB$(AA 닮음)이므로

$\overline{AP}:\overline{DP}=\overline{CP}:\overline{BP}$

즉, $\overline{AP}\times\overline{BP}=\overline{DP}\times\overline{CP}$이므로

$(16-x)x=8\times6$, $x^2-16x+48=0$

이 이차방정식의 한 근이 $\overline{BP}$의 길이이고

근과 계수의 관계에서 두 근의 합이 16이므로 다른 한 근은 $16-\overline{BP}$, 즉 $\overline{AP}$의 길이이다.

따라서 $\overline{AP}$, $\overline{BP}$의 길이를 두 근으로 하고 x^2의 계수가 1인 이차방정식은 $x^2-16x+48=0$이다.

56 주어진 이차방정식의 두 근을 α, β라고 하면 근과 계수의 관계에 의하여 $\alpha+\beta=3$, $\alpha\beta=4$

또, $\frac{\alpha+k}{2}$, $\frac{\beta+k}{2}$를 두 근으로 하고 x^2의 계수가 1인 이차방정식을 $x^2+ax+2=0$이라고 하면 근과 계수의 관계에 의하여

$$\frac{\alpha+k}{2}\times\frac{\beta+k}{2}=\frac{\alpha\beta+(\alpha+\beta)k+k^2}{4}$$
$$=\frac{4+3k+k^2}{4}=2$$

$k^2+3k+4=8$, $k^2+3k-4=0$

$(k+4)(k-1)=0$, $k=-4$ 또는 $k=1$

그런데 k는 자연수이므로 $k=1$이다.

57 이차방정식 $x^2-2x+3=0$에서

$x=-(-1)\pm\sqrt{(-1)^2-1\times3}=1\pm\sqrt{2}i$

따라서 이차식 x^2-2x+3을 복소수 범위에서 인수분해하면

$$x^2-2x+3=\{x-(1+\sqrt{2}i)\}\{x-(1-\sqrt{2}i)\}$$
$$=(x-1-\sqrt{2}i)(x-1+\sqrt{2}i)$$

58 $\frac{1}{2}x^2-3x+6=0$, 즉 $x^2-6x+12=0$에서

$x=-(-3)\pm\sqrt{(-3)^2-1\times12}=3\pm\sqrt{3}i$이므로

$$\frac{1}{2}x^2-3x+6=\frac{1}{2}\{x-(3+\sqrt{3}i)\}\{x-(3-\sqrt{3}i)\}$$
$$=\frac{1}{2}(x-3-\sqrt{3}i)(x-3+\sqrt{3}i)$$

따라서 인수인 것은 ② $x-3-\sqrt{3}i$이다.

59 a, b가 실수이므로 주어진 이차방정식의 한 근이 $3-2\sqrt{2}i$이면 다른 한 근은 $3+2\sqrt{2}i$이다.

이때 근과 계수의 관계에 의하여

$(3-2\sqrt{2}i)+(3+2\sqrt{2}i)=-a$에서 $a=-6$

$(3-2\sqrt{2}i)(3+2\sqrt{2}i)=b$에서 $b=17$

따라서 $b-a=23$

다른 풀이 $x=3-2\sqrt{2}i$에서 $x-3=-2\sqrt{2}i$

양변을 제곱하면 $x^2-6x+9=-8$, $x^2-6x+17=0$

따라서 $a=-6$, $b=17$이므로 $b-a=23$

60 a, b가 실수이므로 주어진 이차방정식의 한 근이

$\frac{1}{1+i}=\frac{1-i}{(1+i)(1-i)}=\frac{1-i}{2}$

이면 다른 한 근은 $\frac{1+i}{2}$이다.

따라서 근과 계수의 관계에 의하여 두 근의 합은

$a=\frac{1-i}{2}+\frac{1+i}{2}=\frac{2}{2}=1$

61 계수가 실수인 이차방정식 $x^2+mx+n=0$의 한 근이 $-1+2i$이면 다른 한 근은 $-1-2i$이다.

이때 근과 계수의 관계에 의하여

$(-1+2i)+(-1-2i)=-m$에서 $m=2$

$(-1+2i)(-1-2i)=n$에서 $n=5$

따라서 $\frac{1}{m}+\frac{1}{n}=\frac{1}{2}+\frac{1}{5}=\frac{7}{10}$, $\frac{1}{m}\times\frac{1}{n}=\frac{1}{2}\times\frac{1}{5}=\frac{1}{10}$

이때 $\frac{1}{m}$, $\frac{1}{n}$을 두 근으로 하고 x^2의 계수가 1인 이차방정식은

$x^2-\left(\frac{1}{m}+\frac{1}{n}\right)x+\frac{1}{m}\times\frac{1}{n}=0$에서 $x^2-\frac{7}{10}x+\frac{1}{10}=0$이므로

$a=\frac{7}{10}$, $b=\frac{1}{10}$

따라서 $100ab=100\times\frac{7}{10}\times\frac{1}{10}=7$

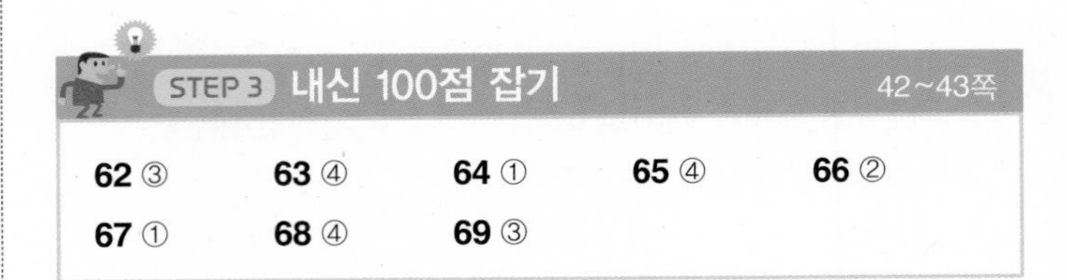

STEP 3 내신 100점 잡기 42~43쪽

62 ③	63 ④	64 ①	65 ④	66 ②
67 ①	68 ④	69 ③		

62 $x=\frac{1+\sqrt{7}i}{2}$에서 $2x-1=\sqrt{7}i$

위의 식의 양변을 제곱하면

$4x^2-4x+1=-7$, $x^2-x+2=0$

따라서 $x^4-3x^3+3x^2-3x+1$

$$=x^2(x^2-x+2)-2x^3+x^2-3x+1$$
$$=x^2(x^2-x+2)-2x(x^2-x+2)-x^2+x+1$$
$$=x^2(x^2-x+2)-2x(x^2-x+2)-(x^2-x+2)+3$$
$$=3$$

63 $z=a+bi$(a, b는 실수)라고 하면 주어진 조건에서

$a+bi-1+2i=(a+bi)(1+i)$

$(a-1)+(b+2)i=a+ai+bi+bi^2$

$(a-1)+(b+2)i=(a-b)+(a+b)i$

복소수가 서로 같을 조건에 의하여

$a-1=a-b$, $b+2=a+b$

이므로 $a=2$, $b=1$

따라서 z의 실수부분은 2, 허수부분은 1이므로 네 자리 수의 암호는 2121이다.

64 $z=\frac{-1-\sqrt{3}i}{2}$에서 $2z=-1-\sqrt{3}i$, $2z+1=-\sqrt{3}i$

위의 식의 양변을 제곱하면

$4z^2+4z+1=-3$, $z^2+z+1=0$

이때 $z^2=-z-1$이므로 $z^3=-z^2-z=1$

따라서

$1+z+z^2+z^3+\cdots+z^{100}$

$=1+z+z^2+z^3(1+z+z^2)+\cdots+(z^3)^{32}(1+z+z^2)+z^{99}+z^{100}$

$=(z^3)^{33}+(z^3)^{33}z=1+z$

$=1+\frac{-1-\sqrt{3}i}{2}=\frac{1-\sqrt{3}i}{2}$

참고 (1) $\omega=\frac{1\pm\sqrt{3}i}{2}$이면

$\omega^2-\omega+1=0$, $\omega^3=-1$, $\omega+\overline{\omega}=1$, $\omega\overline{\omega}=1$

(2) $\omega=\frac{-1\pm\sqrt{3}i}{2}$이면

$\omega^2+\omega+1=0$, $\omega^3=1$, $\omega+\overline{\omega}=-1$, $\omega\overline{\omega}=1$

65 $\sqrt{x}\sqrt{x-a}=-\sqrt{x(x-a)}$이므로

$x<0$, $x-a<0$에서 $x<0$ ······ ㉠

$\frac{\sqrt{x+a}}{\sqrt{x}}=-\sqrt{\frac{x+a}{x}}$이므로

$x<0$, $x+a>0$에서 $-a<x<0$ ······ ㉡

㉠, ㉡에서 $-a<x<0$

따라서 이 조건을 만족시키는 정수 x가 4개, 즉 -4, -3, -2, -1이어야 하므로 양수 a의 값은 5이다.

66 x에 대한 이차방정식 $x^2+2yx+ay^2-2y+1=0$에서

$x=-y\pm\sqrt{y^2-(ay^2-2y+1)}$

$=-y\pm\sqrt{(1-a)y^2+2y-1}$

이때 근호 안의 식이 완전제곱식이어야 하므로 y에 대한 이차방정식 $(1-a)y^2+2y-1=0$의 판별식을 D라고 하면 $D=0$이어야 한다.

$\frac{D}{4}=1^2-(1-a)\times(-1)=-a+2=0$

따라서 $a=2$

67 이차방정식의 근과 계수의 관계에 의하여

$\alpha+\beta=3$, $\alpha\beta=-2$이므로

$\alpha=3-\beta$, $\beta=3-\alpha$ ······ ㉠

㉠을 $f(\alpha)=\beta$, $f(\beta)=\alpha$에 각각 대입하면

$f(\alpha)+\alpha-3=0$, $f(\beta)+\beta-3=0$

따라서 α, β는 이차방정식 $f(x)+x-3=0$의 두 근이고, $f(x)$의 x^2의 계수가 1이므로

$f(x)+x-3=(x-\alpha)(x-\beta)$

$=x^2-(\alpha+\beta)x+\alpha\beta$

$=x^2-3x-2$

$f(x)=x^2-4x+1$

따라서 $f(1)=1-4+1=-2$

68 $x^2-2x-3=2\sqrt{x^2-2x+1}$

$=2\sqrt{(x-1)^2}=2|x-1|$

이므로

(i) $x<1$일 때

$x^2-2x-3=-2(x-1)$, $x^2-5=0$

따라서 $x=\pm\sqrt{5}$

그런데 $x<1$이므로 $x=-\sqrt{5}$

(ii) $x\geq1$일 때

$x^2-2x-3=2(x-1)$, $x^2-4x-1=0$

따라서 $x=2\pm\sqrt{5}$

그런데 $x\geq1$이므로 $x=2+\sqrt{5}$

(i), (ii)에 의하여 $x=-\sqrt{5}$ 또는 $x=2+\sqrt{5}$이고 양수인 근은 $\alpha=2+\sqrt{5}$이다.

$\alpha-2=\sqrt{5}$의 양변을 제곱하면

$\alpha^2-4\alpha+4=5$, $\alpha^2-4\alpha=1$

따라서 $\alpha^2-4\alpha+2=1+2=3$

69 두 근 α, β에 세 규칙을 차례로 적용하면

$x=\alpha$ 또는 $x=\beta \xrightarrow{\bigstar} x=\frac{1}{\alpha}$ 또는 $x=\frac{1}{\beta}$

$\xrightarrow{\triangle} x=\frac{2}{\alpha}$ 또는 $x=\frac{2}{\beta}$

$\xrightarrow{\square} x=-\frac{2}{\alpha}$ 또는 $x=-\frac{2}{\beta}$

근과 계수의 관계에 의하여 $\alpha+\beta=2$, $\alpha\beta=-1$이므로

(i) $\left(-\frac{2}{\alpha}\right)+\left(-\frac{2}{\beta}\right)=-\frac{2(\alpha+\beta)}{\alpha\beta}=4$

(ii) $\left(-\frac{2}{\alpha}\right)\left(-\frac{2}{\beta}\right)=\frac{4}{\alpha\beta}=-4$

따라서 구하는 이차방정식은 $x^2-4x-4=0$이다.

STEP 3 내신 최고 문제 43쪽

70 ②	71 ④

70 $z=a+bi$, $w=c+di$(a, c는 실수, b, d는 0이 아닌 실수)라고 하면 $z+w$, zw가 모두 실수이므로

$z+w=(a+bi)+(c+di)=(a+c)+(b+d)i$에서

$b+d=0$, $d=-b$ ······ ㉠

$zw=(a+bi)(c+di)=(ac-bd)+(bc+ad)i$에서

$bc+ad=0$ ······ ㉡

㉠을 ㉡에 대입하면

$bc-ab=0$, $b(c-a)=0$

이때 $b\neq0$이므로 $a=c$

따라서 $z=a+bi$, $w=a-bi$라고 할 수 있다.

ㄱ. $\overline{z}+w=a-bi+a-bi=2(a-bi)$

$z+\overline{w}=a+bi+a+bi=2(a+bi)$

따라서 $\overline{z}+w\neq z+\overline{w}$ (거짓)

ㄴ. $\bar{z}-w=a-bi-(a-bi)=0$

$z-\bar{w}=a+bi-(a+bi)=0$

따라서 $\bar{z}-w=z-\bar{w}$ (참)

ㄷ. zw가 실수이므로 $\overline{zw}=zw$ (참)

ㄹ. $z\bar{w}=(a+bi)(a+bi)=a^2-b^2+2abi$

$\bar{z}w=(a-bi)(a-bi)=a^2-b^2-2abi$

따라서 $z\bar{w}\neq\bar{z}w$ (거짓)

따라서 옳은 것은 ㄴ, ㄷ이다.

71 $x-333=t$라고 하면

$t^2+2(t+333)+333=0$

$t^2+2t+999=0$

이차방정식 $(x-333)^2+2x+333=0$의 두 근이 α, β이므로 t에 대한 이차방정식의 두 근은 $\alpha-333$, $\beta-333$이다.

따라서 이차방정식의 근과 계수의 관계에 의하여

$(\alpha-333)(\beta-333)=999$

02 이차방정식과 이차함수

STEP 1 문제로 개념 확인하기 44~45쪽

01 (1) 서로 다른 두 점에서 만난다. $x=2\pm\sqrt{2}$

(2) 한 점에서 만난다. $x=2$

(3) 만나지 않는다.

02 (1) 서로 다른 두 점에서 만난다. $x=\frac{1\pm\sqrt{5}}{2}$

(2) 만나지 않는다.

(3) 한 점에서 만난다. $x=-2$

03 (1) 최솟값: 5, x의 값: 1 (2) 최댓값: 3, x의 값: -3

04 (1) 최솟값: -2, 최댓값: 2 (2) 최솟값: 2, 최댓값: 23

05 (1) 최솟값: -4, 최댓값: 5 (2) 최솟값: -31, 최댓값: 1

01 (1) $D=(-4)^2-4\times1\times2=8>0$이므로

서로 다른 두 점에서 만난다.

또, $x^2-4x+2=0$에서 $x=2\pm\sqrt{2}$

(2) $D=(-4)^2-4\times1\times4=0$이므로

한 점에서 만난다.

또, $x^2-4x+4=0$에서 $(x-2)^2=0$, $x=2$

(3) $D=(-2)^2-4\times(-3)\times(-1)=-8<0$이므로

만나지 않는다.

02 (1) $x^2+x-3=2x-2$에서 $x^2-x-1=0$

$D=(-1)^2-4\times(-1)=5>0$이므로

서로 다른 두 점에서 만난다.

또, $x^2-x-1=0$에서 $x=\frac{1\pm\sqrt{5}}{2}$

(2) $x^2+x-3=4x-6$에서 $x^2-3x+3=0$

$D=(-3)^2-4\times3=-3<0$이므로

만나지 않는다.

(3) $x^2+x-3=-3x-7$에서 $x^2+4x+4=0$

$D=4^2-4\times4=0$이므로

한 점에서 만난다.

또, $x^2+4x+4=0$에서 $(x+2)^2=0$, $x=-2$

03 (1) 최솟값: 5, x의 값: 1

(2) 최댓값: 3, x의 값: -3

04 $y=x^2-4x+2=(x-2)^2-2$

(1) $f(1)=-1$, $f(2)=-2$, $f(4)=2$

최솟값: -2, 최댓값: 2

(2) $f(-3)=23$, $f(0)=2$

최솟값: 2, 최댓값: 23

05 $y=-x^2+2x+4=-(x-1)^2+5$

(1) $f(-2)=-4$, $f(1)=5$, $f(3)=1$

최솟값: -4, 최댓값: 5

(2) $f(-5)=-31$, $f(-1)=1$

최솟값: -31, 최댓값: 1

STEP 2 내신등급 쑥쑥 올리기 46~51쪽

01 ③	02 ③	03 ④	04 ②	05 해설 참조
06 ①	07 ③	08 ③	09 ④	10 ④
11 ⑤	12 ③	13 ②	14 해설 참조	15 ②
16 ⑤	17 ①	18 ②	19 ⑤	20 ③
21 ④	22 ⑤	23 ③	24 해설 참조	25 ③
26 ③	27 ③	28 ⑤	29 ②	30 ①
31 ⑤	32 ③	33 ②	34 해설 참조	35 ①
36 ②				

01 $y=x^2-2ax+a^2+2a-1$의 그래프가 x축과 서로 다른 두 점에서 만나므로 $x^2-2ax+a^2+2a-1=0$은 서로 다른 두 실근을 갖는다. 이 방정식의 판별식을 D라고 하면

$\frac{D}{4}=(-a)^2-(a^2+2a-1)>0$, $-2a+1>0$

따라서 $a<\frac{1}{2}$

02 이차방정식 $\frac{1}{3}x^2-ax-b=0$의 두 근이 -1, 3이므로 근과 계수의 관계에 의하여 $3a=2$, $-3b=-3$

따라서 $a=\frac{2}{3}$, $b=1$이므로 $a+b=\frac{5}{3}$

03 이차방정식 $x^2+4kx-2=0$의 두 근을 α, β라고 하면 근과 계수 관계에 의하여 $\alpha+\beta=-4k$, $\alpha\beta=-2$ …… ㉠

이때 주어진 이차함수의 그래프가 x축과 만나는 두 점 사이의 거리가 4이므로 $|\alpha-\beta|=4$

양변을 제곱하면 $(\alpha-\beta)^2=16$

즉, $(\alpha+\beta)^2-4\alpha\beta=16$ …… ㉡

㉠을 ㉡에 대입하면 $16k^2+8=16$, $k^2=\frac{1}{2}$

이때 $k>0$이므로 $k=\frac{\sqrt{2}}{2}$

다른 풀이 $x^2+4kx-2=0$에서 $x=-2k\pm\sqrt{4k^2+2}$

x축과 만나는 두 점 사이의 거리가 4이므로

$-2k+\sqrt{4k^2+2}-(-2k-\sqrt{4k^2+2})=4$

$2\sqrt{4k^2+2}=4$, $\sqrt{4k^2+2}=2$

양변을 제곱하면 $4k^2+2=4$, $4k^2=2$, $k^2=\frac{1}{2}$

이때 $k>0$이므로 $k=\frac{\sqrt{2}}{2}$

04 $y=-2x^2+(a-1)x-1$의 그래프가 x축에 접하므로 이차방정식 $-2x^2+(a-1)x-1=0$의 판별식을 D라고 하면

$D=(a-1)^2-4\times(-2)\times(-1)=0$

$a^2-2a-7=0$

따라서 구하는 모든 a의 값의 합은 근과 계수의 관계에 의하여 2이다.

05 ㉮ 이차방정식 $x^2-kx+k=0$의 판별식을 D_1이라고 하면 $D_1=0$이어야 하므로

$D_1=(-k)^2-4k=0$, $k(k-4)=0$

따라서 $k=0$ 또는 $k=4$ …… ㉠

㉯ 이차방정식 $-2x^2+3x-k=0$의 판별식을 D_2라고 하면 $D_2<0$이어야 하므로

$D_2=3^2-4\times(-2)\times(-k)<0$

$9-8k<0$, $k>\frac{9}{8}$ …… ㉡

㉰ 따라서 ㉠, ㉡을 만족시키는 상수 k의 값은 4이다.

단계	채점 기준	배점 비율
㉮	$y=x^2-kx+k$의 그래프가 x축과 접할 조건을 이용하여 k의 값 구하기	40%
㉯	$y=-2x^2+3x-k$의 그래프가 x축과 만나지 않을 조건을 이용하여 k의 값의 범위 구하기	40%
㉰	k의 값 구하기	20%

06 이차방정식 $x^2-2(a+k)x+k^2-2k-b=0$의 판별식을 D라고 하면 $D=0$이어야 하므로

$\frac{D}{4}=\{-(a+k)\}^2-(k^2-2k-b)=0$

$a^2+2ak+k^2-k^2+2k+b=0$

$2(a+1)k+(a^2+b)=0$

위의 식이 k의 값에 관계없이 성립하므로

$2(a+1)=0$, $a^2+b=0$

따라서 $a=-1$, $b=-1$이므로 $ab=1$

07 $y=2x^2+(k-4)x+k-1$의 그래프와 직선 $y=kx$가 서로 다른 두 점에서 만나므로 $2x^2+(k-4)x+k-1=kx$, 즉

$2x^2-4x+k-1=0$의 판별식을 D라고 하면

$\frac{D}{4}=4-2(k-1)>0$, $-2k+6>0$

따라서 $k<3$

08 이차함수 $y=x^2-2x+a^2+6$의 그래프와 직선 $y=2ax-3$이 만나지 않으므로 $x^2-2x+a^2+6=2ax-3$, 즉

$x^2-(2a+2)x+a^2+9=0$의 판별식을 D라고 하면

$D=\{-(2a+2)\}^2-4(a^2+9)<0$

$4a^2+8a+4-4a^2-36<0$, $8a<32$, $a<4$

따라서 구하는 자연수 a는 1, 2, 3의 3개이다.

09 이차함수 $y=x^2+2(m+2)x+m^2$과 직선 $y=2x-3$이 적어도 한 점에서 만나므로 이차방정식 $x^2+2(m+2)x+m^2=2x-3$,

즉 $x^2+2(m+1)x+m^2+3=0$의 판별식을 D라고 하면

$\frac{D}{4}=(m+1)^2-(m^2+3)\geq0$, $2m-2\geq0$

따라서 $m\geq1$

10 $y=x^2+ax+b$의 그래프가 점 $(-1, 1)$을 지나므로

$1=1-a+b$에서 $a=b$

또, $y=x^2+ax+a$의 그래프가 직선 $y=x+2$와 접하므로

$x^2+ax+a=x+2$, 즉 $x^2+(a-1)x+a-2=0$의 판별식을 D라고 하면 $D=(a-1)^2-4(a-2)=0$

$a^2-6a+9=0$, $(a-3)^2=0$, $a=3$

이때 $a=b$이므로 $b=3$

따라서 $a+b=6$

11 직선 $y=3x-1$에 평행하므로 구하는 직선의 기울기 a는 $a=3$

또, $y=x^2+4x+2$의 그래프에 직선 $y=3x+b$가 접하므로

$x^2+4x+2=3x+b$, 즉 $x^2+x+2-b=0$의 판별식을 D라고 하면

$D=1^2-4(2-b)=0$

$1-8+4b=0$, $b=\frac{7}{4}$

따라서 $a-b=\frac{5}{4}$

12 점 $(1, 4)$를 지나는 직선의 기울기를 m이라고 하면
$y-4=m(x-1)$, 즉 $y=mx-m+4$
이 직선과 이차함수 $y=-x^2-4x+1$의 그래프가 접하므로
$-x^2-4x+1=mx-m+4$, 즉 $x^2+(m+4)x-m+3=0$
의 판별식을 D라고 하면
$D=(m+4)^2-4(-m+3)=0$, $m^2+12m+4=0$
따라서 두 직선의 기울기의 합은 근과 계수의 관계에 의하여 -12이다.

13 직선 $y=-x+2$를 y축의 방향으로 m만큼 평행이동한 직선의 방정식은 $y=-x+m+2$
이 직선이 $y=x^2-3x$의 그래프에 접하므로
$-x+m+2=x^2-3x$, 즉 $x^2-2x-m-2=0$의 판별식을 D라고 하면
$\frac{D}{4}=1-(-m-2)=0$, $m+3=0$
따라서 $m=-3$

14 ㉮ 이차함수 $y=x^2+ax+b$의 그래프와 직선 $y=-x+4$가 접하려면 이차방정식 $x^2+ax+b=-x+4$, 즉
$x^2+(a+1)x+b-4=0$이 중근을 가져야 하므로 이 이차방정식의 판별식을 D_1이라고 하면
$D_1=(a+1)^2-4(b-4)=0$
$a^2+2a-4b+17=0$ ······ ㉠
㉯ 이차함수 $y=x^2+ax+b$의 그래프와 직선 $y=5x+4$가 접하려면 이차방정식 $x^2+ax+b=5x+4$, 즉
$x^2+(a-5)x+b-4=0$이 중근을 가져야 하므로 이 이차방정식의 판별식을 D_2라고 하면
$D_2=(a-5)^2-4(b-4)=0$
$a^2-10a-4b+41=0$ ······ ㉡
㉰ ㉠$-$㉡을 하면 $12a-24=0$, $a=2$
$a=2$를 ㉠에 대입하면 $4+4-4b+17=0$, $b=\frac{25}{4}$
㉱ 따라서 $2ab=2\times2\times\frac{25}{4}=25$

단계	채점 기준	배점 비율
㉮	이차함수 $y=x^2+ax+b$의 그래프와 직선 $y=-x+4$가 접할 때, 이차방정식이 중근을 가짐을 이용하기	30%
㉯	이차함수 $y=x^2+ax+b$의 그래프와 직선 $y=5x+4$가 접할 때, 이차방정식이 중근을 가짐을 이용하기	30%
㉰	상수 a, b의 값 구하기	20%
㉱	$2ab$의 값 구하기	20%

15 이차함수 $y=x^2-3x+1$의 그래프와 직선 $y=x-2$의 교점의 x좌표를 구하면 $x^2-3x+1=x-2$에서
$x^2-4x+3=0$, $(x-1)(x-3)=0$
$x=1$ 또는 $x=3$
따라서 $a=1$, $b=3$이므로 $b-a=2$

16 이차함수 $y=2x^2+mx+2$의 그래프와 일차함수 $y=x+n$의 그래프의 교점의 x좌표가 -1, 4이므로 $2x^2+mx+2=x+n$, 즉 $2x^2+(m-1)x+2-n=0$의 두 근이 -1, 4이다.
이때 근과 계수의 관계에 의하여
$-\frac{m-1}{2}=-1+4$, $\frac{2-n}{2}=-1\times4$
따라서 $m=-5$, $n=10$이므로 $m+n=5$

17 $x^2+ax+b=-2x+1$에서 $x^2+(a+2)x+b-1=0$
이 방정식의 계수가 모두 유리수이고, 한 근이 $1+\sqrt{5}$이므로 다른 한 근은 $1-\sqrt{5}$이다.
이때 근과 계수의 관계에 의하여
$(1+\sqrt{5})+(1-\sqrt{5})=-(a+2)$
$(1+\sqrt{5})(1-\sqrt{5})=b-1$
따라서 $a=-4$, $b=-3$이므로 $a+b=-7$

18 이차함수 $y=x^2+x-4$의 그래프와 직선 $y=-3x+k$가 서로 다른 두 점 A, B에서 만나므로 두 점 A, B의 x좌표는 이차방정식
$x^2+x-4=-3x+k$, 즉 $x^2+4x-k-4=0$ ······ ㉠
의 두 근과 같다.
이때 점 A의 x좌표가 -3이므로 $x=-3$을 ㉠에 대입하면
$9-12-k-4=0$, $k=-7$
$k=-7$을 ㉠에 대입하면 $x^2+4x+3=0$
$(x+3)(x+1)=0$, $x=-3$ 또는 $x=-1$
따라서 점 B의 x좌표는 -1이다.

19 $y=-2x^2+8x=-2(x-2)^2+8$이므로
$x=2$일 때 최댓값 8을 가진다. 즉, $M=8$
$y=\frac{1}{2}x^2-4x+3=\frac{1}{2}(x-4)^2-5$이므로
$x=4$일 때 최솟값 -5를 가진다. 즉, $m=-5$
따라서 $M-m=13$

20 주어진 이차함수가 $x=-1$일 때 최솟값 2를 가지므로
$y=ax^2+bx+4=a(x+1)^2+2$
$=ax^2+2ax+a+2$
에서 $b=2a$, $a+2=4$
따라서 $a=2$, $b=4$이므로 $ab=8$

21 $f(1)=f(3)$에서 축의 방정식은 $x=2$이고, 최댓값이 -2이므로
$f(x)=a(x-2)^2-2$
또, $f(1)=-3$이므로 $a-2=-3$, $a=-1$
이때 $f(x)=-(x-2)^2-2=-x^2+4x-6$이므로
$a=-1$, $b=4$, $c=-6$
따라서 $a+2b+c=-1+8-6=1$

22 $y=x^2-2ax-a^2+4a+1=(x-a)^2-2a^2+4a+1$이므로 $x=a$일 때 최솟값 $-2a^2+4a+1$을 갖는다.
따라서 $f(a)=-2a^2+4a+1=-2(a-1)^2+3$이므로 $a=1$일 때 최댓값 $f(1)=3$을 갖는다.

23 $y=2x^2-4x+k+3=2(x-1)^2+k+1$의 그래프의 꼭짓점의 좌표는 $(1,\ k+1)$이다.
이때 이 꼭짓점이 직선 $y=x-2$ 위에 있으므로
$k+1=1-2,\ k=-2$
따라서 $y=2(x-1)^2-1$의 최솟값은 $x=1$일 때 -1이므로 최솟값과 상수 k의 값의 합은 -3이다.

24 ㉮ 오른쪽 그림과 같이 모든 실수 x에 대하여 $f(x)\geq 1$이면 $f(x)$의 최솟값이 1보다 크거나 같아야 한다.
㉯ $f(x)=x^2-8x+a$
$=(x-4)^2+a-16$
㉰ $f(x)$의 최솟값은 $x=4$일 때 $a-16$이다.
따라서 $a-16\geq 1$에서 $a\geq 17$이므로 a의 최솟값은 17이다.

단계	채점 기준	배점 비율
㉮	$f(x)$의 최솟값이 1보다 크거나 같음을 알기	40%
㉯	이차함수 $f(x)$를 완전제곱꼴로 고치기	20%
㉰	a의 최솟값 구하기	40%

25 $y=x^2-4x+2a$
$=(x-2)^2+2a-4$
$-1\leq x\leq 1$에서 함수의 그래프는 오른쪽 그림과 같고, $x=1$일 때 최솟값 -5를 가지므로 $2a-3=-5$
따라서 $a=-1$

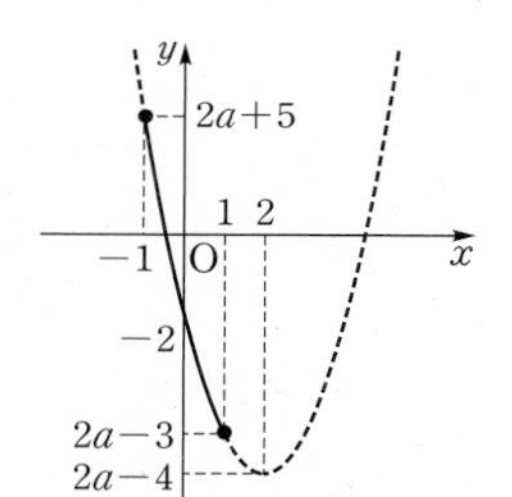

26 $y=-x^2+6x+m=-(x-3)^2+9+m$
$1\leq x\leq 4$에서 함수의 그래프는 오른쪽 그림과 같고 $x=3$일 때 최댓값 5를 가지므로
$9+m=5,\ m=-4$
따라서 주어진 이차함수는
$y=-x^2+6x-4$이고, $x=1$일 때 최솟값 1을 갖는다.

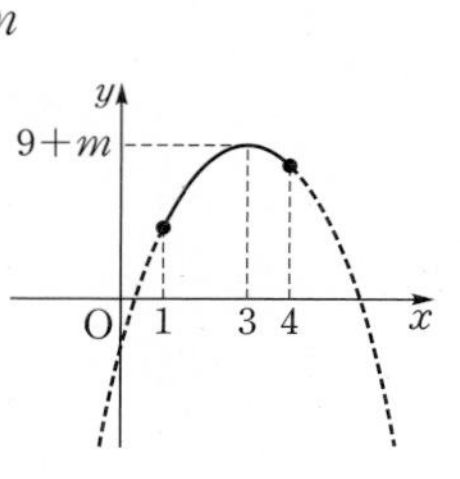

27 $f(x)=ax^2+4ax+b=a(x+2)^2-4a+b$
이 이차함수의 그래프의 꼭짓점의 x좌표 -2가 $-3\leq x\leq 0$의 범위에 속하고 $a>0$이므로 $x=-2$일 때 최솟값을 갖고, $x=-3$과 $x=0$ 중 축 $x=-2$에서 더 멀리 떨어져 있는 $x=0$일 때 최댓값을 갖는다.
즉, $f(-2)=-4a+b=-1,\ f(0)=b=3$
따라서 $a=1,\ b=3$이므로 $a-b=-2$

28 $2x-y+1=0$에서 $y=2x+1$
$y=2x+1$을 x^2-xy에 대입하면
$x^2-xy=x^2-x(2x+1)=-x^2-x$
$=-\left(x+\frac{1}{2}\right)^2+\frac{1}{4}$
이때 $0\leq x\leq 1$이므로 $x=0$일 때 최댓값 0을 갖고, $x=1$일 때 최솟값 -2를 갖는다.
따라서 최댓값과 최솟값의 합은
$0+(-2)=-2$

29 $2x^2-4x+y^2-6y+13$
$=2(x^2-2x+1)+(y^2-6y+9)-2-9+13$
$=2(x-1)^2+(y-3)^2+2$
이때 $x,\ y$가 실수이므로 $(x-1)^2\geq 0,\ (y-3)^2\geq 0$
즉, $2x^2-4x+y^2-6y+13\geq 2$
따라서 주어진 식은 $x=1,\ y=3$일 때 최솟값 2를 갖는다.

30 $x^2+2=t$라고 하면 $t\geq 2$이고
$y=(x^2+2)^2+4(x^2+2)+1$
$=t^2+4t+1$
$=(t+2)^2-3$
따라서 $t\geq 2$에서 함수 $y=(t+2)^2-3$의 최솟값은 $t=2$일 때 13이다.

31 두 수를 $x,\ x+18$이라 하고 두 수의 곱을 y라고 하면
$y=x(x+18)=x^2+18x$
$=(x+9)^2-81$
따라서 두 수의 곱의 최솟값은 -81이다.

32 꽃밭의 세로의 길이를 x m, 꽃밭의 넓이를 y m^{2}라고 하면
$y=x(40-2x)=-2x^2+40x$
$=-2(x-10)^2+200$
이때 $0<x<20$이므로 $x=10$일 때 최댓값 200을 갖는다.
따라서 넓이가 최대가 되도록 하는 꽃밭의 세로의 길이는 10 m이다.

33 공의 높이를 $h(t)$m라고 하면
$h(t)=-5t^2+20t=-5(t-2)^2+20$
따라서 $t=2$, 즉 2초 후에 $h(2)=20$ m로 최고 높이에 도달한다.

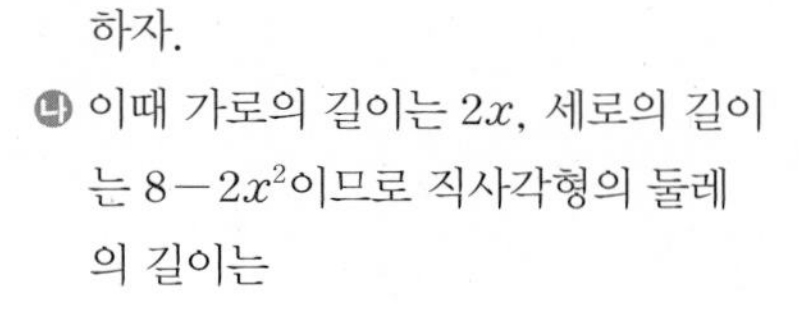

34 ㉮ 오른쪽 그림과 같이 직사각형과 이차함수 $y=8-2x^2$의 그래프의 제1사분면에서의 교점을 $\mathrm{P}(x,\ y)$라고 하자.
㉯ 이때 가로의 길이는 $2x$, 세로의 길이는 $8-2x^2$이므로 직사각형의 둘레의 길이는

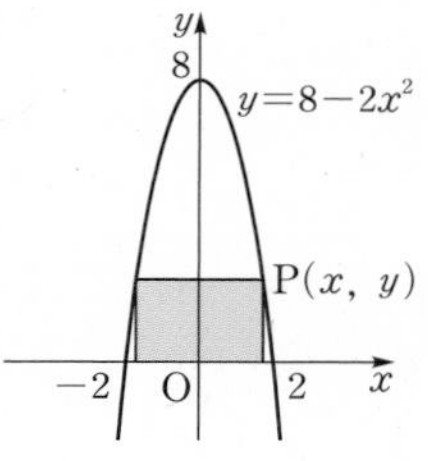

$2(2x+8-2x^2)=-4x^2+4x+16$

$=-4\left(x-\frac{1}{2}\right)^2+17$

㈐ 따라서 직사각형의 둘레의 길이의 최댓값은 $x=\frac{1}{2}$일 때 17

이다.

단계	채점 기준	배점 비율
㈎	직사각형과 이차함수 $y=8-2x^2$의 그래프의 제1 사분면에서의 교점을 $\mathrm{P}(x, y)$로 놓기	20%
㈏	직사각형의 둘레의 길이를 x에 대한 식으로 나타내기	60%
㈐	직사각형의 둘레의 길이의 최댓값 구하기	20%

35 순이익을 $f(x)$원이라고 하면

$f(x)=\frac{1}{2}(500+2x)(3500-10x)$

$=\frac{1}{2}(-20x^2+2000x+1750000)$

$=-10x^2+1000x+875000$

$=-10(x-50)^2+900000$

따라서 순이익은 $x=50$, 즉 100원 올렸을 때 최대이고, 그때의 최댓값은 90만 원이다.

36 $\overline{\mathrm{AB}}=\overline{\mathrm{CD}}=x$, $\overline{\mathrm{AD}}=\overline{\mathrm{BC}}=6-x$라 하고, 4개의 삼각형의 넓이의 합을 y라고 하면

$y=2\times\frac{\sqrt{3}}{4}\times x^2+2\times\frac{\sqrt{3}}{4}\times(6-x)^2$

$=\frac{\sqrt{3}}{2}(x^2+36-12x+x^2)$

$=\sqrt{3}(x^2-6x+18)$

$=\sqrt{3}(x-3)^2+9\sqrt{3}$

따라서 정삼각형의 넓이의 합의 최솟값은 $x=3$일 때 $9\sqrt{3}$이다.

STEP 3 내신 100점 잡기 52~53쪽

37 ⑤	38 ②	39 ②	40 ⑤	41 ③
42 ③	43 ⑤	44 해설 참조	45 ②	

37 주어진 이차함수의 그래프의 꼭짓점의 좌표가 (1, 4)이므로 주어진 이차함수의 식은

$y=a(x-1)^2+4$

$=ax^2-2ax+a+4$ ······ ㉠

이때 축의 방정식이 $x=1$이고 $\overline{\mathrm{AB}}=4$이므로 두 점 A, B의 x좌표는 -1, 3이다.

-1, 3은 이차방정식 $ax^2-2ax+a+4=0$의 두 근이므로 근과 계수의 관계에 의하여

$-1\times3=\frac{a+4}{a}$, $a+4=-3a$

$4a=-4$, $a=-1$

$a=-1$을 ㉠에 대입하면 $y=-x^2+2x+3$

따라서 $a=-1$, $b=2$, $c=3$이므로

$abc=-1\times2\times3=-6$

38 이차함수 $y=f(x)$의 그래프와 x축의 교점의 x좌표가 -2, 1이므로 이차방정식 $f(x)=0$의 두 실근은 -2, 1이다.

이차방정식 $f(x-a)=0$의 두 실근은 $x-a=-2$, $x-a=1$에서

$x=a-2$, $x=a+1$이고, 그 합이 5가 되므로

$(a-2)+(a+1)=5$, $2a=6$

따라서 $a=3$

39 이차함수 $y=f(x)$의 그래프와 x축의 교점의 x좌표를 α, β라고 하면

$y=a(x-\alpha)(x-\beta)$

대칭축이 $x=-1$이므로 $\frac{\alpha+\beta}{2}=-1$에서

$\alpha=-3$이라고 하면 $\beta=1$이 된다.

이때 $y=a(x+3)(x-1)$과 $y=ax^2+bx+c$의 계수를 비교하면

$b=2a$, $c=-3a$ ······ ㉠

㉠을 $3a+2b-c=20$에 대입하면 $3a+4a+3a=20$

$10a=20$, $a=2$

따라서 $f(x)=2x^2+4x-6$이므로

$f(3)=18+12-6=24$

40 점 $(-1, 1)$을 지나고 기울기가 m인 직선의 방정식은

$y-1=m(x+1)$, $y=mx+m+1$

이 직선이 이차함수 $y=2x^2+6x+5$의 그래프에 접하므로 이차방정식 $2x^2+6x+5=mx+m+1$, 즉 $2x^2+(6-m)x-m+4=0$의 판별식을 D라고 하면

$D=(6-m)^2-8(-m+4)=0$

$m^2-4m+4=0$, $(m-2)^2=0$, $m=2$

이때 구하는 직선의 방정식은 $y=2x+3$이므로 $a=2$, $b=3$

따라서 $a-b=-1$

41 $\{f(x)\}^2+f(x)-12=0$에서

$\{f(x)+4\}\{f(x)-3\}=0$, $f(x)=-4$ 또는 $f(x)=3$

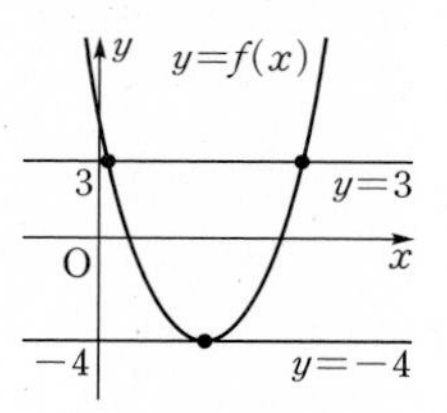

(i) 방정식 $f(x)=-4$의 서로 다른 실근의 개수는 위의 그림에서 이차함수 $y=f(x)$의 그래프와 직선 $y=-4$의 교점의 개수와 같으므로 1이다.

(ⅱ) 방정식 $f(x)=3$의 서로 다른 실근의 개수는 위의 그림에서 이차함수 $y=f(x)$의 그래프와 직선 $y=3$의 교점의 개수와 같으므로 2이다.
따라서 (ⅰ), (ⅱ)에서 주어진 방정식의 서로 다른 실근이 개수는 3이다.

42 이차함수 $y=ax^2+bx+c$가 $x=2$에서 최댓값 6을 가지므로 그래프의 꼭짓점의 좌표는 $(2,\ 6)$이고 $a<0$이다.
따라서 $y=a(x-2)^2+6$이라 하고 그래프가 오른쪽 그림과 같이 제 2 사분면을 지나지 않으려면 (y절편)≤ 0이어야 하므로 $4a+6\le 0$
따라서 $a\le -\frac{3}{2}$

43 $f(x)=x^2-2x+a=(x-1)^2+a-1$
꼭짓점의 x좌표 1이 $-2\le x\le 2$에 포함되므로
$f(1)=a-1,\ f(-2)=a+8,\ f(2)=a$
$f(x)$의 최댓값은 $a+8$, 최솟값은 $a-1$이고, 최댓값과 최솟값의 합이 23이므로 $a+8+(a-1)=23,\ 2a=16$
따라서 $a=8$

44 ㉮ $x^2-4x+3=t$라고 하면 주어진 함수는
$y=-t^2+2t+4$
㉯ 이때 $t=x^2-4x+3=(x-2)^2-1$이므로 $1\le x\le 3$에서
$-1\le t\le 0$
㉰ $-1\le t\le 0$에서
$y=-t^2+2t+4=-(t-1)^2+5$
의 그래프는 오른쪽 그림과 같고 최댓값은 $t=0$일 때 4이고, 최솟값은 $t=-1$일 때 1이다.
따라서 최댓값과 최솟값의 합은 5이다.

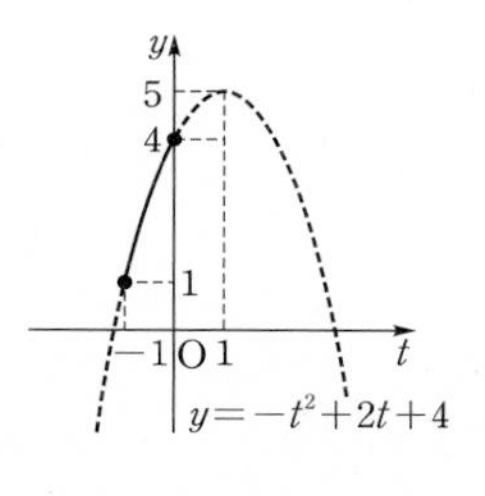

단계	채점 기준	배점 비율
㉮	$x^2-4x+3=t$로 치환하기	20%
㉯	t의 값의 범위 구하기	30%
㉰	최댓값과 최솟값의 합 구하기	50%

45 $\overline{BP}=x(0<x<2)$라고 하면 두 삼각형의 넓이의 합 $f(x)$는
$$f(x)=\frac{1}{2}\left(\frac{\sqrt{2}}{2}x\right)^2+\frac{1}{2}(2-x)^2$$
$$=\frac{1}{4}(x^2+8-8x+2x^2)$$
$$=\frac{3}{4}\left(x^2-\frac{8}{3}x+\frac{8}{3}\right)$$
$$=\frac{3}{4}\left(x-\frac{4}{3}\right)^2+\frac{2}{3}\ (0<x<2)$$
따라서 두 삼각형의 넓이의 합의 최솟값은 $x=\frac{4}{3}$일 때 $\frac{2}{3}$이다.

STEP 3 내신 최고 문제 53쪽

46 ⑤ **47** ③

46 그래프에서 $A(0,\ 4),\ B(1,\ 0),\ C(4,\ 0)$이고 그래프 위의 점 $P(a,\ b)$가 점 A에서 점 C까지 움직이므로 $0\le a\le 4$
또, 점 P는 곡선 위의 점이므로 $b=a^2-5a+4$가 성립한다. 즉,
$a-b+3=a-a^2+5a-4+3=-a^2+6a-1$
$f(a)=-a^2+6a-1$이라고 하면
$f(a)=-a^2+6a-1=-(a-3)^2+8$
따라서 $0\le a\le 4$에서 $a-b+3$의 최댓값은 $a=3$일 때 8이다.

47 $f(0)=3$이므로 $f(x)=ax^2+bx+3$이라고 하면
$f(x+1)-f(x)=2x+3$에서
$f(x+1)-f(x)=a(x+1)^2+b(x+1)+3-(ax^2+bx+3)$
$=2ax+a+b=2x+3$
이 등식은 x에 대한 항등식이므로
$2a=2,\ a+b=3$
따라서 $a=1,\ b=2$이므로 $f(x)=x^2+2x+3=(x+1)^2+2$
꼭짓점의 x좌표 -1이 $-2\le x\le 1$에 포함되므로
$f(-1)=2,\ f(-2)=3,\ f(1)=6$
즉, 최댓값은 6, 최솟값은 2이므로 $M=6,\ m=2$
그러므로 $M-m=4$

03 여러 가지 방정식

STEP 1 문제로 개념 확인하기 54~55쪽

01 (1) $x=2$ 또는 $x=-1\pm\sqrt{3}i$
(2) $x=\pm 1$ 또는 $x=\pm i$

02 (1) $x=-2$ 또는 $x=1$(중근)
(2) $x=2$ 또는 $x=1\pm\sqrt{2}$

03 (1) $x=\pm\sqrt{3}i$ 또는 $x=\pm\sqrt{5}$
(2) $x=\frac{-1\pm\sqrt{5}}{2}$ 또는 $x=\frac{1\pm\sqrt{5}}{2}$

04 (1) 4 (2) -1

05 (1) $\begin{cases}x=-1\\y=-3\end{cases}$ 또는 $\begin{cases}x=3\\y=1\end{cases}$
(2) $\begin{cases}x=\sqrt{7}\\y=\sqrt{7}\end{cases}$ 또는 $\begin{cases}x=-\sqrt{7}\\y=-\sqrt{7}\end{cases}$ 또는 $\begin{cases}x=4\\y=2\end{cases}$ 또는 $\begin{cases}x=-4\\y=-2\end{cases}$

05 (1) $\begin{cases}x=-1\\y=5\end{cases}$ 또는 $\begin{cases}x=5\\y=-1\end{cases}$ (2) $\begin{cases}x=-2\\y=-1\end{cases}$ 또는 $\begin{cases}x=-1\\y=-2\end{cases}$

01 (1) $x^3-8=x^3-2^3$
$=(x-2)(x^2+2x+4)=0$

따라서 $x=2$ 또는 $x=-1\pm\sqrt{3}i$

(2) $x^4-1=(x^2-1)(x^2+1)$

$=(x-1)(x+1)(x^2+1)=0$

따라서 $x=\pm1$ 또는 $x=\pm i$

02 (1) $f(x)=x^3-3x+2$로 놓으면

$f(1)=1-3+2=0$

따라서 $f(x)$는 $x-1$을 인수로 가지므로 조립제법을 이용하면

$$\begin{array}{r|rrrr} 1 & 1 & 0 & -3 & 2 \\ & & 1 & 1 & -2 \\ \hline & 1 & 1 & -2 & \boxed{0} \end{array}$$

$f(x)=(x-1)(x^2+x-2)=(x-1)^2(x+2)$

따라서 주어진 방정식은 $(x-1)^2(x+2)=0$이므로

$x=-2$ 또는 $x=1$ (중근)

(2) $f(x)=x^3-4x^2+3x+2$로 놓으면

$f(2)=8-16+6+2=0$

따라서 $f(x)$는 $x-2$를 인수로 가지므로 조립제법을 이용하면

$$\begin{array}{r|rrrr} 2 & 1 & -4 & 3 & 2 \\ & & 2 & -4 & -2 \\ \hline & 1 & -2 & -1 & \boxed{0} \end{array}$$

$f(x)=(x-2)(x^2-2x-1)$

따라서 주어진 방정식은 $(x-2)(x^2-2x-1)=0$이므로

$x=2$ 또는 $x=1\pm\sqrt{2}$

03 (1) $x^2=t$로 놓으면

$t^2-2t-15=0$, $(t+3)(t-5)=0$

따라서 $t=-3$ 또는 $t=5$

즉, $x^2=-3$ 또는 $x^2=5$이므로

$x=\pm\sqrt{3}i$ 또는 $x=\pm\sqrt{5}$

(2) $x^4-3x^2+1=0$에서 $x^4-2x^2+1-x^2=0$

$(x^2-1)^2-x^2=0$, $(x^2+x-1)(x^2-x-1)=0$

$x^2+x-1=0$ 또는 $x^2-x-1=0$

따라서 $x=\dfrac{-1\pm\sqrt{5}}{2}$ 또는 $x=\dfrac{1\pm\sqrt{5}}{2}$

04 $\omega^3=1$의 한 허근 ω는 $\omega^3=1$, $\omega^2+\omega+1=0$을 만족시킨다.

(1) $\omega^2+\omega+5=(\omega^2+\omega+1)+4=4$

(2) $\omega^2+\omega+1=0$에서 $\omega^2+1=-\omega$이므로

$\omega+\dfrac{1}{\omega}=\dfrac{\omega^2+1}{\omega}=\dfrac{-\omega}{\omega}=-1$

05 (1) $\begin{cases} x-y=2 & \cdots\cdots ㉠ \\ x^2+y^2=10 & \cdots\cdots ㉡ \end{cases}$

㉠에서 $y=x-2$ $\cdots\cdots$ ㉢

㉢을 ㉡에 대입하면 $x^2+(x-2)^2=10$

$x^2-2x-3=0$, $(x+1)(x-3)=0$

$x=-1$ 또는 $x=3$

㉢에서 $x=-1$이면 $y=-3$, $x=3$이면 $y=1$

따라서 구하는 해는 $\begin{cases} x=-1 \\ y=-3 \end{cases}$ 또는 $\begin{cases} x=3 \\ y=1 \end{cases}$

(2) $\begin{cases} x^2-3xy+2y^2=0 & \cdots\cdots ㉠ \\ x^2+3y^2=28 & \cdots\cdots ㉡ \end{cases}$

㉠에서 $(x-y)(x-2y)=0$

$x=y$ 또는 $x=2y$

(i) $x=y$를 ㉡에 대입하면

$y^2+3y^2=28$, $4y^2=28$, $y^2=7$, $y=\pm\sqrt{7}$

따라서 $x=\pm\sqrt{7}$, $y=\pm\sqrt{7}$ (복부호 동순)

(ii) $x=2y$를 ㉡에 대입하면

$4y^2+3y^2=28$, $7y^2=28$, $y^2=4$, $y=\pm2$

따라서 $x=\pm4$, $y=\pm2$ (복부호 동순)

따라서 (i), (ii)에서 구하는 해는

$\begin{cases} x=\sqrt{7} \\ y=\sqrt{7} \end{cases}$ 또는 $\begin{cases} x=-\sqrt{7} \\ y=-\sqrt{7} \end{cases}$ 또는 $\begin{cases} x=4 \\ y=2 \end{cases}$ 또는 $\begin{cases} x=-4 \\ y=-2 \end{cases}$

06 (1) x, y는 이차방정식 $t^2-4t-5=0$의 두 근이므로

$(t+1)(t-5)=0$

$t=-1$ 또는 $t=5$

따라서 구하는 해는 $\begin{cases} x=-1 \\ y=5 \end{cases}$ 또는 $\begin{cases} x=5 \\ y=-1 \end{cases}$

(2) x, y는 이차방정식 $t^2+3t+2=0$의 두 근이므로 $(t+2)(t+1)=0$

$t=-2$ 또는 $t=-1$

따라서 구하는 해는 $\begin{cases} x=-2 \\ y=-1 \end{cases}$ 또는 $\begin{cases} x=-1 \\ y=-2 \end{cases}$

STEP 2 내신등급 쑥쑥 올리기 56~61쪽

01 ②	02 ①	03 ②	04 ②	05 해설 참조
06 ①	07 ④	08 ②	09 ④	10 ③
11 ⑤	12 ④	13 ②	14 ①	15 ③
16 ①	17 ③	18 (1) $\begin{cases} x=1 \\ y=-3 \end{cases}$ 또는 $\begin{cases} x=3 \\ y=-1 \end{cases}$		
(2) $\begin{cases} x=4 \\ y=2 \end{cases}$ 또는 $\begin{cases} x=-4 \\ y=-2 \end{cases}$ 또는 $\begin{cases} x=\sqrt{10} \\ y=-\sqrt{10} \end{cases}$ 또는 $\begin{cases} x=-\sqrt{10} \\ y=\sqrt{10} \end{cases}$				
19 ④	20 ④	21 ③	22 ⑤	23 ⑤
24 ④	25 ③	26 ①	27 ③	28 해설 참조
29 ①	30 해설 참조	31 ⑤	32 ③	33 해설 참조

01 $x^3-x^2-4x+4=0$에서

$x^2(x-1)-4(x-1)=0$

$(x-1)(x^2-4)=0$

$(x-1)(x+2)(x-2)=0$

$x=-2$ 또는 $x=1$ 또는 $x=2$
즉, 가장 큰 근은 2, 가장 작은 근은 -2이므로
$\alpha=2$, $\beta=-2$
따라서 $\alpha-\beta=4$

02 $f(x)=x^3+2x^2+5x+4$라고 하면 $f(-1)=0$
조립제법을 이용하여 $f(x)$를 인수분해하면

$$\begin{array}{r|rrrr} -1 & 1 & 2 & 5 & 4 \\ & & -1 & -1 & -4 \\ \hline & 1 & 1 & 4 & 0 \end{array}$$

$f(x)=(x+1)(x^2+x+4)$
주어진 삼차방정식은 $(x+1)(x^2+x+4)=0$
이때 $x^2+x+4=0$의 두 근이 α, β이므로 이차방정식의 근과 계수의 관계에 의하여 $\alpha+\beta=-1$, $\alpha\beta=4$
따라서 $\alpha^2+\beta^2=(\alpha+\beta)^2-2\alpha\beta$
$=(-1)^2-2\times4=-7$

03 $f(x)=x^4+4x^3+5x^2-4x-6$이라고 하면
$f(-1)=0$, $f(1)=0$
조립제법을 이용하여 $f(x)$를 인수분해하면

$$\begin{array}{r|rrrrr} -1 & 1 & 4 & 5 & -4 & -6 \\ & & -1 & -3 & -2 & 6 \\ \hline 1 & 1 & 3 & 2 & -6 & 0 \\ & & 1 & 4 & 6 & \\ \hline & 1 & 4 & 6 & 0 & \end{array}$$

$f(x)=(x+1)(x-1)(x^2+4x+6)$
따라서 사차방정식 $f(x)=0$의 근은
$x=-1$ 또는 $x=1$ 또는 $x=-2\pm\sqrt{2}i$
이므로 모든 실근의 합은 $-1+1=0$

04 $(x^2-3x)^2-2(x^2-3x)-8=0$에서 $x^2-3x=X$라고 하면
$X^2-2X-8=0$, $(X+2)(X-4)=0$
$X=-2$ 또는 $X=4$
(i) $X=-2$, 즉 $x^2-3x+2=0$일 때
$(x-1)(x-2)=0$, $x=1$ 또는 $x=2$
(ii) $X=4$, 즉 $x^2-3x-4=0$일 때
$(x+1)(x-4)=0$, $x=-1$ 또는 $x=4$
따라서 (i), (ii)에서 주어진 사차방정식의 모든 실근의 곱은
$-1\times1\times2\times4=-8$

05 ㉮ $x^2=t$라고 하면 주어진 사차방정식은
$t^2+3t-10=0$, $(t+5)(t-2)=0$
$t=-5$ 또는 $t=2$
㉯ (i) $t=-5$, 즉 $x^2=-5$일 때
$x=\pm\sqrt{5}i$
(ii) $t=2$, 즉 $x^2=2$일 때
$x=\pm\sqrt{2}$
㉰ 따라서 (i), (ii)에서 주어진 사차방정식의 두 실근의 곱은 -2, 두 허근의 곱은 5이므로
$\alpha\beta+\gamma\delta=-2+5=3$

단계	채점 기준	배점 비율
㉮	$x^2=t$로 치환하여 t의 값 구하기	30%
㉯	x의 값 구하기	50%
㉰	$\alpha\beta+\gamma\delta$의 값 구하기	20%

06 $(x+1)(x+2)(x+3)(x+4)-8=0$에서
$(x+1)(x+4)(x+2)(x+3)-8=0$
$(x^2+5x+4)(x^2+5x+6)-8=0$
이때 $x^2+5x=X$라고 하면
$(X+4)(X+6)-8=0$, $X^2+10X+16=0$
$(X+2)(X+8)=0$, $X=-2$ 또는 $X=-8$
(i) $X=-2$, 즉 $x^2+5x+2=0$일 때
두 근의 합은 -5이다.
(ii) $X=-8$, 즉 $x^2+5x+8=0$일 때
두 근의 합은 -5이다.
따라서 (i), (ii)에서 주어진 사차방정식의 모든 근의 합은
$-5+(-5)=-10$

다른 풀이 주어진 사차방정식의 네 근을 α, β, γ, δ라고 하면
$(x+1)(x+2)(x+3)(x+4)-8=(x-\alpha)(x-\beta)(x-\gamma)(x-\delta)$
$x^4+(1+2+3+4)x^3+\cdots=x^4-(\alpha+\beta+\gamma+\delta)x^3+\cdots$
따라서 $\alpha+\beta+\gamma+\delta=-(1+2+3+4)=-10$

07 $x^3-2x+a=0$에 $x=1-i$를 대입하면
$(1-i)^3-2(1-i)+a=0$
$1-3i-3+i-2+2i+a=0$
따라서 $a=4$

08 $x^3-2x+k=0$에 $x=2$를 대입하면
$8-4+k=0$, $k=-4$
즉, 주어진 삼차방정식은 $x^3-2x-4=0$
$f(x)=x^3-2x-4$라고 하면 $f(2)=0$
조립제법을 이용하여 $f(x)$를 인수분해하면

$$\begin{array}{r|rrrr} 2 & 1 & 0 & -2 & -4 \\ & & 2 & 4 & 4 \\ \hline & 1 & 2 & 2 & 0 \end{array}$$

$f(x)=(x-2)(x^2+2x+2)$
즉, 주어진 삼차방정식은 $(x-2)(x^2+2x+2)=0$
이때 $x^2+2x+2=0$의 두 근이 α, β이므로 이차방정식의 근과 계수의 관계에 의하여 $\alpha\beta=2$
따라서 $k\alpha\beta=-4\times2=-8$

09 $x^3+ax^2+bx+12=0$에 $x=2$를 대입하면
$8+4a+2b+12=0$, $b=-2a-10$ ······ ㉠

따라서 주어진 삼차방정식은 $x^3+ax^2-(2a+10)x+12=0$
조립제법을 이용하여 좌변을 인수분해하면 $(x-2)^2$은 주어진 방정식의 인수이므로

2	1	a	$-2a-10$	12
		2	$2a+4$	-12
2	1	$a+2$	-6	0
		2	$2a+8$	
	1	$a+4$	$2a+2$	

$2a+2=0$, $a=-1$
$a=-1$을 ㉠에 대입하면 $b=-8$
따라서 $a-b=-1-(-8)=7$

참고 주어진 삼차방정식의 또 다른 인수는 $x+a+4$이므로 중근 $x=2$ 이외의 다른 한 근은 $x+3=0$에서 $x=-3$이다.

다른 풀이 삼차방정식 $x^3+ax^2+bx+12=0$의 다른 한 근을 $x=k$라고 하면
$$\begin{aligned}x^3+ax^2+bx+12&=(x-2)^2(x-k)\\&=(x^2-4x+4)(x-k)\\&=x^3-(4+k)x^2+(4+4k)x-4k\end{aligned}$$
이 식은 x에 대한 항등식이므로 $-4k=12$, $k=-3$
$a=-(4+k)=-1$, $b=4+4k=-8$
따라서 $a-b=7$

10 사차방정식 $x^4+ax^3-x^2+ax+b=0$의 두 근이 -2, 1이므로
$x=-2$를 대입하면
$16-8a-4-2a+b=0$, $10a-b=12$ …… ㉠
$x=1$을 대입하면
$1+a-1+a+b=0$, $2a+b=0$ …… ㉡
㉠, ㉡을 연립하여 풀면 $a=1$, $b=-2$
즉, 주어진 사차방정식은 $x^4+x^3-x^2+x-2=0$
조립제법을 이용하여 인수분해하면

1	1	1	-1	1	-2
		1	2	1	2
-2	1	2	1	2	0
		-2	0	-2	
	1	0	1	0	

$(x-1)(x+2)(x^2+1)=0$
$x=1$ 또는 $x=-2$ 또는 $x^2+1=0$
따라서 주어진 사차방정식의 나머지 두 근은 $x^2+1=0$의 근이므로 근과 계수의 관계에 의하여 구하는 두 근의 곱은 1이다.

11 $x^2=X$라고 하면 주어진 사차방정식은
$X^2+aX+b=0$ …… ㉠
사차방정식의 네 근이 $x=\pm\alpha$, $x=\pm\beta$이므로 이차방정식 ㉠의 근은 $X=\alpha^2$ 또는 $X=\beta^2$이다.
따라서 이차방정식 $x^2+ax+b=0$의 근은
$x=\alpha^2$ 또는 $x=\beta^2$

12 $f(x)=x^3+x^2+(k-6)x-k+4$라고 하면 $f(1)=0$
조립제법을 이용하여 $f(x)$를 인수분해하면

1	1	1	$k-6$	$-k+4$
		1	2	$k-4$
	1	2	$k-4$	0

$f(x)=(x-1)(x^2+2x+k-4)$
즉, 주어진 삼차방정식은 $(x-1)(x^2+2x+k-4)=0$
이때 주어진 방정식이 한 개의 실근과 두 개의 허근을 가지므로 이차방정식 $x^2+2x+k-4=0$이 두 개의 허근을 갖는다.
따라서 이차방정식 $x^2+2x+k-4=0$의 판별식을 D라고 하면
$D=2^2-4(k-4)<0$, $-4k+20<0$
따라서 $k>5$

13 $x^3=1$에서 $x^3-1=0$, 즉 $(x-1)(x^2+x+1)=0$이므로 ω는 $x^2+x+1=0$의 근이다.
따라서 $\omega^2+\omega+1=0$, $\omega^3=1$이므로
$$\begin{aligned}\omega^{10}+\omega^5+2&=(\omega^3)^3\times\omega+\omega^3\times\omega^2+2\\&=\omega+\omega^2+2\\&=(\omega^2+\omega+1)+1=1\end{aligned}$$

14 $x^3=1$에서 $x^3-1=0$, 즉 $(x-1)(x^2+x+1)=0$이므로 ω, $\overline{\omega}$는 $x^2+x+1=0$의 근이다.
ㄱ. $x^2+x+1=0$에서 근과 계수의 관계에 의하여
$\omega+\overline{\omega}=-1$ (참)
ㄴ. $\omega^2+\omega+1=0$에서 $\omega^2=-\omega-1$
$\omega+\overline{\omega}=-1$에서 $\overline{\omega}=-\omega-1$
그러므로 $\omega^2=\overline{\omega}$ (참)
ㄷ. $\omega^2+\omega+1=0$의 양변을 ω로 나누면
$\omega+1+\frac{1}{\omega}=0$, $\omega+\frac{1}{\omega}=-1$ (거짓)
ㄹ. $\omega^2+\omega+1=0$에서 $\omega^2+1=-\omega$이므로
$\omega^2-\omega+1=-2\omega$ (거짓)
따라서 옳은 것은 ㄱ, ㄴ이다.

15 $x^3+1=0$에서 $(x+1)(x^2-x+1)=0$이므로 ω는 $x^2-x+1=0$의 근이다. 즉,
$\omega^2-\omega+1=0$, $\omega^3=-1$
① $\omega^2-\omega+1=0$의 양변을 ω로 나누면
$\omega-1+\frac{1}{\omega}=0$, $\omega+\frac{1}{\omega}=1$
② $\frac{\omega^2}{1-\omega}+\frac{1+\omega^2}{\omega}=\frac{\omega^2}{-\omega^2}+\frac{\omega}{\omega}=-1+1=0$
③ $\omega^6+1=(\omega^3)^2+1=(-1)^2+1=2$
④ $\omega^5-\omega^4-1=-\omega^2+\omega-1=-(\omega^2-\omega+1)=0$
⑤ $\omega^3+2\omega^2-2\omega+1=-1+2(\omega^2-\omega+1)-1=-2$
따라서 식의 값이 가장 큰 것은 ③이다.

16 $x^3=1$에서 $x^3-1=0$, 즉 $(x-1)(x^2+x+1)=0$이므로 ω는 $x^2+x+1=0$의 근이다. 즉

$\omega^2+\omega+1=0$, $\omega^3=1$

$f(n)=\omega^{2n+1}$이므로

$f(1)=\omega^3=1$, $f(2)=\omega^5=\omega^2$, $f(3)=\omega^7=\omega$,

$f(4)=\omega^9=1$, $f(5)=\omega^{11}=\omega^2$, $f(6)=\omega^{13}=\omega$,

$f(7)=\omega^{15}=1$

따라서 $f(1)+f(2)+f(3)+\cdots+f(7)$

$=(1+\omega^2+\omega)+(1+\omega^2+\omega)+1=1$

17 $x^2-x+1=0$의 양변에 $x+1$을 곱하면

$(x+1)(x^2-x+1)=0$, $x^3+1=0$

$x^3=-1$

ω는 $x^2-x+1=0$, $x^3=-1$의 근이므로

$\omega^2-\omega+1=0$, $\omega^3=-1$

따라서 $1+2\omega^2+3\omega^3+4\omega^4+5\omega^5$

$=1+2\omega^2-3-4\omega-5\omega^2$

$=-2-4\omega-3\omega^2$

$=-3(\omega^2-\omega+1)-7\omega+1$

$=-7\omega+1=a\omega+b$

이때 a, b는 실수이므로 $a=-7$, $b=1$

즉, $ab=-7$

18 (1) $\begin{cases} x-y=4 & \cdots\cdots ㉠ \\ x^2+2xy+y^2=4 & \cdots\cdots ㉡ \end{cases}$

㉠에서 $y=x-4$ ⋯⋯ ㉢

㉢을 ㉡에 대입하면

$x^2+2x(x-4)+(x-4)^2=4$

$x^2+2x^2-8x+x^2-8x+16-4=0$

$x^2-4x+3=0$, $(x-1)(x-3)=0$

$x=1$ 또는 $x=3$

이것을 ㉢에 대입하면

$x=1$, $y=-3$ 또는 $x=3$, $y=-1$

따라서 구하는 해는 $\begin{cases} x=1 \\ y=-3 \end{cases}$ 또는 $\begin{cases} x=3 \\ y=-1 \end{cases}$

(2) $\begin{cases} x^2-xy-2y^2=0 & \cdots\cdots ㉠ \\ x^2+y^2=20 & \cdots\cdots ㉡ \end{cases}$

㉠의 좌변을 인수분해하면

$(x-2y)(x+y)=0$, $x=2y$ 또는 $x=-y$

(i) $x=2y$를 ㉡에 대입하면

$4y^2+y^2=20$, $5y^2=20$, $y^2=4$, $y=\pm2$

$y=\pm2$를 $x=2y$에 대입하면 $x=\pm4$(복부호 동순)

(ii) $x=-y$를 ㉡에 대입하면

$y^2+y^2=20$, $2y^2=20$, $y^2=10$, $y=\pm\sqrt{10}$

$y=\pm\sqrt{10}$을 $x=-y$에 대입하면 $x=\mp\sqrt{10}$(복부호 동순)

따라서 (i), (ii)에 의해 구하는 해는

$\begin{cases} x=4 \\ y=2 \end{cases}$ 또는 $\begin{cases} x=-4 \\ y=-2 \end{cases}$ 또는 $\begin{cases} x=\sqrt{10} \\ y=-\sqrt{10} \end{cases}$ 또는 $\begin{cases} x=-\sqrt{10} \\ y=\sqrt{10} \end{cases}$

19 $\begin{cases} x-y=8 & \cdots\cdots ㉠ \\ x^2+y^2=40 & \cdots\cdots ㉡ \end{cases}$

㉠에서 $x=y+8$ ⋯⋯ ㉢

㉢을 ㉡에 대입하면

$(y+8)^2+y^2=40$, $y^2+8y+12=0$

$(y+6)(y+2)=0$, $y=-6$ 또는 $y=-2$

이것을 ㉢에 대입하면

$x=2$, $y=-6$ 또는 $x=6$, $y=-2$

따라서 $|\alpha^2-\beta^2|=32$

20 $\begin{cases} x^2+xy-6y^2=0 & \cdots\cdots ㉠ \\ x^2+2xy+2y^2=10 & \cdots\cdots ㉡ \end{cases}$

㉠의 좌변을 인수분해하면

$(x+3y)(x-2y)=0$, $x=-3y$ 또는 $x=2y$

(i) $x=-3y$를 ㉡에 대입하면

$9y^2-6y^2+2y^2=10$, $y^2=2$, $y=\pm\sqrt{2}$

$y=-\sqrt{2}$, $x=3\sqrt{2}$ 또는 $y=\sqrt{2}$, $x=-3\sqrt{2}$

(ii) $x=2y$를 ㉡에 대입하면

$4y^2+4y^2+2y^2=10$, $y^2=1$, $y=\pm1$

$y=-1$, $x=-2$ 또는 $y=1$, $x=2$

(i), (ii)에서 주어진 연립방정식의 해는

$\begin{cases} x=-3\sqrt{2} \\ y=\sqrt{2} \end{cases}$ 또는 $\begin{cases} x=3\sqrt{2} \\ y=-\sqrt{2} \end{cases}$ 또는 $\begin{cases} x=-2 \\ y=-1 \end{cases}$ 또는 $\begin{cases} x=2 \\ y=1 \end{cases}$

따라서 $\alpha+\beta$의 최댓값은 3이다.

21 $\begin{cases} x^2-2xy+3y^2=6 & \cdots\cdots ㉠ \\ x^2-5xy+6y^2=0 & \cdots\cdots ㉡ \end{cases}$

㉡의 좌변을 인수분해하면

$(x-2y)(x-3y)=0$, $x=2y$ 또는 $x=3y$

(i) $x=2y$를 ㉠에 대입하면

$4y^2-4y^2+3y^2=6$, $y^2=2$, $y=\pm\sqrt{2}$

$y=-\sqrt{2}$, $x=-2\sqrt{2}$ 또는 $y=\sqrt{2}$, $x=2\sqrt{2}$

(ii) $x=3y$를 ㉠에 대입하면

$9y^2-6y^2+3y^2=6$, $y^2=1$, $y=\pm1$

$y=-1$, $x=-3$ 또는 $y=1$, $x=3$

(i), (ii)에서 주어진 연립방정식의 해는

$\begin{cases} x=-2\sqrt{2} \\ y=-\sqrt{2} \end{cases}$ 또는 $\begin{cases} x=2\sqrt{2} \\ y=\sqrt{2} \end{cases}$ 또는 $\begin{cases} x=-3 \\ y=-1 \end{cases}$ 또는 $\begin{cases} x=3 \\ y=1 \end{cases}$

따라서 $\alpha\beta$의 최솟값은 3이다.

22 주어진 두 연립방정식의 해가 같으므로 두 연립방정식의 해는

연립방정식 $\begin{cases} x+y=2 & \cdots\cdots ㉠ \\ x^2+y^2=20 & \cdots\cdots ㉡ \end{cases}$

의 해와 같다.

㉠에서 $y=2-x$ ⋯⋯ ㉢

㉢을 ㉡에 대입하면

$x^2+(2-x)^2=20$, $x^2-2x-8=0$

$(x+2)(x-4)=0$, $x=-2$ 또는 $x=4$

이것을 ㉢에 대입하면

$x=-2$, $y=4$ 또는 $x=4$, $y=-2$

그런데 $x>y$이므로 $x=4$, $y=-2$

$x+ay=-2$, $2x+3y=b$에 $x=4$, $y=-2$를 대입하면

$4-2a=-2$, $8-6=b$

따라서 $a=3$, $b=2$이므로 $a+b=5$

23 $\begin{cases} x+y=-1 & \cdots\cdots ㉠ \\ xy=-6 & \cdots\cdots ㉡ \end{cases}$

㉠에서 $y=-x-1$ ……㉢

㉢을 ㉡에 대입하면

$x(-x-1)=-6$, $-x^2-x=-6$

$x^2+x-6=0$, $(x+3)(x-2)=0$

$x=-3$ 또는 $x=2$

이것을 ㉢에 대입하면

$x=-3$, $y=2$ 또는 $x=2$, $y=-3$

따라서 $\alpha-\beta$의 최댓값은 $2-(-3)=5$

다른풀이 x와 y를 t에 대한 이차방정식의 두 근이라고 하면

$x+y=-1$, $xy=-6$이므로 이차방정식 $t^2+t-6=0$의 두 근이 x, y이다.

$(t-2)(t+3)=0$에서 $t=2$ 또는 $t=-3$

따라서 $\alpha-\beta$의 최댓값은 $2-(-3)=5$

24 $\begin{cases} xy+x+y=9 \\ xy(x+y)=20 \end{cases}$에서 $x+y=u$, $xy=v$라고 하면

$\begin{cases} v+u=9 \\ vu=20 \end{cases}$ ……㉠

이때 x, y가 자연수이므로 u, v도 자연수이다.

따라서 ㉠을 만족시키는 해는

$\begin{cases} u=4 \\ v=5 \end{cases}$ 또는 $\begin{cases} u=5 \\ v=4 \end{cases}$

(i) $\begin{cases} u=4 \\ v=5 \end{cases}$, 즉 $\begin{cases} x+y=4 \\ xy=5 \end{cases}$ 일 때

만족시키는 자연수 x, y는 존재하지 않는다.

(ii) $\begin{cases} u=5 \\ v=4 \end{cases}$, 즉 $\begin{cases} x+y=5 \\ xy=4 \end{cases}$ 일 때

$\begin{cases} x=1 \\ y=4 \end{cases}$ 또는 $\begin{cases} x=4 \\ y=1 \end{cases}$

따라서 $x^2+y^2=17$

25 $\begin{cases} x+y+xy=-3 \\ x^2+xy+y^2=3 \end{cases}$에서 $x+y=a$, $xy=b$라고 하면

$\begin{cases} a+b=-3 & \cdots\cdots ㉠ \\ a^2-b=3 & \cdots\cdots ㉡ \end{cases}$

㉠에서 $b=-3-a$ ……㉢

㉢을 ㉡에 대입하면

$a^2-(-3-a)=3$, $a^2+a=0$

$a(a+1)=0$, $a=0$ 또는 $a=-1$

이것을 ㉢에 대입하면

$a=0$, $b=-3$ 또는 $a=-1$, $b=-2$

(i) $a=0$, $b=-3$, 즉 $x+y=0$, $xy=-3$일 때

$t^2-3=0$, $t=\pm\sqrt{3}$

즉, 만족시키는 정수 x, y는 존재하지 않는다.

(ii) $a=-1$, $b=-2$, 즉 $x+y=-1$, $xy=-2$일 때

$t^2+t-2=0$, $(t+2)(t-1)=0$

$t=-2$ 또는 $t=1$

즉, $x=-2$, $y=1$ 또는 $x=1$, $y=-2$

따라서 (i), (ii)에 의해 $x^2+y^2=5$

26 두 이차방정식의 공통인 근을 α라고 하면

$\alpha^2+2\alpha+3k=0$ ……㉠

$\alpha^2+5\alpha=0$ ……㉡

㉡에서 $\alpha(\alpha+5)=0$, $\alpha=0$ 또는 $\alpha=-5$

(i) $\alpha=0$을 ㉠에 대입하면 $k=0$

(ii) $\alpha=-5$를 ㉠에 대입하면

$25-10+3k=0$, $k=-5$

(i), (ii)에서 $k=0$ 또는 $k=-5$

따라서 모든 실수 k의 값의 합은 -5이다.

27 $\begin{cases} x^2+y^2=5 & \cdots\cdots ㉠ \\ 2x-y=k & \cdots\cdots ㉡ \end{cases}$

㉡에서 $y=2x-k$ ……㉢

㉢을 ㉠에 대입하면

$x^2+(2x-k)^2=5$, $5x^2-4kx+k^2-5=0$

주어진 연립방정식이 오직 한 쌍의 해를 가지려면 이 이차방정식이 중근을 가져야 한다. 이 이차방정식의 판별식 D라고 하면

$\frac{D}{4}=(-2k)^2-5(k^2-5)=0$

$-k^2+25=0$, $k^2=25$

$k=-5$ 또는 $k=5$

따라서 양의 실수 k의 값은 5이다.

28 ㉮ $\begin{cases} x-y=3 & \cdots\cdots ㉠ \\ x^2+y^2=2-a & \cdots\cdots ㉡ \end{cases}$

㉠에서 $y=x-3$ ……㉢

㉢을 ㉡에 대입하면

$x^2+(x-3)^2=2-a$, $2x^2-6x+a+7=0$

㉯ 이것을 만족시키는 실수 x의 값이 존재해야 하므로 이 이차방정식의 판별식을 D라고 하면

$\frac{D}{4}=(-3)^2-2(a+7)\geq 0$

$-2a-5\geq 0,\ a\leq -\frac{5}{2}$

㉰ 따라서 정수 a의 최댓값은 -3이다.

단계	채점 기준	배점 비율
㉮	연립방정식을 하나의 이차방정식으로 정리하기	40%
㉯	a의 값의 범위 구하기	40%
㉰	정수 a의 최댓값 구하기	20%

29 형의 나이를 x살, 동생의 나이를 y살이라고 하면

$x+y=37,\ xy=342$

x, y는 t에 대한 이차방정식 $t^2-37t+342=0$의 두 근이다.

$(t-18)(t-19)=0$에서 $t=18$ 또는 $t=19$

즉, $x=19,\ y=18$ ($x>y$에 의해)

따라서 형의 나이와 동생이 나이의 차는 1살이다.

$\begin{cases} x+y=37 & \cdots\cdots ㉠ \\ xy=342 & \cdots\cdots ㉡ \end{cases}$

㉠에서 $y=37-x$를 ㉡에 대입하면

$x(37-x)=342,\ x^2-37x+342=0$

$(x-18)(x-19)=0,\ x=18$ 또는 $x=19$

따라서 형의 나이와 동생의 나이의 차는 1살이다.

30 ㉮ 처음 두 자리 자연수의 십의 자리 숫자를 x, 일의 자리 숫자를 y라고 하면

$\begin{cases} x^2+y^2=34 & \cdots\cdots ㉠ \\ (10y+x)+(10x+y)=88 & \cdots\cdots ㉡ \end{cases}$

㉯ ㉡에서 $y=8-x$ $\cdots\cdots$ ㉢

㉢을 ㉠에 대입하면 $x^2+(8-x)^2=34,\ x^2-8x+15=0$

$(x-3)(x-5)=0,\ x=3$ 또는 $x=5$

이것을 ㉢에 대입하면

$x=3,\ y=5$ 또는 $x=5,\ y=3$

㉰ 그런데 $x>y$이므로 $x=5,\ y=3$

㉱ 따라서 처음 수는 53이다.

단계	채점 기준	배점 비율
㉮	십의 자리 숫자를 x, 일의 자리 숫자를 y로 놓고 연립방정식 세우기	30%
㉯	연립방정식 풀기	30%
㉰	$x>y$인 x, y의 값 구하기	20%
㉱	처음 수 구하기	20%

31 직각삼각형의 둘레의 길이가 30이고, 빗변의 길이가 13이므로

$\begin{cases} x+y+13=30 \\ x^2+y^2=13^2 \end{cases}$, 즉 $\begin{cases} x+y=17 & \cdots\cdots ㉠ \\ x^2+y^2=169 & \cdots\cdots ㉡ \end{cases}$

㉠에서 $y=17-x$ $\cdots\cdots$ ㉢

㉢을 ㉡에 대입하면 $x^2+(17-x)^2=169$

$x^2-17x+60=0,\ (x-5)(x-12)=0$

$x=5$ 또는 $x=12$

따라서 $x=5,\ y=12$ 또는 $x=12,\ y=5$이므로

$|x-y|=7$

32 가로, 세로에 붙인 색종이 조각의 개수를 각각 x, y라고 하면

$\begin{cases} 2xy=2400 & \cdots\cdots ㉠ \\ y=x+10 & \cdots\cdots ㉡ \end{cases}$

㉠에서 $xy=1200$ $\cdots\cdots$ ㉢

㉡을 ㉢에 대입하면 $x(x+10)=1200$

$x^2+10x-1200=0,\ (x+40)(x-30)=0$

$x=-40$ 또는 $x=30$

그런데 $x>0$이므로 $x=30$

이것을 ㉡에 대입하면 $y=40$

따라서 세로에 붙인 색종이 조각의 개수는 40이다.

33 ㉮ 오른쪽 그림의 직사각형 ABCD에서 $\overline{BD}$는 원의 지름이므로

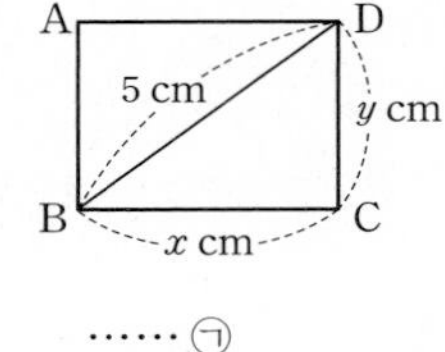

$\overline{BD}=5\,\text{cm}$

△DBC에서

$x^2+y^2=25$ $\cdots\cdots$ ㉠

또, 직사각형의 둘레의 길이가 14 cm이므로

$2x+2y=14,\ x+y=7$ $\cdots\cdots$ ㉡

㉯ ㉡에서 $y=-x+7$ $\cdots\cdots$ ㉢

㉢을 ㉠에 대입하면 $x^2+(-x+7)^2=25$

$x^2-7x+12=0,\ (x-3)(x-4)=0$

$x=3$ 또는 $x=4$

이것을 ㉢에 대입하면

$x=3,\ y=4$ 또는 $x=4,\ y=3$

㉰ 그런데 $x>y$이므로 $x=4,\ y=3$

단계	채점 기준	배점 비율
㉮	연립방정식 세우기	40%
㉯	연립방정식 풀기	40%
㉰	x, y의 값 구하기	20%

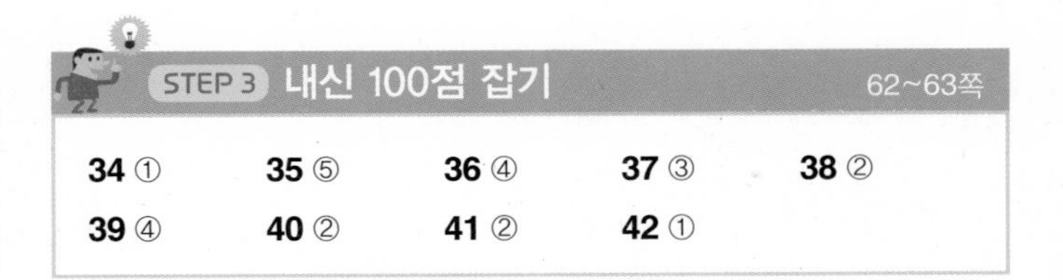

STEP 3 내신 100점 잡기 62~63쪽

34 ①	35 ⑤	36 ④	37 ③	38 ②
39 ④	40 ②	41 ②	42 ①	

34 $f(x)=x^3+(a-1)x+a$라고 하면 $f(-1)=0$

조립제법을 이용하여 $f(x)$를 인수분해하면

$$\begin{array}{r|rrrr} -1 & 1 & 0 & a-1 & a \\ & & -1 & 1 & -a \\ \hline & 1 & -1 & a & 0 \end{array}$$

$f(x)=(x+1)(x^2-x+a)$

주어진 삼차방정식은 $(x+1)(x^2-x+a)=0$

$x=-1$ 또는 $x^2-x+a=0$

이때 삼차방정식 $f(x)=0$이 중근을 가지려면

(i) 방정식 $x^2-x+a=0$이 $x=-1$을 근으로 가지는 경우

$(-1)^2-(-1)+a=0$, $a=-2$

(ii) 방정식 $x^2-x+a=0$이 중근을 가지는 경우

방정식 $x^2-x+a=0$의 판별식을 D라고 하면

$D=(-1)^2-4a=0$, $a=\frac{1}{4}$

따라서 (i), (ii)에 의해 모든 실수 a의 값의 곱은

$-2\times\frac{1}{4}=-\frac{1}{2}$

35 사차방정식 $x^4+3x^3-2x^2-x+4=0$의 네 근이 α, β, γ, δ이므로

$x^4+3x^3-2x^2-x+4=(x-\alpha)(x-\beta)(x-\gamma)(x-\delta)$

위의 식의 양변에 $x=1$을 대입하면

$1+3-2-1+4=(1-\alpha)(1-\beta)(1-\gamma)(1-\delta)$

따라서 $(1-\alpha)(1-\beta)(1-\gamma)(1-\delta)=5$

36 주어진 식에서

$f(1)-1^2=0$, $f(3)-3^2=0$, $f(5)-5^2=0$, $f(7)-7^2=0$

이므로 $x=1$, 3, 5, 7은 방정식 $f(x)-x^2=0$의 네 근이다.

이때 $f(x)$의 x^4의 계수가 1이므로

$f(x)-x^2=(x-1)(x-3)(x-5)(x-7)$

위의 식의 양변에 $x=4$를 대입하면

$f(4)-16=3\times1\times(-1)\times(-3)=9$

따라서 $f(4)=9+16=25$

37 정육면체 모양의 상자 A의 한 모서리의 길이를 x cm라고 하면 상자 A의 부피는 x^3 cm³, 상자 B의 부피는

$(x-3)(x+2)x=x^3-x^2-6x(\text{cm}^3)(x>3)$이므로

$x^3:(x^3-x^2-6x)=3:2$, $2x^3=3(x^3-x^2-6x)$

$x^3-3x^2-18x=0$, $x(x+3)(x-6)=0$

이때 $x>3$이므로 $x=6$

따라서 상자 A의 한 모서리의 길이는 6 cm이다.

38 $\begin{cases}(x+y)^2=36 & \cdots\cdots ㉠\\ x^2+y^2=20 & \cdots\cdots ㉡\end{cases}$

㉠에서 $x+y=6$ 또는 $x+y=-6$

$(x+y)^2=x^2+2xy+y^2$이므로 ㉠－㉡을 하면

$2xy=16$, $xy=8$

이것을 만족하는 연립방정식을 세우면

$\begin{cases}x+y=6\\ xy=8\end{cases}$ 또는 $\begin{cases}x+y=-6\\ xy=8\end{cases}$

(i) $x+y=6$, $xy=8$일 때

x, y는 t에 대한 이차방정식 $t^2-6t+8=0$의 두 근이다.

$(t-2)(t-4)=0$, $t=2$ 또는 $t=4$

즉, $x=2$, $y=4$ 또는 $x=4$, $y=2$

(ii) $x+y=-6$, $xy=8$일 때

x, y는 t에 대한 이차방정식 $t^2+6t+8=0$의 두 근이다.

$(t+2)(t+4)=0$, $t=-2$ 또는 $t=-4$

즉, $x=-4$, $y=-2$ 또는 $x=-2$, $y=-4$

(i), (ii)에서

$\begin{cases}x=-4\\ y=-2\end{cases}$ 또는 $\begin{cases}x=-2\\ y=-4\end{cases}$ 또는 $\begin{cases}x=2\\ y=4\end{cases}$ 또는 $\begin{cases}x=4\\ y=2\end{cases}$

따라서 $|\alpha-\beta|=2$

39 $x^3-1=0$에서 $(x-1)(x^2+x+1)=0$

α, β는 허근이므로 이차방정식 $x^2+x+1=0$의 근이고, 근과 계수의 관계에 의하여

$\alpha+\beta=-1$, $\alpha\beta=1$

또, α, β는 이차방정식 $x^2+x+1=0$의 근이므로

$\alpha^2+\alpha+1=0$, $\beta^2+\beta+1=0$

이고, α, β는 삼차방정식 $x^3-1=0$의 근이므로

$\alpha^3=1$, $\beta^3=1$

이때 $1+\alpha+\alpha^2+\cdots+\alpha^{25}$

$=(1+\alpha+\alpha^2)+\alpha^3(1+\alpha+\alpha^2)+\cdots$

$+\alpha^{21}(1+\alpha+\alpha^2)+\alpha^{24}+\alpha^{25}$

$=\alpha^{24}+\alpha^{25}=(\alpha^3)^8(1+\alpha)=1+\alpha$

마찬가지로 $1+\beta+\beta^2+\cdots+\beta^{25}=1+\beta$

따라서 $(1+\alpha+\alpha^3+\cdots+\alpha^{25})(1+\beta+\beta^3+\cdots+\beta^{25})$

$=(1+\alpha)(1+\beta)$

$=1+(\alpha+\beta)+\alpha\beta$

$=1+(-1)+1=1$

40 주어진 연립방정식을 만족시키는 실수 x, y는 이차방정식 $t^2-2(5-a)t+a^2+5=0$의 두 실근이므로 이 이차방정식의 판별식을 D라고 하면

$\frac{D}{4}=(5-a)^2-(a^2+5)\geq0$

$-10a+20\geq0$, $a\leq2$

따라서 정수 a의 최댓값은 2이다.

41 $f(x)=x^3+x^2-x+2$라고 하면 $f(-2)=0$

조립제법을 이용하여 $f(x)$를 인수분해하면

-2	1	1	-1	2
		-2	2	-2
	1	-1	1	0

$f(x)=(x+2)(x^2-x+1)$

주어진 삼차방정식은 $(x+2)(x^2-x+1)=0$

이차방정식 $x^2-x+1=0$의 두 근이 α, β이므로 근과 계수의 관계에 의하여

$\alpha+\beta=1$, $\alpha\beta=1$

$x^2-x+1=0$의 양변에 $x+1$을 곱하면

$(x+1)(x^2-x+1)=0$, $x^3+1=0$

α, β는 $x^3+1=0$의 근이므로

$\alpha^3=-1$, $\beta^3=-1$

따라서 $\alpha^{2018}+\beta^{2018}=(\alpha^3)^{672}\times\alpha^2+(\beta^3)^{672}\times\beta^2$

$=\alpha^2+\beta^2=(\alpha+\beta)^2-2\alpha\beta$

$=1-2=-1$

42

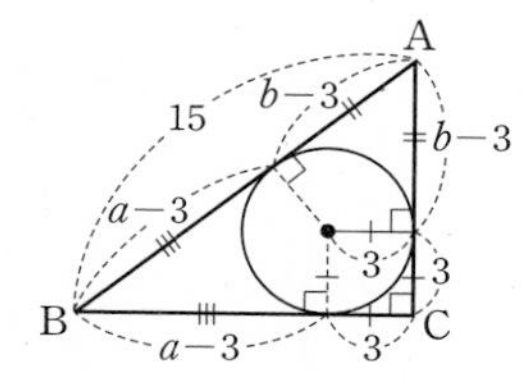

$\begin{cases}(a-3)+(b-3)=15 & \cdots\cdots ㉠\\ a^2+b^2=225 & \cdots\cdots ㉡\end{cases}$

㉠에서 $b=-a+21$ $\cdots\cdots$ ㉢

㉢을 ㉡에 대입하면

$a^2+(-a+21)^2=225$, $a^2-21a+108=0$

$(a-9)(a-12)=0$, $a=9$ 또는 $a=12$

이것을 ㉢에 대입하면

$a=9$, $b=12$ 또는 $a=12$, $b=9$

그런데 $a>b$이므로 $a=12$, $b=9$

따라서 $2a-3b=24-27=-3$

STEP 3 **내신 최고 문제** 63쪽

43 ③ **44** ③

43 $f(x)=x^3-8x^2-(k-12)x+2k$라고 하면 $f(2)=0$

조립제법을 이용하여 $f(x)$를 인수분해하면

2	1	−8	−k+12	2k
		2	−12	−2k
	1	−6	−k	0

$f(x)=(x-2)(x^2-6x-k)$

주어진 삼차방정식은 $(x-2)(x^2-6x-k)=0$

$x=2$ 또는 $x^2-6x-k=0$

이등변삼각형의 세 변의 길이가 주어진 방정식의 세 근이므로

(i) 두 변의 길이가 $x=2$일 때

$x^2-6x-k=0$의 한 근이 $x=2$이므로

$4-12-k=0$, $k=-8$

$x^2-6x+8=0$에서 $(x-2)(x-4)=0$

$x=2$ 또는 $x=4$

따라서 삼차방정식의 세 근은 2, 2, 4이다.

그런데 세 변의 길이가 2, 2, 4이면 삼각형이 만들어지지 않는다.

(ii) 길이가 같은 변의 길이가 $x=2$가 아닐 때

$x^2-6x-k=0$이 중근을 가지므로 판별식을 D라고 하면

$\frac{D}{4}=(-3)^2+k=0$, $k=-9$

$x^2-6x+9=0$에서 $(x-3)^2=0$, $x=3$

따라서 삼차방정식의 세 근은 2, 3, 3이다.

이때 세 변의 길이가 2, 3, 3이면 삼각형이 만들어진다.

(i), (ii)에서 구하는 k의 값은 -9이다.

따라서 $k^2+2k=81-18=63$

44 방정식 $x^4-2x^3-x^2-2x+1=0$의 양변을 x^2으로 나누면

$x^2-2x-1-\frac{2}{x}+\frac{1}{x^2}=0$

$x^2+2+\frac{1}{x^2}-2x-\frac{2}{x}-3=0$

$\left(x+\frac{1}{x}\right)^2-2\left(x+\frac{1}{x}\right)-3=0$

이때 $x+\frac{1}{x}=X$라고 하면

$X^2-2X-3=0$, $(X+1)(X-3)=0$

$X=-1$ 또는 $X=3$

(i) $X=-1$일 때

$x+\frac{1}{x}=-1$에서 $x^2+x+1=0$

이 이차방정식의 판별식을 D_1이라고 하면

$D_1=1^2-4\times1\times1=-3<0$

이므로 이 방정식은 서로 다른 두 허근 γ, δ를 가진다.

따라서 $\gamma\delta=1$

(ii) $X=3$일 때

$x+\frac{1}{x}=3$에서 $x^2-3x+1=0$

이 이차방정식의 판별식을 D_2라고 하면

$D_2=(-3)^2-4\times1\times1=5>0$

이므로 이 방정식은 서로 다른 두 실근 α, β를 가진다.

따라서 $\alpha\beta=1$

(i), (ii)에서 $\alpha\beta-\gamma\delta=1-1=0$

04 여러 가지 부등식

STEP 1 **문제로 개념 확인하기** 64~65쪽

01 (1) $x\le1$ (2) $x>-\frac{1}{3}$

02 (1) $-1<x\le1$ (2) $x=-3$ (3) $1\le x\le2$

03 (1) $-3<x<2$ (2) $x<0$ 또는 $x>3$

04 (1) $-2\le x\le\frac{1}{2}$ (2) $x=\frac{3}{2}$ (3) 모든 실수 (4) 해는 없다.

05 (1) $x^2+x-6<0$ (2) $x^2-3x-4\ge0$

06 $k>4$ **07** $x>3$

01 (1) $6x-5\le -2x+3$, $8x\le 8$, $x\le 1$

(2) $\frac{1}{4}x+\frac{1}{3}>\frac{1}{4}$, $\frac{1}{4}x>\frac{1}{4}-\frac{1}{3}$

$\frac{1}{4}x>-\frac{1}{12}$, $x>-\frac{1}{3}$

02 (1) $\begin{cases} 3x-2>x-4 & \cdots\cdots ㉠ \\ 9-2x\ge 8-x & \cdots\cdots ㉡ \end{cases}$

㉠에서

$3x-x>-4+2$, $2x>-2$, $x>-1$

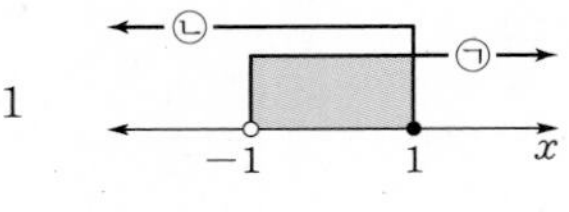

㉡에서

$-2x+x\ge 8-9$, $-x\ge -1$, $x\le 1$

따라서 연립부등식의 해는 $-1<x\le 1$

(2) $\begin{cases} 3x-5\ge 5x+1 & \cdots\cdots ㉠ \\ 3x+4\ge -2+x & \cdots\cdots ㉡ \end{cases}$

㉠에서 $-2x\ge 6$, $x\le -3$

㉡에서 $2x\ge -6$, $x\ge -3$

따라서 연립부등식의 해는 $x=-3$

(3) 주어진 부등식에서

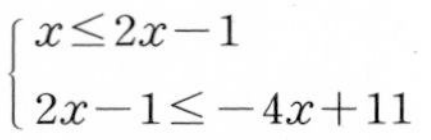

$\begin{cases} x\le 2x-1 & \cdots\cdots ㉠ \\ 2x-1\le -4x+11 & \cdots\cdots ㉡ \end{cases}$

㉠에서 $-x\le -1$, $x\ge 1$

㉡에서 $6x\le 12$, $x\le 2$

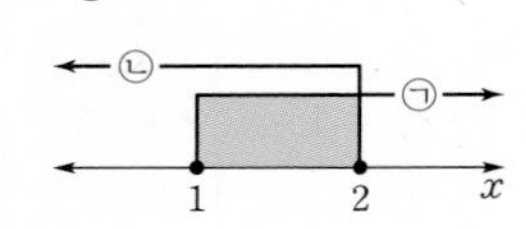

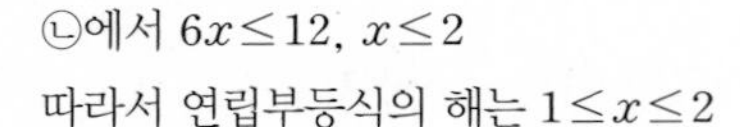

따라서 연립부등식의 해는 $1\le x\le 2$

03 (1) $|2x+1|<5$에서

$-5<2x+1<5$, $-6<2x<4$

따라서 $-3<x<2$

(2) $|2x-3|>3$에서

$2x-3<-3$ 또는 $2x-3>3$

$2x<0$ 또는 $2x>6$

따라서 $x<0$ 또는 $x>3$

04 (1) $2x^2+3x-2\le 0$에서 $(x+2)(2x-1)\le 0$

따라서 구하는 해는 $-2\le x\le \frac{1}{2}$

(2) $4x^2-12x+9\le 0$에서 $(2x-3)^2\le 0$

따라서 구하는 해는 $x=\frac{3}{2}$

(3) $2x^2-6x+7>0$에서 $\frac{D}{4}=9-14=-5<0$이므로

구하는 해는 모든 실수

(4) $6x^2+5x+3<0$에서 $D=25-72=-47<0$이므로

구하는 해는 없다.

05 (1) $(x+3)(x-2)<0$에서 $x^2+x-6<0$

(2) $(x+1)(x-4)\ge 0$에서 $x^2-3x-4\ge 0$

06 모든 실수 x에 대하여 주어진 부등식이 성립하려면 이차함수 $y=x^2+4x+k$의 그래프가 x축보다 항상 위쪽에 있어야 하므로 이차방정식 $x^2+4x+k=0$의 판별식을 D라고 하면

$\frac{D}{4}=4-k<0$

따라서 $k>4$

07 $2x+1\ge x$에서 $x\ge -1$ $\cdots\cdots$ ㉠

$x^2-x-6>0$에서 $(x+2)(x-3)>0$

$x<-2$ 또는 $x>3$ $\cdots\cdots$ ㉡

㉠, ㉡의 공통부분을 구하면 $x>3$

STEP 2 내신등급 쑥쑥 올리기 66~71쪽

01 ③	**02** ②	**03** ③	**04** ⑤	**05** ②
06 ③	**07** ③	**08** ⑤	**09** ④	**10** ③
11 ③	**12** ①	**13** ③	**14** ②	**15** ④
16 해설 참조	**17** ③	**18** ④	**19** ⑤	**20** ⑤
21 해설 참조	**22** ③	**23** ⑤	**24** ①	**25** ④
26 ②	**27** ③	**28** ①	**29** ①	**30** ①
31 해설 참조	**32** ⑤	**33** ④	**34** ①	**35** ②
36 해설 참조				

01 $2\le x\le 5$에서 $6\le 3x\le 15$ $\cdots\cdots$ ㉠

$1\le y\le 4$에서 $-4\le -y\le -1$ $\cdots\cdots$ ㉡

㉠+㉡을 하면 $2\le 3x-y\le 14$

따라서 $3x-y$의 최솟값과 최댓값의 합은 $2+14=16$

02 $x-2y=4$에서 $x=2y+4$

이것을 $-3\le x+y\le -1$에 대입하면

$-3\le 3y+4\le -1$, $-7\le 3y\le -5$

$-\frac{7}{3}\le y\le -\frac{5}{3}$

따라서 $M=-\frac{5}{3}$, $m=-\frac{7}{3}$이므로

$M+m=-4$

03 ㄱ. $c<0$일 때, $a<b$이면 $ac>bc$ (거짓)

ㄴ. $a=2$, $b=-1$이면 $2>-1$이지만 $\frac{1}{2}>-1$ (거짓)

ㄷ. $a>b>0$, $c>d>0$이면 $ac>bc>0$이고 $bc>bd>0$

즉, $ac>bd$이므로 양변을 cd로 나누면 $\frac{a}{d}>\frac{b}{c}$ (참)

ㄹ. $a>b>0$이면 $a^2>ab>0$, $ab>b^2>0$

즉, $a^2>b^2$ (참)

따라서 옳은 것은 ㄷ, ㄹ이다.

04 $3x-a>ax-2$에서 $(a-3)x<2-a$
이 부등식의 해가 존재하지 않으려면
$a-3=0$이고 $2-a\le 0$, 즉 $a=3$이고 $a\ge 2$
따라서 $a=3$

05 $a^2x\ge x+3a^2+b$에서 $(a^2-1)x\ge 3a^2+b$
이 부등식의 해가 모든 실수이므로
$a^2-1=0$이고 $3a^2+b\le 0$
따라서 $a^2=1$, $b\le -3a^2=-3$이므로
실수 b의 최댓값은 -3이다.

06 $(2a+3b)x-a-5b>0$에서 $(2a+3b)x>a+5b$이고 해가 $x>2$이므로
$2a+3b>0$ ······ ㉠
따라서 $x>\dfrac{a+5b}{2a+3b}$이므로 $\dfrac{a+5b}{2a+3b}=2$
$4a+6b=a+5b$, $b=-3a$
$b=-3a$를 ㉠에 대입하면
$-7a>0$, $a<0$
또, $b=-3a$를 부등식 $(4a+b)x+2a+b>0$에 대입하면
$ax-a>0$, $ax>a$
그런데 $a<0$이므로 $x<1$

07 주어진 부등식은 다음 연립부등식과 같다.
$\begin{cases} 2x-3\le x-1 & \cdots\cdots ㉠ \\ x-1<3x+5 & \cdots\cdots ㉡ \end{cases}$
㉠에서 $x\le 2$
㉡에서 $-2x<6$, $x>-3$
㉠, ㉡의 해를 수직선 위에 나타내면 오른쪽 그림과 같으므로

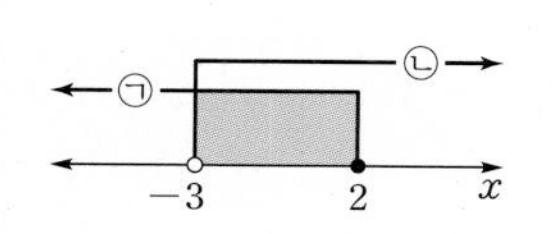

$-3<x\le 2$
따라서 주어진 부등식을 만족시키는 정수 x는 -2, -1, 0, 1, 2이므로 이들의 합은 0이다.

08 $\begin{cases} \frac{1}{2}x>0.3x-0.4 & \cdots\cdots ㉠ \\ 4x-7\le x+2 & \cdots\cdots ㉡ \end{cases}$
㉠×10을 하면 $5x>3x-4$
$2x>-4$, $x>-2$
㉡에서 $3x\le 9$, $x\le 3$
㉠, ㉡의 해를 수직선 위에 나타내면 오른쪽 그림과 같으므로

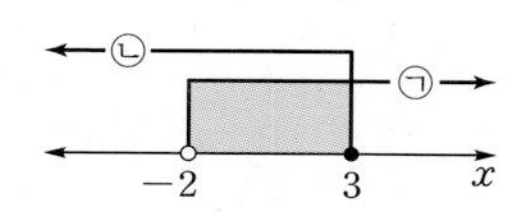

$-2<x\le 3$
따라서 정수 x의 최댓값은 3, 최솟값은 -1이므로 최댓값과 최솟값의 합은 2이다.

09 주어진 부등식은 다음 연립부등식과 같다.
$\begin{cases} 3x-4<x-5 & \cdots\cdots ㉠ \\ x-5<2x+a & \cdots\cdots ㉡ \end{cases}$
㉠에서 $2x<-1$, $x<-\dfrac{1}{2}$
㉡에서 $-x<a+5$, $x>-a-5$
해가 $-7<x<-\dfrac{1}{2}$이므로 $-a-5<x<-\dfrac{1}{2}$에서
$-a-5=-7$, $-a=-2$
따라서 $a=2$

10 $\begin{cases} 4x<3x+a & \cdots\cdots ㉠ \\ 5(x-2)\ge 2x+5 & \cdots\cdots ㉡ \end{cases}$
㉠에서 $x<a$
㉡에서 $5x-10\ge 2x+5$, $3x\ge 15$, $x\ge 5$
연립부등식의 해가 존재하도록 수직선 위에 나타내면 오른쪽 그림과 같다.

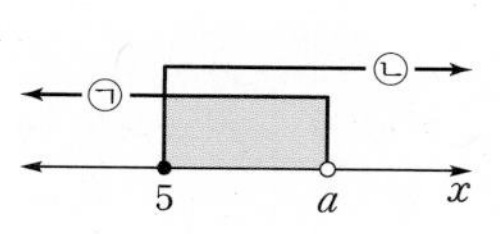

따라서 구하는 a의 값의 범위는 $a>5$

11 $\begin{cases} 2(x-1)\le x+1 & \cdots\cdots ㉠ \\ 3x\ge x-2a & \cdots\cdots ㉡ \end{cases}$
㉠에서 $2x-2\le x+1$, $x\le 3$
㉡에서 $2x\ge -2a$, $x\ge -a$
연립부등식의 해가 $x=b$이므로 $-a=3$, $b=3$
따라서 $a=-3$, $b=3$이므로 $a+b=0$

12 $\begin{cases} 3x+2<-x+5 & \cdots\cdots ㉠ \\ x\ge a & \cdots\cdots ㉡ \end{cases}$

㉠에서 $4x<3$, $x<\dfrac{3}{4}$
이때 주어진 연립부등식을 만족시키는 정수의 개수가 2이려면 $-2<a\le -1$이어야 한다.

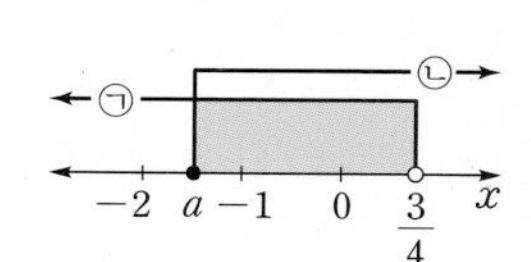

13 붕어의 수를 x라고 하면 열대어의 수는 $10-x$이므로
$\begin{cases} 1000x+1500(10-x)\le 13000 \\ x<10-x \end{cases}$
연립부등식을 풀면 $4\le x<5$
따라서 $x=4$이므로 붕어를 4마리 사면 된다.

14 연속하는 세 자연수를 $x-1$, x, $x+1$이라고 하면
$\begin{cases} (x-1)+x+(x+1)\ge 30 \\ (x-1)+x-(x+1)<9 \end{cases}$
연립부등식을 풀면 $10\le x<11$
따라서 $x=10$이므로 가장 큰 수는 $x+1=10+1=11$

15 사다리꼴의 높이를 h cm라고 하면 사다리꼴의 넓이는

$\frac{1}{2}\times(3+7)\times h=5h$

따라서 $40\le 5h\le 60$이므로 각 변을 5로 나누면 $8\le h\le 12$

즉, 사다리꼴의 높이의 범위는 8 cm 이상 12 cm 이하이다.

16 ㉮ $|x-2|>2x-6$에서

(i) $x\ge 2$일 때

$x-2>2x-6$, $x<4$

그런데 $x\ge 2$이므로 $2\le x<4$

㉯ (ii) $x<2$일 때

$-x+2>2x-6$, $x<\frac{8}{3}$

그런데 $x<2$이므로 $x<2$

㉰ 따라서 (i), (ii)에 의해 $x<4$

단계	채점 기준	배점 비율
㉮	$x\ge 2$일 때, 주어진 부등식의 해 구하기	40%
㉯	$x<2$일 때, 주어진 부등식의 해 구하기	40%
㉰	주어진 부등식의 해 구하기	20%

17 모든 실수 x에 대하여 $|3x-1|\ge 0$이므로 $|3x-1|>a-2$가 모든 실수에 대하여 성립하려면 $a-2<0$이어야 한다.

따라서 $a<2$

18 $\begin{cases}|x-4|<2 & \cdots\cdots ㉠\\ 4<3x-2 & \cdots\cdots ㉡\end{cases}$

㉠에서 $-2<x-4<2$, $2<x<6$

㉡에서 $-3x<-6$, $x>2$

이때 연립부등식의 해는 $2<x<6$

따라서 $a=2$, $b=6$이므로 $a+b=8$

19 $2|x-1|<3x-6$에서

(i) $x<1$일 때

$-2(x-1)<3x-6$에서 $x>\frac{8}{5}$이므로 해는 없다.

(ii) $x\ge 1$일 때

$2(x-1)<3x-6$에서 $x>4$이므로 $x>4$

(i), (ii)에서 $x>4$

따라서 $x>4$가 $x>a$를 포함하려면 오른쪽 그림에서 $a\ge 4$이어야 한다.

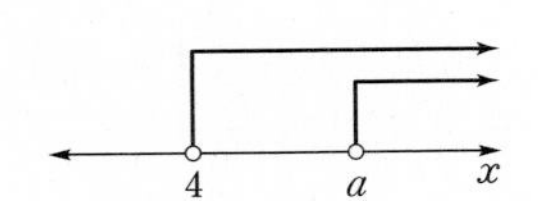

20 $|x|+|x-2|\le 5$에서

(i) $x\ge 2$일 때

$x+x-2\le 5$, $2x\le 7$, $x\le\frac{7}{2}$

그런데 $x\ge 2$이므로 $2\le x\le\frac{7}{2}$

(ii) $0\le x<2$일 때

$x-x+2\le 5$, $0\times x\le 3$

따라서 해는 모든 실수이다.

그런데 $0\le x<2$이므로 $0\le x<2$

(iii) $x<0$일 때

$-x-x+2\le 5$, $-2x\le 3$, $x\ge -\frac{3}{2}$

그런데 $x<0$이므로 $-\frac{3}{2}\le x<0$

따라서 (i), (ii), (iii)에 의해 $-\frac{3}{2}\le x\le\frac{7}{2}$

21 ㉮ $\sqrt{x^2+4x+4}=\sqrt{(x+2)^2}=|x+2|$이므로

주어진 부등식은 $|3x-1|-|x+2|>4$

㉯ (i) $x<-2$일 때

$-(3x-1)+(x+2)>4$, $-2x>1$, $x<-\frac{1}{2}$

그런데 $x<-2$이므로 $x<-2$

㉰ (ii) $-2\le x<\frac{1}{3}$일 때

$-(3x-1)-(x+2)>4$, $-4x>5$, $x<-\frac{5}{4}$

그런데 $-2\le x<\frac{1}{3}$이므로 $-2\le x<-\frac{5}{4}$

㉱ (iii) $x\ge\frac{1}{3}$일 때

$(3x-1)-(x+2)>4$, $2x>7$, $x>\frac{7}{2}$

㉲ 따라서 (i), (ii), (iii)에 의해 $x<-\frac{5}{4}$ 또는 $x>\frac{7}{2}$

단계	채점 기준	배점 비율
㉮	주어진 부등식을 변형하기	20%
㉯	$x<-2$일 때, 부등식의 해 구하기	20%
㉰	$-2\le x<\frac{1}{3}$일 때, 부등식의 해 구하기	20%
㉱	$x\ge\frac{1}{3}$일 때, 부등식의 해 구하기	20%
㉲	주어진 부등식의 해 구하기	20%

22 $x^2-x-3=0$의 해는 $x=\frac{1\pm\sqrt{13}}{2}$이므로

이차부등식 $x^2-x-3<0$의 해는

$\frac{1-\sqrt{13}}{2}<x<\frac{1+\sqrt{13}}{2}$

따라서 $\alpha=\frac{1-\sqrt{13}}{2}$, $\beta=\frac{1+\sqrt{13}}{2}$이므로 $\beta-\alpha=\sqrt{13}$

23 $ax^2-2a^2x-15a^3>0$에서 $a<0$이므로

$x^2-2ax-15a^2<0$, $(a+3a)(x-5a)<0$

이때 $-3a>5a$이므로 구하는 해는

$5a<x<-3a$

24 주어진 이차방정식이 서로 다른 두 실근을 가지므로 판별식을 D라고 하면

$\frac{D}{4}=(k-1)^2-(2k^2-2)>0$

$-k^2-2k+3>0$, $k^2+2k-3<0$

$(k+3)(k-1)<0$, $-3<k<1$

따라서 정수 k의 최댓값은 0이다.

25 $x^2-2|x|-3<0$에서

(i) $x\geq 0$일 때

$x^2-2x-3<0$, $(x+1)(x-3)<0$

$-1<x<3$

그런데 $x\geq 0$이므로

$0\leq x<3$

(ii) $x<0$일 때

$x^2+2x-3<0$, $(x+3)(x-1)<0$

$-3<x<1$

그런데 $x<0$이므로 $-3<x<0$

(i), (ii)에서 $-3<x<3$

따라서 $\alpha=-3$, $\beta=3$이므로

$\alpha^2+\beta^2=9+9=18$

26 $ax^2+2bx+10>0$의 해가 $-1<x<5$이므로 $a<0$

해가 $-1<x<5$이고 x^2의 계수가 1인 이차부등식은

$(x+1)(x-5)<0$, $x^2-4x-5<0$

양변에 $a(a<0)$를 곱하면

$ax^2-4ax-5a>0$

이 부등식이 $ax^2+2bx+10>0$과 같으므로

$-4a=2b$, $-5a=10$, 즉 $a=-2$, $b=4$

따라서 $a+b=2$

27 $ax^2+bx+c>0$의 해가 $x<-2$ 또는 $x>3$이므로 $a>0$

해가 $x<-2$ 또는 $x>3$이고 x^2의 계수가 1인 이차부등식은

$(x+2)(x-3)>0$, $x^2-x-6>0$

양변에 $a(a>0)$를 곱하면 $ax^2-ax-6a>0$

이 부등식이 $ax^2+bx+c>0$과 같으므로

$b=-a$, $c=-6a$

이것을 $cx^2+bx+a>0$에 대입하면

$-6ax^2-ax+a>0$, $6x^2+x-1<0$

$(2x+1)(3x-1)<0$

따라서 $-\frac{1}{2}<x<\frac{1}{3}$

28 주어진 이차부등식이 모든 실수 x에 대하여 성립하려면 이차방정식 $-2x^2+2(k+2)x-k-6=0$의 판별식을 D라고 할 때

$\frac{D}{4}=(k+2)^2-2(k+6)<0$

$k^2+2k-8<0$, $(k+4)(k-2)<0$

따라서 $-4<k<2$

29 주어진 이차부등식의 해가 존재하지 않으려면

$a+1<0$에서 $a<-1$ …… ㉠

이차방정식 $(a+1)x^2+2x+3a+1=0$의 판별식을 D라고 하면

$\frac{D}{4}=1-(a+1)(3a+1)\leq 0$

$-3a^2-4a\leq 0$, $a(3a+4)\geq 0$

$a\leq -\frac{4}{3}$ 또는 $a\geq 0$ …… ㉡

따라서 ㉠, ㉡에서 실수 a의 값의 범위는 $a\leq -\frac{4}{3}$

30 $x^2-2x+4\leq -x^2+k$에서 $2x^2-2x+4-k\leq 0$

$f(x)=2x^2-2x+4-k$라고 하면

$f(x)=2\left(x-\frac{1}{2}\right)^2+\frac{7}{2}-k$

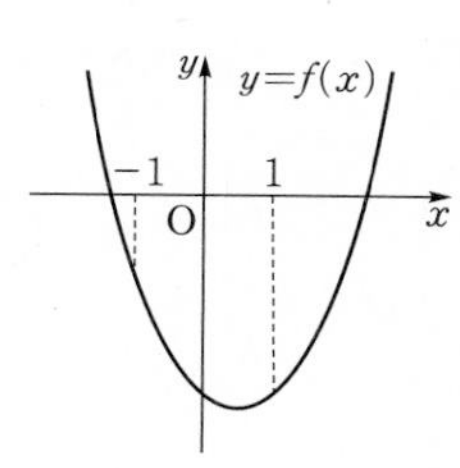

$-1\leq x\leq 1$에서 주어진 이차부등식이 항상 성립하려면 $f(x)$의 최댓값이 0보다 작거나 같아야 한다.

$f(x)$의 최댓값은

$x=-1$일 때, $f(-1)=8-k$

$f(-1)\leq 0$에서 $8-k\leq 0$, $k\geq 8$

따라서 실수 k의 최솟값은 8이다.

31 ㉮ $5x-4\leq x^2\leq x+2$에서 $\begin{cases} 5x-4\leq x^2 & \cdots\cdots ㉠ \\ x^2\leq x+2 & \cdots\cdots ㉡ \end{cases}$

㉠에서 $x^2-5x+4\geq 0$

$(x-1)(x-4)\geq 0$, $x\leq 1$ 또는 $x\geq 4$ …… ㉢

㉯ ㉡에서 $x^2-x-2\leq 0$

$(x+1)(x-2)\leq 0$, $-1\leq x\leq 2$ …… ㉣

㉰ ㉢, ㉣의 공통 범위를 구하면 $-1\leq x\leq 1$

㉱ 따라서 구하는 실수 x의 최댓값은 1이다.

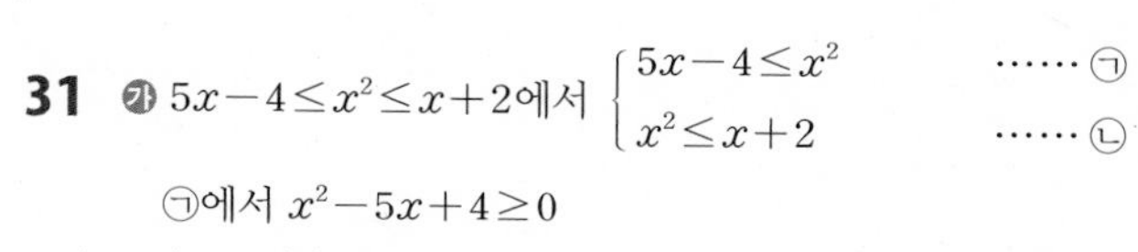

단계	채점 기준	배점 비율
㉮	$5x-4\leq x^2$의 해 구하기	30%
㉯	$x^2\leq x+2$의 해 구하기	30%
㉰	주어진 부등식의 해 구하기	20%
㉱	실수 x의 최댓값 구하기	20%

32 $\begin{cases} x^2-2x-8<0 & \cdots\cdots ㉠ \\ (x+1)(x-2k)\leq 0 & \cdots\cdots ㉡ \end{cases}$

㉠에서 $(x+2)(x-4)<0$, $-2<x<4$

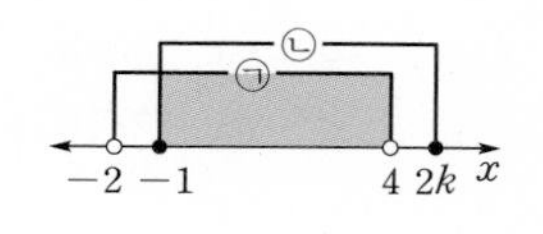

이때 ㉠, ㉡을 동시에 만족시키는 x의 값의 범위가 $-1\leq x<4$이려면 오른쪽 그림에서 $2k\geq 4$, 즉 $k\geq 2$

33 $\begin{cases} |x-1|>1 & \cdots\cdots ㉠ \\ 2x^2-9x+7\le 0 & \cdots\cdots ㉡ \end{cases}$

(i) ㉠에서

$x\ge 1$일 때, $x-1>1$, $x>2$

$x<1$일 때, $-x+1>1$, $x<0$

즉, $x<0$ 또는 $x>2$ ⋯⋯ ㉢

(ii) ㉡에서 $(x-1)(2x-7)\le 0$, $1\le x\le \frac{7}{2}$ ⋯⋯ ㉣

㉢, ㉣의 공통 범위를 구하면

$2<x\le \frac{7}{2}$

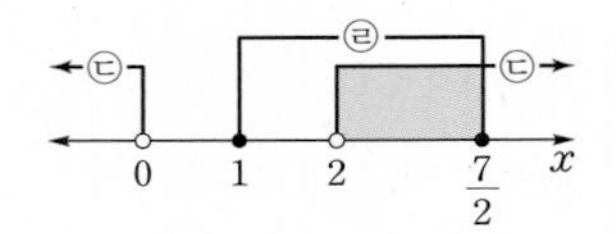

34 $\begin{cases} x^2\le x+6 & \cdots\cdots ㉠ \\ x^2+4x\ge 5 & \cdots\cdots ㉡ \end{cases}$

㉠에서 $x^2-x-6\le 0$, $(x+2)(x-3)\le 0$

$-2\le x\le 3$ ⋯⋯ ㉢

㉡에서 $x^2+4x-5\ge 0$, $(x+5)(x-1)\ge 0$

$x\le -5$ 또는 $x\ge 1$ ⋯⋯ ㉣

㉢, ㉣의 공통 범위를 구하면

$1\le x\le 3$

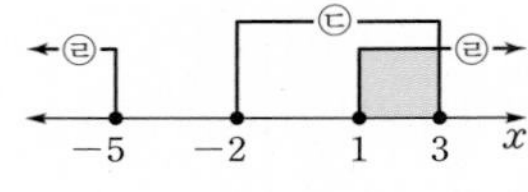

이차부등식 $x^2+ax-b\le 0$의 해가

$1\le x\le 3$이므로

$(x-1)(x-3)\le 0$, $x^2-4x+3\le 0$

따라서 $a=-4$, $b=-3$이므로

$a+b=-7$

35 $\begin{cases} 6x^2+5x-4>0 & \cdots\cdots ㉠ \\ x^2-(a+1)x-a-2<0 & \cdots\cdots ㉡ \end{cases}$

㉠에서 $(3x+4)(2x-1)>0$

$x<-\frac{4}{3}$ 또는 $x>\frac{1}{2}$ ⋯⋯ ㉢

㉡에서 $(x+1)(x-a-2)<0$

$-1<x<a+2$ ($a>-3$에 의해) ⋯⋯ ㉣

㉢, ㉣을 동시에 만족시키는 정수 x가

4개 존재하려면 오른쪽 그림에서

$4<a+2\le 5$

따라서 $2<a\le 3$

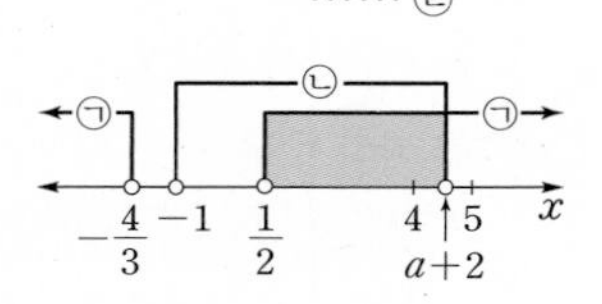

36 ㉮ 모든 변의 길이가 양수이어야 하므로

$x-1>0$, $x+1>0$, $x+3>0$에서 $x>1$ ⋯⋯ ㉠

㉯ 세 변 중 가장 긴 변의 길이는 $x+3$이므로

$x+3<(x-1)+(x+1)$, $x>3$ ⋯⋯ ㉡

㉰ 둔각삼각형이므로

$(x+3)^2>(x-1)^2+(x+1)^2$

$x^2+6x+9>2x^2+2$

$x^2-6x-7<0$, $(x+1)(x-7)<0$

$-1<x<7$ ⋯⋯ ㉢

㉱ ㉠, ㉡, ㉢의 공통 범위를 구하면 $3<x<7$

따라서 정수 x는 4, 5, 6이므로 그 합은

$4+5+6=15$

단계	채점 기준	배점 비율
㉮	변의 길이가 양수임을 이용하여 x의 값의 범위 구하기	20%
㉯	세 변의 길이 사이의 관계를 이용하여 x의 값의 범위 구하기	20%
㉰	둔각삼각형이 되기 위한 x의 값의 범위 구하기	40%
㉱	모든 정수 x의 값의 합 구하기	20%

STEP 3 내신 100점 잡기 72~73쪽

37 ①	**38** ④	**39** ④	**40** ①	**41** 해설 참조
42 ③	**43** ③	**44** ④	**45** ④	

37 $3x-2y=1$에서 $y=\frac{3x-1}{2}$

이것을 $-3\le x-y\le 5$에 대입하면

$-3\le x-\frac{3x-1}{2}\le 5$

$-3\le \frac{-x+1}{2}\le 5$, $-6\le -x+1\le 10$

$-7\le -x\le 9$, $-9\le x\le 7$ ⋯⋯ ㉠

$3x-2y=1$에서 $x=\frac{2y+1}{3}$

이것을 ㉠에 대입하면

$-9\le \frac{2y+1}{3}\le 7$, $-27\le 2y+1\le 21$

$-28\le 2y\le 20$, $-14\le y\le 10$ ⋯⋯ ㉡

따라서 ㉠, ㉡에서 $M=7$, $m=-14$이므로

$M+m=-7$

38 $ax+2>5x+3a$에서 $(a-5)x>3a-2$ ⋯⋯ ㉠

ㄱ. ㉠에서 $a=0$이면 $x<\frac{2}{5}$이므로 부등식을 만족시키는 실수 x는 무수히 많다. (거짓)

ㄴ. ㉠에서 $a=5$이면 $0\times x>13$이므로 부등식을 만족시키는 실수 x는 존재하지 않는다. (참)

ㄷ. ㉠에서 $a>5$이면 $x>\frac{3a-2}{a-5}>0$이므로 부등식을 만족시키는 실수 x는 무수히 많다. (참)

따라서 옳은 것은 ㄴ, ㄷ이다.

39 $|ax-1|\le b$에서 $-b\le ax-1\le b$

부등식의 각 변에 1을 더하면

$-b+1\le ax\le b+1$

부등식의 각 변을 양수 a로 나누면

$\frac{-b+1}{a}\le x\le \frac{b+1}{a}$

$\dfrac{-b+1}{a}=-1$에서 $a-b=-1$ ······ ㉠

$\dfrac{b+1}{a}=5$에서 $5a-b=1$ ······ ㉡

㉠, ㉡을 연립하여 풀면 $a=\dfrac{1}{2}$, $b=\dfrac{3}{2}$

따라서 $a+b=2$

40 $\begin{cases} 3x-y=a & \cdots\cdots ㉠ \\ -x+y=-3 & \cdots\cdots ㉡ \end{cases}$

㉠+㉡을 하면 $2x=a-3$, $x=\dfrac{a-3}{2}$

이때 x의 값의 범위가 $-1\le x<3$이므로

$-1\le\dfrac{a-3}{2}<3$, $-2\le a-3<6$

따라서 $1\le a<9$

41 ㉮ 상자의 개수를 x라고 하면 인형의 개수는 $4x+6$이다.
상자에 인형을 7개씩 담으면 상자가 2개 남으므로
$7(x-3)+1\le 4x+6\le 7(x-2)$

즉, $\begin{cases} 7(x-3)+1\le 4x+6 & \cdots\cdots ㉠ \\ 4x+6\le 7(x-2) & \cdots\cdots ㉡ \end{cases}$

㉯ ㉠에서 $7x-20\le 4x+6$, $3x\le 26$

$x\le\dfrac{26}{3}$ ······ ㉢

㉡에서 $4x+6\le 7x-14$, $-3x\le -20$

$x\ge\dfrac{20}{3}$ ······ ㉣

㉢, ㉣의 공통 범위를 구하면 $\dfrac{20}{3}\le x\le\dfrac{26}{3}$

㉰ 따라서 상자의 개수는 7 또는 8이고, 이때의 인형의 개수는 34 또는 38이다.

단계	채점 기준	배점 비율
㉮	연립부등식 세우기	30%
㉯	연립부등식 풀기	40%
㉰	인형의 개수 구하기	30%

42 (i) $x^2+2ax+a+6=0$의 판별식을 D_1이라고 하면

허근을 가질 조건은 $\dfrac{D_1}{4}=a^2-(a+6)<0$

$a^2-a-6<0$, $(a+2)(a-3)<0$

$-2<a<3$

(ii) $x^2-2ax+4=0$의 판별식을 D_2라고 하면

허근을 가질 조건은 $\dfrac{D_2}{4}=(-a)^2-4<0$

$a^2-4<0$, $(a+2)(a-2)<0$

$-2<a<2$

(i), (ii)에서 적어도 하나의 방정식이 허근을 가지면 되므로 a의 값의 범위는 $-2<a<3$

따라서 정수 a는 $-1, 0, 1, 2$의 4개이다.

43 $f(x)<0$의 해가 $-3<x<7$이므로 x^2의 계수가 1인 이차식 $f(x)$는 $f(x)=(x+3)(x-7)$

위의 식에 x 대신 $2x-1$을 대입하면

$f(2x-1)=(2x+2)(2x-8)$
$=4(x+1)(x-4)$

따라서 부등식 $4(x+1)(x-4)<0$의 해는

$-1<x<4$

이므로 구하는 정수 x는 $0, 1, 2, 3$의 4개이다.

44 $\begin{cases} x^2-x-2\le 0 & \cdots\cdots ㉠ \\ (x-k-3)(x-k+5)>0 & \cdots\cdots ㉡ \end{cases}$

㉠에서 $(x+1)(x-2)\le 0$

$-1\le x\le 2$ ······ ㉢

㉡에서 $\{x-(k+3)\}\{x-(k-5)\}>0$

$k-5<k+3$이므로 이 부등식의 해는

$x<k-5$ 또는 $x>k+3$ ······ ㉣

연립부등식이 해를 갖지 않으려면 ㉢과 ㉣의 공통 범위가 없어야 하므로 오른쪽 그림과 같아야 한다.

즉, $k-5\le -1$이고 $2\le k+3$이어야 하므로

$-1\le k\le 4$

따라서 정수 k는 $-1, 0, 1, 2, 3, 4$의 6개이다.

45 $f(x)g(x)\le 0$에서 $\begin{cases} f(x)\ge 0 \\ g(x)\le 0 \end{cases}$ 또는 $\begin{cases} f(x)\le 0 \\ g(x)\ge 0 \end{cases}$

(i) 연립부등식 $\begin{cases} f(x)\ge 0 \\ g(x)\le 0 \end{cases}$의 해는 $x\le -3$

(ii) 연립부등식 $\begin{cases} f(x)\le 0 \\ g(x)\ge 0 \end{cases}$의 해는 $0\le x\le\dfrac{2}{3}$

따라서 (i), (ii)에 의해 $x\le -3$ 또는 $0\le x\le\dfrac{2}{3}$

STEP 3 내신 최고 문제 73쪽

46 ① **47** ①

46 모든 실수 x에 대하여 $ax^2+2ax+7>-2x^2-4x+2$이므로

$(a+2)x^2+2(a+2)x+5>0$

이 부등식이 모든 실수 x에 대하여 성립하려면

(i) $a=-2$일 때

5>0이므로 모든 실수 x에 대하여 성립한다.

(ii) $a\ne -2$일 때

$a+2>0$에서 $a>-2$ ······ ㉠

또, 이차방정식 $(a+2)x^2+2(a+2)x+5=0$의 판별식을 D라고 하면

$\frac{D}{4}=(a+2)^2-5(a+2)<0$

$a^2-a-6<0$, $(a+2)(a-3)<0$

$-2<a<3$ ······ ㉡

㉠, ㉡에서 $-2<a<3$

따라서 (i), (ii)에 의해 구하는 a의 값의 범위는 $-2\le a<3$

47 $x^2+ax+b\le 0$의 해를 $\alpha\le x\le\beta$ (단, $\alpha\le\beta$) ······ ㉠

$x^2+x+a>0$의 해를 $x<\gamma$ 또는 $x>\delta$ (단, $\gamma\le\delta$) ······ ㉡

라고 하면 ㉠, ㉡의 공통 범위가 $2<x\le 5$이므로

오른쪽 그림에서

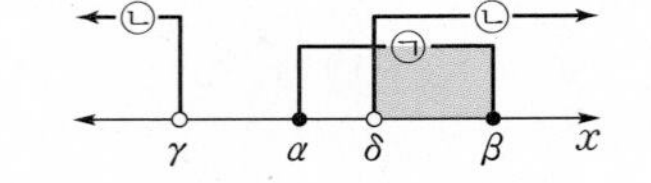

$\delta=2$, $\beta=5$

이차방정식 $x^2+x+a=0$의 근이 γ, δ이므로 근과 계수의 관계에 의하여

$\gamma+\delta=-1$, $\gamma\delta=a$

이때 $\delta=2$이므로 $\gamma+2=-1$, $2\gamma=a$

즉, $\gamma=-3$, $a=-6$

이차방정식 $x^2+ax+b=0$의 근이 α, β이므로 근과 계수의 관계에 의하여

$\alpha+\beta=-a$, $\alpha\beta=b$

이때 $\beta=5$, $a=-6$이므로 $\alpha+5=6$, $5\alpha=b$

즉, $\alpha=1$, $b=5$

따라서 $b-a=5-(-6)=11$

Ⅲ 도형의 방정식

01 평면좌표

STEP 1 문제로 개념 확인하기 76~77쪽

01 (1) 3 (2) 2 **02** (1) 5 (2) 5

03 (1) $\mathrm{P}(-1)$ (2) $\mathrm{M}\left(-\frac{1}{2}\right)$ **04** -8

05 (1) $\mathrm{P}\left(\frac{9}{2}, 4\right)$ (2) $\mathrm{M}(2, 3)$ **06** $(-6, 2)$

07 $(1, -1)$ **08** $(2, 1)$

01 (1) $\overline{\mathrm{AB}}=|1-(-2)|=3$

(2) $\overline{\mathrm{AB}}=|-5-(-3)|=2$

02 (1) $\overline{\mathrm{AB}}=\sqrt{\{1-(-2)\}^2+(-1-3)^2}$

$=\sqrt{25}=5$

(2) $\overline{\mathrm{OA}}=\sqrt{(-3)^2+4^2}=\sqrt{25}=5$

03 (1) $\mathrm{P}\left(\frac{2\times2+3\times(-3)}{2+3}\right)$, 즉 $\mathrm{P}(-1)$

(2) $\mathrm{M}\left(\frac{-3+2}{2}\right)$, 즉 $\mathrm{M}\left(-\frac{1}{2}\right)$

04 $\mathrm{Q}\left(\frac{1\times7-3\times(-3)}{1-3}\right)$, 즉 $\mathrm{Q}(-8)$

05 (1) $\mathrm{P}\left(\frac{3\times7+1\times(-3)}{3+1}, \frac{3\times5+1\times1}{3+1}\right)$, 즉 $\mathrm{P}\left(\frac{9}{2}, 4\right)$

(2) $\mathrm{M}\left(\frac{-3+7}{2}, \frac{1+5}{2}\right)$, 즉 $\mathrm{M}(2, 3)$

06 $\mathrm{Q}\left(\frac{1\times6-3\times(-2)}{1-3}, \frac{1\times8-3\times4}{1-3}\right)$, 즉 $\mathrm{Q}(-6, 2)$

07 $\mathrm{G}\left(\frac{4+1-2}{3}, \frac{0+2-5}{3}\right)$, 즉 $\mathrm{G}(1, -1)$

08 삼각형 ABC의 세 변을 일정한 비율로 내분한 세 점으로 이루어진 삼각형의 무게중심은 삼각형 ABC의 무게중심과 일치한다.

따라서 삼각형 ABC의 무게중심의 좌표는

$\left(\frac{3-3+6}{3}, \frac{4+1-2}{3}\right)$, 즉 $(2, 1)$

STEP 2 내신등급 쑥쑥 올리기 78~83쪽

01 ④	02 ③	03 ②	04 ②	05 ②
06 ④	07 ④	08 ①	09 해설 참조	10 ⑤
11 해설 참조	12 ②	13 ④	14 ③	15 ③
16 ①	17 ⑤	18 ④	19 ①	20 해설 참조
21 ⑤	22 ②	23 ①	24 ⑤	25 ③
26 ④	27 ④	28 ③	29 ⑤	30 ①
31 ⑤	32 ②	33 ②	34 ③	35 ⑤
36 ⑤				

01 두 점 A, B 사이의 거리가 $5\sqrt{2}$이므로
$\overline{AB}=\sqrt{(a-1)^2+(1-2)^2}=\sqrt{(a-1)^2+1}=5\sqrt{2}$
양변을 각각 제곱하면
$a^2-2a+2=50,\ a^2-2a-48=0$
따라서 구하는 모든 a의 값의 합은 이차방정식의 근과 계수의 관계에 의하여 2이다.

02 $\overline{OA}=\sqrt{3^2+4^2}=5,\ \overline{OB}=\sqrt{2^2+a^2}=\sqrt{a^2+4}$
$\overline{OA}=\overline{OB}$이므로 $\sqrt{a^2+4}=5$
양변을 각각 제곱하면
$a^2+4=25,\ a^2=21$
이때 $a>0$이므로 $a=\sqrt{21}$

03 $\overline{AB}=\sqrt{\{3-(a+1)\}^2+\{(-a+1)+3\}^2}$
$=\sqrt{(-a+2)^2+(-a+4)^2}$
$=\sqrt{2a^2-12a+20}$
$=\sqrt{2(a-3)^2+2}$
따라서 $\overline{AB}\ge\sqrt{2}$이므로 $\overline{AB}$의 길이의 최솟값은 $\sqrt{2}$이다.

04 y축 위의 점 P의 좌표를 $(0,\ p)$라고 하면 $\overline{AP}=\overline{BP}$이므로
$\sqrt{\{0-(-2)\}^2+(p-3)^2}=\sqrt{(0-2)^2+(p-1)^2}$
$\sqrt{(p-3)^2+4}=\sqrt{(p-1)^2+4}$
양변을 각각 제곱하면
$(p-3)^2+4=(p-1)^2+4,\ p^2-6p+13=p^2-2p+5$
$4p=8,\ p=2$
따라서 구하는 점 P의 좌표는 $(0,\ 2)$이다.

05 점 P의 좌표는 $(\alpha,\ 0)$이므로
$\overline{AP}=\overline{BP}$에서 $\sqrt{(\alpha-2)^2+1}=\sqrt{(\alpha+1)^2+9}$
양변을 각각 제곱하면
$(\alpha-2)^2+1=(\alpha+1)^2+9,\ \alpha^2-4\alpha+5=\alpha^2+2\alpha+10$
$6\alpha=-5,\ \alpha=-\frac{5}{6}$
또한, 점 Q의 좌표는 $(0,\ \beta)$이므로
$\overline{AQ}=\overline{BQ}$에서 $\sqrt{4+(\beta-1)^2}=\sqrt{1+(\beta-3)^2}$
양변을 각각 제곱하면
$4+(\beta-1)^2=1+(\beta-3)^2,\ \beta^2-2\beta+5=\beta^2-6\beta+10$
$4\beta=5,\ \beta=\frac{5}{4}$
따라서 $\alpha+\beta=-\frac{5}{6}+\frac{5}{4}=\frac{5}{12}$

06 점 $P(\alpha,\ \beta)$가 직선 $y=x-3$ 위의 점이므로
$\beta=\alpha-3$
$\overline{AP}=\sqrt{(\alpha+1)^2+(\beta+3)^2},\ \overline{BP}=\sqrt{(\alpha-2)^2+(\beta+1)^2}$에
$\beta=\alpha-3$을 대입하면
$\overline{AP}=\sqrt{(\alpha+1)^2+\alpha^2},\ \overline{BP}=\sqrt{(\alpha-2)^2+(\alpha-2)^2}$
이고, $\overline{AP}=\overline{BP}$이므로
$\sqrt{(\alpha+1)^2+\alpha^2}=\sqrt{2(\alpha-2)^2}$
양변을 각각 제곱하면
$(\alpha+1)^2+\alpha^2=2(\alpha-2)^2,\ 2\alpha^2+2\alpha+1=2\alpha^2-8\alpha+8$
$10\alpha=7,\ \alpha=\frac{7}{10}$
이때 $\beta=\alpha-3$에서 $\beta=-\frac{23}{10}$
따라서 $\alpha+\beta=-\frac{16}{10}=-\frac{8}{5}$

07 점 P의 좌표를 $(\alpha,\ 0)$이라고 하면 $\overline{AP}=\overline{BP}$이므로
$\sqrt{(\alpha+2)^2+1}=\sqrt{(\alpha-1)^2+16}$
양변을 각각 제곱하면
$(\alpha+2)^2+1=(\alpha-1)^2+16,\ \alpha^2+4\alpha+5=\alpha^2-2\alpha+17$
$6\alpha=12,\ \alpha=2$
따라서 $P(2,\ 0)$이므로 원점 O에서 점 P까지의 거리는 2이다.

08 $\overline{AP}=\overline{BP}$에서 $\overline{AP}^2=\overline{BP}^2$이므로
$(a-3)^2+(b-3)^2=(a+1)^2+(b-5)^2$
$a^2-6a+9+b^2-6b+9=a^2+2a+1+b^2-10b+25$
$2a-b=-2$ ······ ㉠
또, $\overline{BP}=\overline{CP}$에서 $\overline{BP}^2=\overline{CP}^2$이므로
$(a+1)^2+(b-5)^2=(a+5)^2+(b-1)^2$
$a^2+2a+1+b^2-10b+25=a^2+10a+25+b^2-2b+1$
$a+b=0$ ······ ㉡
㉠, ㉡을 연립하여 풀면 $a=-\frac{2}{3},\ b=\frac{2}{3}$
따라서 $9ab=-4$

09 ㉮ 삼각형 ABC의 외심을 $P(\alpha,\ \beta)$라고 하면
$\overline{AP}=\overline{BP}=\overline{CP}$
㉯ $\overline{AP}=\overline{BP}$에서 $\overline{AP}^2=\overline{BP}^2$이므로
$(\alpha-2)^2+(\beta-2)^2=(\alpha-2)^2+(\beta-4)^2$
$\beta^2-4\beta+4=\beta^2-8\beta+16$
$4\beta=12,\ \beta=3$

㉰ $\overline{BP}=\overline{CP}$에서 $\overline{BP}^2=\overline{CP}^2$이므로

$(\alpha-2)^2+(\beta-4)^2=(\alpha-6)^2+(\beta-4)^2$

$\alpha^2-4\alpha+4=\alpha^2-12\alpha+36$

$8\alpha=32,\ \alpha=4$

㉱ 따라서 외심의 좌표는 $(4,\ 3)$이다.

단계	채점 기준	배점 비율
㉮	외심에서 세 꼭짓점에 이르는 거리가 같음을 알고 식 세우기	30%
㉯	$\overline{AP}=\overline{BP}$임을 이용하여 외심의 y좌표 구하기	30%
㉰	$\overline{BP}=\overline{CP}$임을 이용하여 외심의 x좌표 구하기	30%
㉱	삼각형 ABC의 외심의 좌표 구하기	10%

참고 **삼각형의 외심**

① 삼각형의 외심은 세 변의 수직이등분선의 교점이다.

② 외심에서 세 꼭짓점에 이르는 거리는 같다.

③ 직각삼각형의 외심은 빗변의 중점이다.

10 $\overline{AB}=\sqrt{5^2+(-3)^2}=\sqrt{34}$,

$\overline{BC}=\sqrt{(-2)^2+8^2}=\sqrt{68}=2\sqrt{17}$,

$\overline{CA}=\sqrt{3^2+5^2}=\sqrt{34}$

이때 $\overline{AB}^2+\overline{CA}^2=\overline{BC}^2$, $\overline{AB}=\overline{CA}$이므로 $\angle A=90°$이고

$\overline{AB}=\overline{AC}$인 직각이등변삼각형이다.

11 ㉮ $\overline{AB}=\sqrt{(-1-1)^2+(1+1)^2}=\sqrt{8}=2\sqrt{2}$,

$\overline{BC}=\sqrt{(a+1)^2+(a-1)^2}$,

$\overline{CA}=\sqrt{(1-a)^2+(-1-a)^2}=\sqrt{(a+1)^2+(a-1)^2}$

㉯ $\triangle ABC$가 정삼각형이므로 $\overline{AB}=\overline{BC}=\overline{CA}$

㉰ $\overline{AB}=\overline{BC}$에서 $\overline{AB}^2=\overline{BC}^2$이므로

$8=(a+1)^2+(a-1)^2$

$8=2a^2+2,\ 2a^2=6,\ a^2=3$

이때 $a>0$이므로 $a=\sqrt{3}$

단계	채점 기준	배점 비율
㉮	$\overline{AB}$, $\overline{BC}$, $\overline{CA}$의 길이 구하기	40%
㉯	$\overline{AB}=\overline{BC}=\overline{CA}$임을 이해하기	20%
㉰	a의 값 구하기	40%

12 $\overline{AB}^2=(a-1)^2+(a-1)^2=2a^2-4a+2$,

$\overline{BC}^2=1^2+(-1-a)^2=a^2+2a+2$,

$\overline{CA}^2=(-a)^2+(1+1)^2=a^2+4$

삼각형 ABC가 $\angle B=90°$인 직각삼각형이므로

$\overline{CA}^2=\overline{AB}^2+\overline{BC}^2$에서

$a^2+4=2a^2-4a+2+a^2+2a+2,\ a^2-a=0$

$a(a-1)=0,\ a=0$ 또는 $a=1$

그런데 $a=1$이면 점 A와 점 B의 좌표가 같게 되므로 $a=0$

13 x축 위의 점 Q의 좌표를 $(x,\ 0)$이라고 하면

$\overline{AQ}^2+\overline{BQ}^2=(x+3)^2+1+(x-2)^2+25$

$=x^2+6x+10+x^2-4x+29$

$=2x^2+2x+39=2(x^2+x)+39$

$=2\left(x+\frac{1}{2}\right)^2+\frac{77}{2}$

따라서 $\overline{AQ}^2+\overline{BQ}^2$은 $x=-\frac{1}{2}$일 때 최솟값 $\frac{77}{2}$을 갖는다.

14 점 P는 직선 $y=x+1$ 위의 점이므로

점 P의 좌표를 $(x,\ x+1)$이라고 하면

$\overline{AP}^2+\overline{BP}^2$

$=(x-2)^2+(x+1-1)^2+(x-7)^2+(x+1-4)^2$

$=4x^2-24x+62$

$=4(x-3)^2+26$

따라서 $\overline{AP}^2+\overline{BP}^2$은 $x=3$일 때 최솟값 26을 갖는다.

15 $\overline{AP}^2+\overline{BP}^2=(x-5)^2+(y-1)^2+(x-3)^2+(y-9)^2$

$=2x^2-16x+2y^2-20y+116$

$=2(x-4)^2+2(y-5)^2+34$

따라서 $\overline{AP}^2+\overline{BP}^2$은 $x=4,\ y=5$일 때 최솟값 34를 가지므로

이때의 점 P의 좌표는 $(4,\ 5)$이다.

16 $a=\frac{2\times7+3\times2}{2+3}=4,\ b=\frac{3\times7-2\times2}{3-2}=17$

따라서 $a+b=21$

17 선분 AB의 중점의 좌표가 $(-1,\ 2)$이므로

$\frac{a-6}{2}=-1$에서 $a-6=-2,\ a=4$

$\frac{-1+b}{2}=2$에서 $-1+b=4,\ b=5$

따라서 $a+b=9$

18 선분 AB를 1 : 3으로 내분하는 점이 원점이므로

$\frac{b-3}{1+3}=0,\ \frac{3+3a}{1+3}=0$에서 $b=3,\ a=-1$

따라서 $a+b=2$

19 $\frac{-12+2}{3+1}=-\frac{5}{2},\ \frac{-3+7}{3+1}=1$이므로 $P\left(-\frac{5}{2},\ 1\right)$이고,

$\frac{-12-2}{3-1}=-7,\ \frac{-3-7}{3-1}=-5$이므로 $Q(-7,\ -5)$이다.

선분 PQ의 중점의 좌표는

$\left(\frac{-\frac{5}{2}-7}{2},\ \frac{1-5}{2}\right)$, 즉 $\left(-\frac{19}{4},\ -2\right)$

따라서 $a=-\frac{19}{4},\ b=-2$이므로

$-4a+9b=19-18=1$

20 ㉮ 선분 AB를 $m:3$으로 외분하는 점의 좌표는

$\left(\dfrac{m\times4-3\times1}{m-3}, \dfrac{m\times2-3\times(-1)}{m-3}\right)$

즉, $\left(\dfrac{4m-3}{m-3}, \dfrac{2m+3}{m-3}\right)$

㉯ 이 점이 직선 $x+y=-3$ 위에 있으므로

$\dfrac{4m-3}{m-3}+\dfrac{2m+3}{m-3}=-3$

㉰ $\dfrac{6m}{m-3}=-3$, $6m=-3m+9$, $9m=9$

따라서 $m=1$

단계	채점 기준	배점 비율
㉮	$\overline{AB}$의 외분점의 좌표 구하기	40%
㉯	외분점의 좌표를 $x+y=-3$에 대입하기	20%
㉰	m의 값 구하기	40%

21 선분 AB를 $m:n$으로 내분하는 점의 좌표는

$\left(\dfrac{8m-3n}{m+n}, \dfrac{-4m+5n}{m+n}\right)$

이 점이 y축 위에 있으므로 x좌표는 0이다.

즉, $\dfrac{8m-3n}{m+n}=0$이므로 $8m-3n=0$, $8m=3n$

이때 m, n은 서로소인 자연수이므로

$m=3$, $n=8$

따라서 $m+n=11$

22 선분 AB를 $t:(1-t)$로 내분하는 점 P의 좌표는

$\left(\dfrac{7t+t-1}{t+(1-t)}, \dfrac{-2t+2-2t}{t+(1-t)}\right)$, 즉 $(8t-1, -4t+2)$

이때 점 P가 제1사분면 위에 있으므로

$8t-1>0$, $-4t+2>0$

따라서 $\dfrac{1}{8}<t<\dfrac{1}{2}$

23 $3\overline{AB}=2\overline{BC}$이므로

$\overline{AB}:\overline{BC}=2:3$

점 C는 점 A의 방향으로 그은 AB의 연장선 위에 있으므로 세 점 A, B, C의 위치는 오른쪽 그림과 같다.

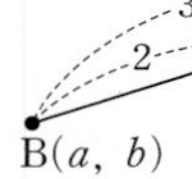

이때 점 B는 선분 AC를 $2:3$으로 외분하는 점이므로

$B\left(\dfrac{14-12}{2-3}, \dfrac{7-6}{2-3}\right)$, 즉 $B(-2, -1)$

따라서 $a=-2$, $b=-1$이므로 $b-a=1$

다른 풀이 $3\overline{AB}=2\overline{BC}$이므로

점 A는 선분 BC를 $2:1$로 내분하는 점이므로 $A\left(\dfrac{14+a}{2+1}, \dfrac{7+b}{2+1}\right)$

이때 $A(4, 2)$이므로 $\dfrac{14+a}{3}=4$, $\dfrac{7+b}{3}=2$

따라서 $a=-2$, $b=-1$이므로 $b-a=1$

24 점 $P(x, y)$, 즉 $P\left(\dfrac{3r+5p}{3+5}, \dfrac{3s+5p}{3+5}\right)$는 선분 AB를 $3:5$로 내분하는 점이다. 즉, $\overline{AP}:\overline{BP}=3:5$이므로

$\overline{AP}=\dfrac{3}{8}\overline{AB}=6$

따라서 $\overline{AB}=16$

25 평행사변형의 두 대각선은 서로 다른 것을 이등분하므로 두 대각선 PR와 QS의 중점이 일치한다. 점 S의 좌표를 (x, y)라고 하면

$\dfrac{6-3}{2}=\dfrac{1+x}{2}$, $\dfrac{0-2}{2}=\dfrac{1+y}{2}$

즉, $x=2$, $y=-3$

따라서 점 S의 좌표는 $(2, -3)$이다.

26 오른쪽 그림의 삼각형 ABO에서 두 삼각형 AOP와 BOP의 밑변을 각각 $\overline{AP}$, $\overline{BP}$라고 하면 두 삼각형의 높이가 같으므로 넓이의 비는 밑변의 길이의 비와 같다.

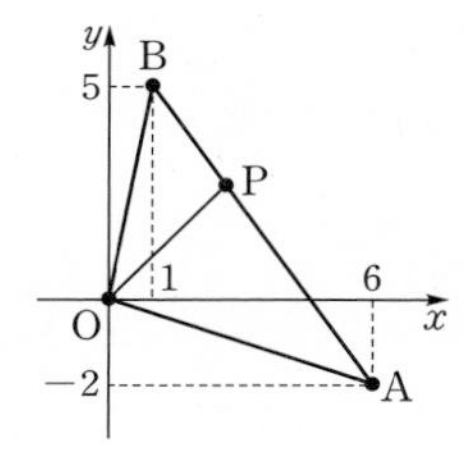

이때 $\triangle AOP=2\triangle BOP$이므로 넓이의 비는 $2:1$, 즉 $\overline{AP}:\overline{BP}=2:1$

따라서 점 P는 선분 AB를 $2:1$로 내분하는 점이므로 점 P의 좌표는

$\left(\dfrac{2+6}{2+1}, \dfrac{10-2}{2+1}\right)$, 즉 $\left(\dfrac{8}{3}, \dfrac{8}{3}\right)$

27 마름모의 두 대각선 AC와 BD의 중점이 일치하므로

$\dfrac{1-5}{2}=\dfrac{-8+4}{2}$, $\dfrac{7+b}{2}=\dfrac{a-2}{2}$

$b=a-9$ ······ ㉠

또, $\overline{AB}=\overline{AD}$이므로

$\sqrt{81+(7-a)^2}=\sqrt{9+81}$

양변을 각각 제곱하여 정리하면

$a^2-14a+40=0$, $(a-4)(a-10)=0$

$a=4$ 또는 $a=10$

이때 ㉠에서 $a=4$, $b=-5$ 또는 $a=10$, $b=1$

그런데 a, b는 양수이므로 $a=10$, $b=1$

따라서 $a+b=11$

28 $\overline{AB}=\sqrt{6^2+6^2}=6\sqrt{2}$, $\overline{AC}=\sqrt{3^2+(-3)^2}=3\sqrt{2}$

이때 $\overline{AD}$는 $\angle A$의 이등분선이므로

$\overline{AB}:\overline{AC}=\overline{BD}:\overline{DC}$, $\overline{BD}:\overline{DC}=2:1$

즉, 점 D는 선분 BC를 $2:1$로 내분하는 점이므로

$D\left(\dfrac{14-2}{2+1}, \dfrac{4-1}{2+1}\right)$, 즉 $D(4, 1)$

따라서 선분 AD의 길이는 4이다.

참고 **삼각형의 내각의 이등분선**

오른쪽 그림의 삼각형 ABC에서

$\angle BAD=\angle CAD$이면

$\overline{AB}:\overline{AC}=\overline{BD}:\overline{DC}$

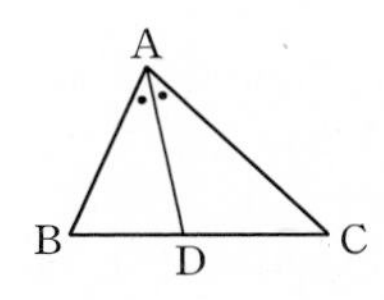

29 평행사변형 ABCD의 둘레의 길이는 $2(\overline{AB}+\overline{BC})$이므로
$2(\overline{AB}+\overline{BC})=4\sqrt{13}$, $\overline{AB}+\overline{BC}=2\sqrt{13}$
$\sqrt{(-1-2)^2+(2-4)^2}+\sqrt{(-3+1)^2+(a-2)^2}=2\sqrt{13}$
$\sqrt{13}+\sqrt{4+(a-2)^2}=2\sqrt{13}$, $\sqrt{4+(a-2)^2}=\sqrt{13}$
양변을 제곱하면
$4+(a-2)^2=13$, $(a-2)^2=9$, $a-2=\pm 3$
$a=5$ 또는 $a=-1$
그런데 $a>0$이므로 $a=5$

30 삼각형 ABC의 무게중심 G의 좌표는
$\left(\frac{3+2+1}{3}, \frac{3+1+2}{3}\right)$, 즉 $(2, 2)$
따라서 $\overline{AG}=\sqrt{(3-2)^2+(3-2)^2}=\sqrt{2}$

31 삼각형 ABC의 무게중심의 좌표가 G(3, 2)이므로
$\frac{a+4-1}{3}=3$, $\frac{-3+5+b}{3}=2$
$a+3=9$, $2+b=6$
따라서 $a=6$, $b=4$이므로
$a^2-b^2=20$

32 $\overline{BC}$의 중점의 좌표를 $M(x, y)$라고 하면 삼각형 ABC의 무게중심은 $\overline{AM}$을 $2:1$로 내분하는 점이므로
$\frac{2\times x+1\times 2}{2+1}=0$, $\frac{2\times y+1\times 5}{2+1}=3$
$2x+2=0$, $2y+5=9$
따라서 $x=-1$, $y=2$이므로 $M(-1, 2)$이다.
다른 풀이 $\overline{BC}$의 중점의 좌표를 $M(x, y)$, 삼각형 ABC의 무게중심을 G라고 하면 점 M은 $\overline{AG}$를 $3:1$로 외분하는 점이므로
$x=\frac{3\times 0-1\times 2}{3-1}=-1$, $\frac{3\times 3-1\times 5}{3-1}=2$
따라서 $M(-1, 2)$이다.

33 변 AB의 중점 P의 좌표는 $\left(\frac{7}{2}, 1\right)$,
변 BC의 중점 Q의 좌표는 $\left(\frac{9}{2}, 6\right)$,
변 CA의 중점 R의 좌표는 $(7, 2)$이므로
삼각형 PQR의 무게중심의 좌표는
$\left(\frac{\frac{7}{2}+\frac{9}{2}+7}{3}, \frac{1+6+2}{3}\right)$, 즉 $(5, 3)$
따라서 $a=5$, $b=3$이므로 $a+b=8$
다른 풀이 삼각형 ABC의 세 변 AB, BC, CA의 중점 P, Q, R에 대하여 삼각형 PQR의 무게중심은 삼각형 ABC의 무게중심과 일치한다.
삼각형 PQR의 무게중심의 좌표는
$\left(\frac{6+1+8}{3}, \frac{-3+5+7}{3}\right)$, 즉 $(5, 3)$
따라서 $a=5$, $b=3$이므로 $a+b=8$

34 세 점 O, A, B로 이루어진 삼각형 OAB에서 세 꼭짓점으로부터의 거리의 제곱의 합이 최소가 되게 하는 점 R는 삼각형 OAB의 무게중심이다.
따라서 △OAB의 무게중심 R의 좌표는
$\left(\frac{0+3+3}{3}, \frac{0+1-1}{3}\right)$, 즉 $(2, 0)$
따라서 $x=2$, $y=0$이므로 $x+y=2$
다른 풀이 $\overline{OR}^2+\overline{AR}^2+\overline{BR}^2$
$=x^2+y^2+(x-3)^2+(y-1)^2+(x-3)^2+(y+1)^2$
$=3x^2-12x+3y^2+20$
$=3(x^2-4x+4)+3y^2+8$
$=3(x-2)^2+3y^2+8$
$\overline{OR}^2+\overline{AR}^2+\overline{BR}^2$은 $x=2$, $y=0$일 때 최솟값 8을 갖는다.
따라서 $x+y=2$

35 점 M이 원점이 되도록 직사각형 ABCD를 좌표평면 위에 놓으면 꼭짓점 A, B, C, D의 좌표는 오른쪽 그림과 같다.

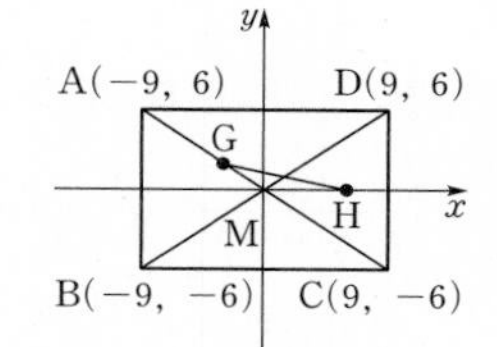

이때 삼각형 ABD의 무게중심 G의 좌표는
$\left(\frac{-9-9+9}{3}, \frac{6-6+6}{3}\right)$, 즉 $(-3, 2)$
삼각형 CDM의 무게중심 H의 좌표는
$\left(\frac{9+9+0}{3}, \frac{-6+6+0}{3}\right)$, 즉 $(6, 0)$
따라서 $\overline{GH}^2=\{6-(-3)\}^2+(-2)^2=85$

36 △ABC에서 선분 AC의 중점을 M이라고 하면 무게중심 G는 선분 BM을 $2:1$로 내분하는 점이다.
$\overline{BG}=\sqrt{(2+4)^2+(3-9)^2}=6\sqrt{2}$이므로
$\overline{BM}=\frac{3}{2}\overline{BG}=9\sqrt{2}$
즉, 정삼각형 ABC의 높이가 $9\sqrt{2}$이므로
$\frac{\sqrt{3}}{2}\times\overline{AC}=9\sqrt{2}$, $\overline{AC}=6\sqrt{6}$
따라서 △ABC의 넓이는
$\frac{1}{2}\times 6\sqrt{6}\times 9\sqrt{2}=54\sqrt{3}$

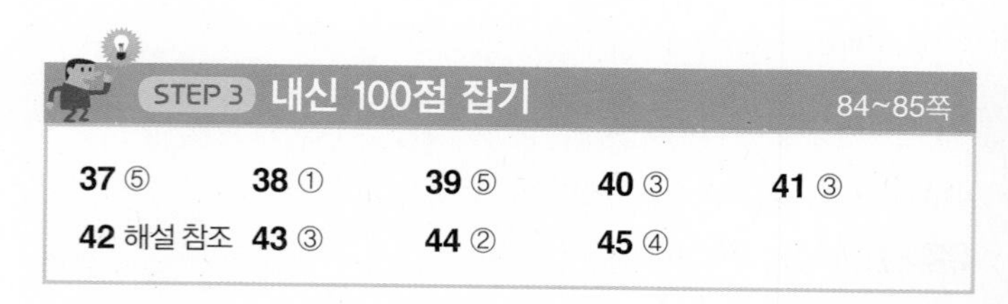
STEP 3 내신 100점 잡기 84~85쪽

37 ⑤	38 ①	39 ⑤	40 ③	41 ③
42 해설 참조	43 ③	44 ②	45 ④	

37 $\overline{DE}=\sqrt{(5+2)^2+(4-3)^2}=\sqrt{50}=5\sqrt{2}$
따라서 삼각형의 두 변의 중점을 연결한 선분의 성질에 의하여
$\overline{BC}=2\overline{DE}=10\sqrt{2}$

38 삼각형 ABC의 외심을 P(a, b)라고 하면 삼각형의 외심에서 세 꼭짓점에 이르는 거리는 같으므로 $\overline{PA}=\overline{PB}=\overline{PC}$

(i) $\overline{PA}=\overline{PB}$에서 $\overline{PA}^2=\overline{PB}^2$이므로

$a^2+(b-2)^2=(a-3)^2+(b-1)^2$

$a^2+b^2-4b+4=a^2-6a+b^2-2b+10$

$3a-b=3$ ...... ㉠

(ii) $\overline{PB}=\overline{PC}$에서 $\overline{PB}^2=\overline{PC}^2$이므로

$(a-3)^2+(b-1)^2=(a-4)^2+(b-6)^2$

$a^2-6a+b^2-2b+10=a^2-8a+b^2-12b+52$

$a+5b=21$ ...... ㉡

㉠, ㉡을 연립하여 풀면 $a=\frac{9}{4}$, $b=\frac{15}{4}$

따라서 $4(a+b)=24$

39 좌표평면에서 O(0, 0), A(3, 4), P(x, y)라고 하면

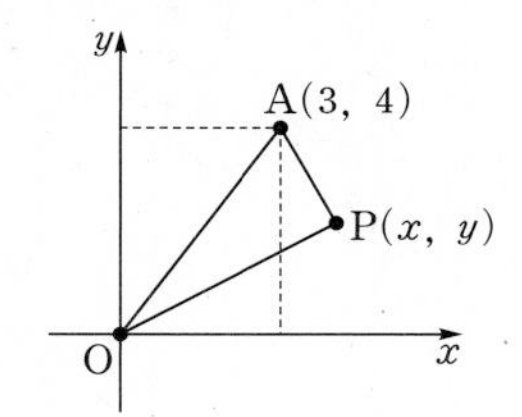

$\overline{OP}=\sqrt{x^2+y^2}$, $\overline{AP}=\sqrt{(x-3)^2+(y-4)^2}$이므로

$\sqrt{x^2+y^2}+\sqrt{(x-3)^2+(y-4)^2}=\overline{OP}+\overline{AP}\ge\overline{OA}$

따라서 주어진 식의 최솟값은

$\overline{OA}=\sqrt{9+16}=5$

40 두 점 A$(-1, 0)$, B$(3, 4)$를 이은 선분 AB를 $m:n$으로 내분하는 점의 좌표는

$\left(\frac{m\times3+n\times(-1)}{m+n}, \frac{m\times4+n\times0}{m+n}\right)$, 즉 $\left(\frac{3m-n}{m+n}, \frac{4m}{m+n}\right)$

이 점이 직선 $x+y=1$ 위의 점이므로

$\frac{3m-n}{m+n}+\frac{4m}{m+n}=1$, $\frac{7m-n}{m+n}=1$

$7m-n=m+n$, $6m=2n$, $3m=n$

이때 m, n은 서로소인 자연수이므로 $m=1$, $n=3$

따라서 $m+n=4$

41 점 A는 선분 PQ의 중점이다.

점 B의 좌표에서 $\frac{\sqrt{3}+3\sqrt{2}}{4}=\frac{1\times\sqrt{3}+3\times\sqrt{2}}{1+3}$이므로

점 B는 선분 PQ를 $1:3$으로 내분하는 점이다.

점 C의 좌표에서 $\frac{3\sqrt{3}-\sqrt{2}}{2}=\frac{3\times\sqrt{3}-1\times\sqrt{2}}{3-1}$이므로

점 C는 선분 PQ를 $3:1$로 외분하는 점이다.

세 점 A, B, C의 위치를 수직선 위에 나타내면 다음과 같다.

P$(\sqrt{2})$ B A Q$(\sqrt{3})$ C x

따라서 세 점의 위치를 왼쪽부터 순서대로 나열하면 B, A, C이다.

42 ㉮ 두 점 A, B의 좌표를 각각 (a, b), (x, y)라고 할 때, 선분 AB를 $2:1$로 외분하는 점 P의 좌표는

$\left(\frac{2x-a}{2-1}, \frac{2y-b}{2-1}\right)$, 즉 $(2x-a, 2y-b)$

㉯ 또, 선분 AB를 $1:2$로 내분하는 점 Q의 좌표는

$\left(\frac{x+2a}{1+2}, \frac{y+2b}{1+2}\right)$, 즉 $\left(\frac{x+2a}{3}, \frac{y+2b}{3}\right)$

㉰ 이때 $\overline{PQ}=10$이므로

$\overline{PQ}=\sqrt{\left(\frac{5}{3}x-\frac{5}{3}a\right)^2+\left(\frac{5}{3}y-\frac{5}{3}b\right)^2}$

$=\frac{5}{3}\sqrt{(x-a)^2+(y-b)^2}=10$

에서 $\sqrt{(x-a)^2+(y-b)^2}=6$

㉱ 따라서 구하는 선분 AB의 길이는

$\overline{AB}=\sqrt{(x-a)^2+(y-b)^2}=6$

단계	채점 기준	배점 비율
㉮	선분 AB를 2 : 1로 외분하는 점 P의 좌표 구하기	25%
㉯	선분 AB를 1 : 2로 내분하는 점 Q의 좌표 구하기	25%
㉰	$\overline{PQ}=10$임을 이용하여 식 세우기	30%
㉱	㉰에서 세운 식을 이용하여 $\overline{AB}$의 길이 구하기	20%

다른 풀이

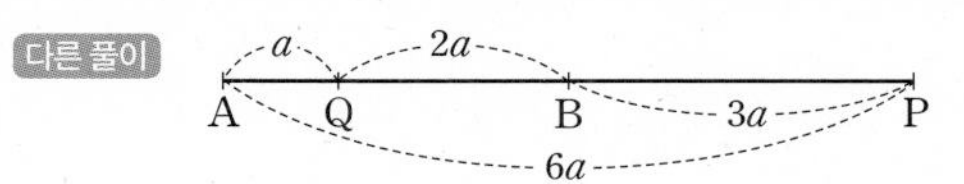

$\overline{AQ}=a$라고 하면 $\overline{AB}=\overline{BP}=3a$

$\overline{PQ}=5a=10$에서 $a=2$

따라서 $\overline{AB}=3a=6$

43 아파트의 위치를 각각 A(0), B$(2a)$, C$(5a)$, 마트의 위치를 P(x)라고 하면

$\overline{AP}^2+\overline{BP}^2+\overline{CP}^2=(x-0)^2+(x-2a)^2+(x-5a)^2$

$=3x^2-14ax+29a^2$

$=3\left(x-\frac{7}{3}a\right)^2+\frac{38}{3}a^2$

즉, $x=\frac{7}{3}a$일 때 배달 비용이 최소가 된다.

$\overline{AP}=\left|\frac{7}{3}a-0\right|=\frac{7}{3}a$

$\overline{BP}=\left|\frac{7}{3}a-2a\right|=\frac{1}{3}a$

$\overline{CP}=\left|\frac{7}{3}a-5a\right|=\frac{8}{3}a$

따라서 마트의 위치 P는 $\overline{AB}$를 $7:1$로 외분하는 점, $\overline{BC}$를 $1:8$로 내분하는 점, $\overline{AC}$를 $7:8$로 내분하는 점에 위치한다.

44 $\overline{PA}^2+\overline{PB}^2+\overline{PC}^2$의 값은 점 P가 △ABC의 무게중심일 때 최소가 된다.

정삼각형의 높이를 h라고 하면 무게중심의 성질에 의해

$\overline{PA}=\frac{2}{3}h$이고, $\overline{PA}=\overline{PB}=\overline{PC}$이므로

$\overline{PA}^2+\overline{PB}^2+\overline{PC}^2=3\overline{PA}^2=3\left(\frac{2}{3}h\right)^2=\frac{4}{3}h^2$

이때 한 변의 길이가 8인 정삼각형의 높이 h는 $h=4\sqrt{3}$이므로

$\frac{4}{3}h^2=\frac{4}{3}(4\sqrt{3})^2=64$

따라서 $\overline{PA}^2+\overline{PB}^2+\overline{PC}^2$의 최솟값은 64이다.

45 $A(x_1, y_1)$, $B(x_2, y_2)$, $C(x_3, y_3)$이라고 하면 변 AB를 3 : 1로 내분하는 점이 P(3, 4)이므로

$\frac{3x_2+x_1}{3+1}=3$, $\frac{3y_2+y_1}{3+1}=4$

즉, $x_1+3x_2=12$, $y_1+3y_2=16$ ...... ㉠

변 BC를 3 : 1로 내분하는 점이 Q(−3, 1)이므로

$\frac{3x_3+x_2}{3+1}=-3$, $\frac{3y_3+y_2}{3+1}=1$

즉, $x_2+3x_3=-12$, $y_2+3y_3=4$ ...... ㉡

변 CA를 3 : 1로 내분하는 점이 R(6, −2)이므로

$\frac{3x_1+x_3}{3+1}=6$, $\frac{3y_1+y_3}{3+1}=-2$

즉, $x_3+3x_1=24$, $y_3+3y_1=-8$ ...... ㉢

㉠, ㉡, ㉢에서

$x_1+3x_2+x_2+3x_3+x_3+3x_1=24$

$4(x_1+x_2+x_3)=24$, 즉 $x_1+x_2+x_3=6$

$y_1+3y_2+y_2+3y_3+y_3+3y_1=12$

$4(y_1+y_2+y_3)=12$, 즉 $y_1+y_2+y_3=3$

따라서 삼각형 ABC의 무게중심의 좌표는

$\left(\frac{x_1+x_2+x_3}{3}, \frac{y_1+y_2+y_3}{3}\right)$에서 $\left(\frac{6}{3}, \frac{3}{3}\right)$, 즉 (2, 1)이다.

다른 풀이 삼각형 ABC의 세 변을 일정한 비율로 내분한 세 점으로 이루어진 삼각형의 무게중심은 원래의 삼각형 ABC의 무게중심과 일치하므로

$\left(\frac{3-3+6}{3}, \frac{4+1-2}{3}\right)$, 즉 (2, 1)

따라서 삼각형 ABC의 무게중심의 좌표는 (2, 1)이다.

STEP 3 내신 최고 문제 85쪽

46 ③	47 ④

46 P, Q, C의 좌표를 각각 $P(a, 0)$, $Q(a, a)$, $R(0, a)$, $C(x, y)$라고 하면

$\overline{OC}^2=x^2+y^2=9$ ...... ㉠

$\overline{PC}^2=(x-a)^2+y^2=25$ ...... ㉡

$\overline{RC}^2=x^2+(y-a)^2=49$ ...... ㉢

㉠−㉡을 하면

$2ax=a^2-16$, $x=\frac{a^2-16}{2a}$ ...... ㉣

㉠−㉢을 하면

$2ay=a^2-40$, $y=\frac{a^2-40}{2a}$ ...... ㉤

㉣, ㉤을 ㉠에 대입하여 정리하면

$a^4-74a^2+928=0$, $(a^2-16)(a^2-58)=0$

$a^2=16$ 또는 $a^2=58$에서 $a=4$ 또는 $a=\sqrt{58}$

이때 $7<a<8$이므로 $a=\sqrt{58}$

따라서 정사각형 OPQR의 넓이는

$a^2=58$

47 세 점 P, Q, R에서 직선 l에 이르는 거리가 같음을 이용하여 두 점 A, B의 좌표를 구하고, 점 C가 $\overline{QR}$의 중점임을 이용하여 점 C의 좌표를 구한다.

오른쪽 그림과 같이 세 점 P, Q, R에서 직선 l에 내린 수선의 발을 각각 L, M, N이라고 하자.

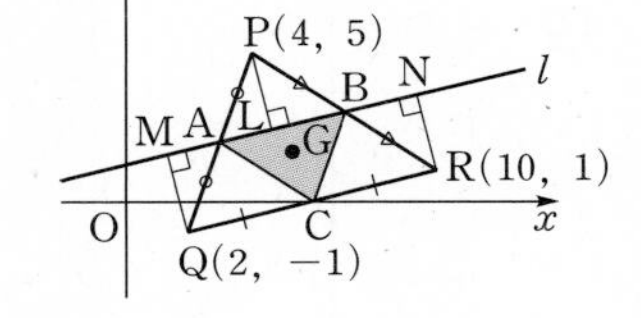

△PLA≡△QMA(ASA 합동)

이므로 $\overline{PA}=\overline{QA}$

따라서 점 A는 $\overline{PQ}$의 중점이므로 점 A의 좌표는

$\left(\frac{4+2}{3}, \frac{5-1}{2}\right)$, 즉 (3, 2)

같은 방법으로 △PLB≡△RNB(ASA 합동)이므로

$\overline{PB}=\overline{RB}$

따라서 점 B는 $\overline{PR}$의 중점이므로 점 B의 좌표는

$\left(\frac{4+10}{2}, \frac{5+1}{2}\right)$, 즉 (7, 3)

또, 점 C는 $\overline{QR}$의 중점이므로 점 C의 좌표는

$\left(\frac{2+10}{2}, \frac{-1+1}{2}\right)$, 즉 (6, 0)

△ABC의 무게중심의 좌표가 G(x, y)이므로

$G\left(\frac{3+7+6}{3}, \frac{2+3+0}{3}\right)$, 즉 $G\left(\frac{16}{3}, \frac{5}{3}\right)$

따라서 $x=\frac{16}{3}$, $y=\frac{5}{3}$이므로 $x+y=7$

다른 풀이 세 점 A, B, C는 각각 세 선분 PQ, PR, QR의 중점이므로 △ABC의 무게중심은 △PQR의 무게중심과 일치한다.

이때 △ABC의 무게중심의 좌표가 G(x, y)이므로

$G\left(\frac{4+2+10}{3}, \frac{5-1+1}{3}\right)$, 즉 $G\left(\frac{16}{3}, \frac{5}{3}\right)$

따라서 $x=\frac{16}{3}$, $y=\frac{5}{3}$이므로 $x+y=7$

02 직선의 방정식

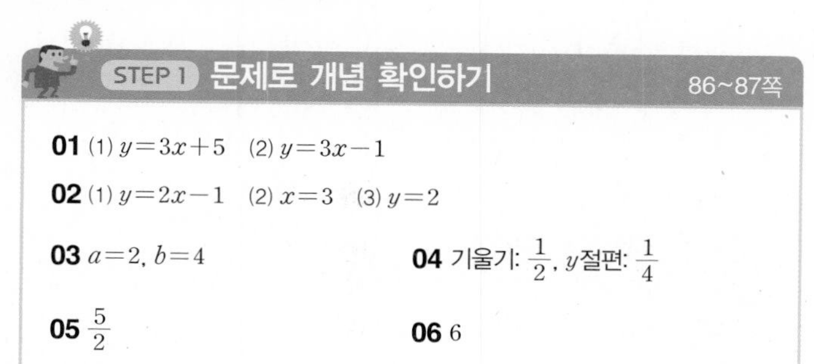

STEP 1 문제로 개념 확인하기 86~87쪽

01 (1) $y=3x+5$ (2) $y=3x-1$

02 (1) $y=2x-1$ (2) $x=3$ (3) $y=2$

03 $a=2$, $b=4$

04 기울기: $\frac{1}{2}$, y절편: $\frac{1}{4}$

05 $\frac{5}{2}$

06 6

07 $x-2y+11=0$

08 1

01 (1) $y-2=3\{x-(-1)\}$, 즉 $y=3x+5$

(2) $y=3x-1$

02 (1) $y-1=\frac{3-1}{2-1}(x-1)$, 즉 $y=2x-1$

(2) $x=3$

(3) $y=2$

03 구하는 직선의 방정식은 $\frac{x}{2}+\frac{y}{-4}=1$

$2x-y=4$, $2x-y-4=0$

따라서 $a=2$, $b=4$

04 $2x-4y+1=0$에서 $y=\frac{1}{2}x+\frac{1}{4}$

따라서 주어진 직선의 기울기는 $\frac{1}{2}$, y절편은 $\frac{1}{4}$이다

05 $ax-y-2=0$에서 $y=ax-2$

$5x-2y+3=0$에서 $y=\frac{5}{2}x+\frac{3}{2}$

이때 평행한 두 직선은 기울기가 서로 같으므로 $a=\frac{5}{2}$

다른 풀이 $\frac{a}{5}=\frac{-1}{-2}\neq\frac{-2}{3}$로부터 $-2a=-5$

따라서 $a=\frac{5}{2}$

06 $2x-y-3=0$에서 $y=2x-3$

$3x+ky+2=0$에서 $k\neq0$이어야 하므로

$y=-\frac{3}{k}x-\frac{2}{k}$

두 직선이 수직이므로 $2\times\left(-\frac{3}{k}\right)=-1$

따라서 $k=6$

다른 풀이 $2\times3+(-1)\times k=0$으로부터 $k=6$

07 두 직선 $x-3y+17=0$과 $2x+y-8=0$의 교점을 지나는 직선의 방정식은

$(x-3y+17)+k(2x+y-8)=0$ (k는 실수) ⋯⋯ ㉠

이 직선이 점 $P(5, 8)$을 지나므로

$(5-3\times8+17)+k(2\times5+8-8)=0$

$10k-2=0$, $k=\frac{1}{5}$

$k=\frac{1}{5}$을 ㉠에 대입하면

$(x-3y+17)+\frac{1}{5}(2x+y-8)=0$

$5x-15y+85+2x+y-8=0$

$7x-14y+77=0$

따라서 $x-2y+11=0$

08 $\frac{|4\times(-1)+3\times2+3|}{\sqrt{4^2+3^2}}=1$

STEP 2 내신등급 쑥쑥 올리기 88~95쪽

01 ⑤	02 ⑤	03 ④	04 ②	05 ③
06 ③	07 ⑤	08 ④	09 ⑤	10 ③
11 ②	12 ①	13 ④	14 ②	15 ③
16 ①	17 ③	18 ①	19 ④	20 ③
21 ⑤	22 ②	23 ②	24 ④	25 ①
26 ④	27 해설 참조	28 ①	29 ⑤	30 ③
31 ④	32 ⑤	33 ⑤	34 ②	35 ④
36 해설 참조	37 ③	38 ①	39 해설 참조	40 ⑤
41 ④	42 ⑤	43 ③	44 ④	45 ①
46 ①	47 ④	48 ③		

01 직선이 x축의 양의 방향과 이루는 각의 크기가 $45°$이므로 직선의 기울기는 $\tan 45°=1$

기울기가 1이고 점 $(1, 3)$을 지나는 직선의 방정식은

$y-3=1\times(x-1)$, $y=x+2$

따라서 구하는 직선의 y절편은 2이다.

02 x절편이 -2이고 y절편이 4인 직선의 방정식은

$\frac{x}{-2}+\frac{y}{4}=1$, $y=2x+4$

따라서 $a=2$, $b=4$이므로 $ab=8$

03 기울기가 3이고 두 점 $(k, -10)$, $(2, k)$를 지나므로

$\frac{-10-k}{k-2}=3$, $4k=-4$, $k=-1$

따라서 기울기가 3이고 점 $(2, -1)$을 지나는 직선의 방정식은

$y-(-1)=3(x-2)$, $y=3x-7$

따라서 $a=3$, $b=-7$이므로 $a-b=10$

04 두 점 A, B를 이은 선분을 2 : 3으로 내분하는 점의 좌표는

$\left(\frac{2\times3+3\times(-2)}{2+3}, \frac{2\times0+3\times5}{2+3}\right)$, 즉 $(0, 3)$

따라서 기울기가 1이고 점 $(0, 3)$을 지나는 직선의 방정식은

$y-3=x$, 즉 $y=x+3$

05 두 점 $A(0, -2)$, $B(4, 10)$을 지나는 직선의 방정식은

$y-10=\frac{10-(-2)}{4-0}(x-4)$, $y=3x-2$

따라서 $a=3$, $b=-2$이므로 $a+b=1$

06 두 점 $A(2, 8)$, $B(-1, 2)$를 지나는 직선의 방정식은

$y-8=\frac{2-8}{-1-2}(x-2)$, $y=2x+4$

이 직선이 점 $C(a, 4)$를 지나므로 $4=2a+4$

따라서 $a=0$

다른 풀이 세 점 $A(2, 8)$, $B(-1, 2)$, $C(a, 4)$가 한 직선 위에 있어야 하므로 (직선 AB의 기울기)=(직선 AC의 기울기)이어야 한다.

$\frac{8-2}{2-(-1)}=\frac{4-8}{a-2}$, $2=\frac{-4}{a-2}$

$2a-4=-4$

따라서 $a=0$

07 두 점 $A(8, -1)$, $B(-4, 2)$를 지나는 직선의 방정식은

$y-2=\frac{2-(-1)}{-4-8}(x+4)$, $y=-\frac{1}{4}x+1$

따라서 직선 $y=-\frac{1}{4}x+1$이 x축, y축과 만나는 점은 각각 $C(4, 0)$, $D(0, 1)$이므로 삼각형 OCD의 넓이는

$\frac{1}{2}\times4\times1=2$

08 직선 $\frac{x}{2}+\frac{y}{3}=1$이 x축과 만나는 점 P의 좌표는 $(2, 0)$,

직선 $x+\frac{y}{4}=1$이 y축과 만나는 점 Q의 좌표는 $(0, 4)$이다.

따라서 두 점 $(2, 0)$, $(0, 4)$를 지나는 직선의 방정식은

$\frac{x}{2}+\frac{y}{4}=1$

09 직선 $\frac{x}{a}+\frac{y}{b}=1$의 x절편이 a, y절편이 b이고, 제3사분면을 지나지 않으므로 직선은 오른쪽 그림과 같다.

이때 색칠한 부분의 넓이가 5이므로

$\frac{1}{2}ab=5$

따라서 $ab=10$

10 세 점 $A(-5, 4)$, $B(7, -2)$, $C\left(k, \frac{1}{2}k+1\right)$이 한 직선 위에 있으므로 두 점 A, B를 지나는 직선의 기울기와 두 점 B, C를 지나는 직선의 기울기가 같다. 즉,

$\frac{-2-4}{7-(-5)}=\frac{\frac{1}{2}k+1-(-2)}{k-7}$, $-\frac{1}{2}=\frac{k+6}{2k-14}$

$2k-14=-2k-12$, $4k=2$

따라서 $k=\frac{1}{2}$

11 직선 AB와 직선 AC의 기울기가 같아야 하므로

$\frac{1-(-1)}{a-(-1)}=\frac{-a-(-1)}{-5-(-1)}$, $\frac{2}{a+1}=\frac{-a+1}{-4}$

$(a+1)(-a+1)=-8$, $-a^2+1=-8$, $a^2=9$

이때 $a>0$이므로 $a=3$

직선 l은 기울기가 $\frac{1}{2}$이고 점 $A(-1, -1)$을 지나므로 직선 l의 방정식은

$y-(-1)=\frac{1}{2}\{x-(-1)\}$, $y=\frac{1}{2}x-\frac{1}{2}$

따라서 직선 l의 y절편은 $-\frac{1}{2}$이다.

12 세 점이 한 직선 위에 있으면 삼각형을 이루지 못하므로 두 점 $(k, 4)$, $(1, 3)$을 지나는 직선의 기울기와 두 점 $(1, 3)$, $(0, k)$를 지나는 직선의 기울기가 같아야 한다.

$\frac{4-3}{k-1}=\frac{3-k}{1-0}$, $(k-1)(3-k)=1$

$k^2-4k+4=0$, $(k-2)^2=0$

따라서 $k=2$

13 직선 $y=ax+3$은 a의 값에 관계없이 점 $(0, 3)$, 즉 점 A를 지난다. 점 A를 지나면서 삼각형 ABC의 넓이를 이등분하는 직선은 $\overline{BC}$의 중점을 지난다.

$\overline{BC}$의 중점의 좌표는 $\left(\frac{-3-5}{2}, \frac{1+3}{2}\right)$, 즉 $(-4, 2)$

이때 직선 $y=ax+3$이 점 $(-4, 2)$를 지나므로

$2=-4a+3$

따라서 $a=\frac{1}{4}$

14 오른쪽 그림과 같이 직선 $y=ax+b$가 평행사변형 ABCD의 넓이를 이등분하려면 평행사변형의 두 대각선의 교점 M을 지나야 한다.

이때 $M\left(\frac{1+5}{2}, \frac{2+2}{2}\right)$, 즉 $M(3, 2)$이고, 직선 $y=ax+b$가 점 $M(3, 2)$를 지나므로

$3a+b=2$

15 정사각형과 직사각형의 넓이를 동시에 이등분하려면 구하는 직선이 정사각형의 두 대각선의 교점 $(2, 5)$와 직사각형의 두 대각선의 교점 $(-2, -1)$을 지나야 한다.
따라서 두 점 $(2, 5)$와 $(-2, -1)$을 지나는 직선의 방정식은
$y-5=\frac{5+1}{2+2}(x-2)$, $y=\frac{3}{2}x+2$

16 $ax+by+c=0$에서 $b\neq0$이므로 $y=-\frac{a}{b}x-\frac{c}{b}$
이때 $a>0$, $b<0$, $c>0$이므로 $-\frac{a}{b}>0$, $-\frac{c}{b}>0$
따라서 직선 $ax+by+c=0$의 기울기와 y절편이 모두 양수이므로 직선의 개형은 ①이다.

17 $bx+cy+a=0$에서 $c\neq0$이므로 $y=-\frac{b}{c}x-\frac{a}{c}$
이때 $ac<0$, $bc>0$이므로 $-\frac{b}{c}<0$, $-\frac{a}{c}>0$
따라서 직선 $bx+cy+a=0$의 기울기는 음수, y절편은 양수이므로 이직선은 제1, 2, 4사분면을 지난다.

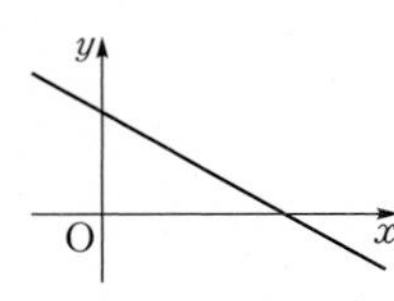

18 $ax+by+c=0$에서 $y=-\frac{a}{b}x-\frac{c}{b}$
주어진 그래프에서 기울기는 양수, y절편은 음수이므로
$-\frac{a}{b}>0$, $-\frac{c}{b}<0$, 즉 $\frac{a}{b}<0$, $\frac{c}{b}>0$ ······ ㉠
$bx-ay+c=0$에서 $y=\frac{b}{a}x+\frac{c}{a}$
이때 ㉠에 의하여 $\frac{b}{a}<0$, $\frac{c}{a}=\frac{b}{a}\times\frac{c}{b}<0$
따라서 직선 $bx-ay+c=0$을 좌표평면 위에 나타내면 오른쪽 그림과 같으므로 이 직선이 지나지 않는 사분면은 제1사분면이다.

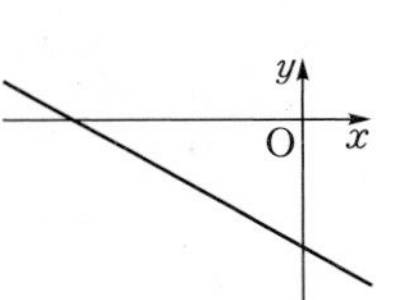

19 직선 $-x+3y+6=0$, 즉 $y=\frac{1}{3}x-2$에 수직인 직선의 기울기는 -3이므로 기울기가 -3이고 점 $(1, 4)$를 지나는 직선의 방정식은
$y-4=-3(x-1)$, $y=-3x+7$
따라서 구하는 직선의 y절편은 7이다.

20 두 직선 $ax+by+2=0$, $bx+(2a+3)y-4=0$이 일치하므로
$\frac{a}{b}=\frac{b}{2a+3}=\frac{2}{-4}$
$\frac{a}{b}=\frac{2}{-4}$에서 $2a+b=0$ ······ ㉠
$\frac{b}{2a+3}=\frac{2}{-4}$에서 $2a+2b=-3$ ······ ㉡
㉠, ㉡을 연립하여 풀면 $a=\frac{3}{2}$, $b=-3$
따라서 $2a-b=6$

21 직선 $y=mx-4$가 직선 $y=\frac{n}{3}x+\frac{4}{3}$와 수직이므로
$m\times\frac{n}{3}=-1$, $mn=-3$ ······ ㉠
또, 직선 $y=mx-4$가 직선 $y=-(3+n)x+4$와 평행하므로
$m=-3-n$, $m+n=-3$ ······ ㉡
㉠, ㉡에서
$m^2+n^2=(m+n)^2-2mn$
$=(-3)^2-2\times(-3)=15$

22 두 직선 $x+(k-2)y+1=0$, $kx+3y-1=0$이 평행하므로
$\frac{1}{k}=\frac{k-2}{3}\neq\frac{1}{-1}$
$k^2-2k-3=0$, $(k+1)(k-3)=0$, $k=-1$ 또는 $k=3$
그런데 $k\neq-1$이므로 $k=3$
따라서 두 직선의 방정식은 $x+y+1=0$, $3x+3y-1=0$이므로
이 직선들의 기울기는 -1이다.

23 직선 $y=x+4$의 기울기는 1이고, 이 직선과 직선 AH가 서로 수직이므로 직선 AH의 기울기는 -1이다.
또, 직선 AH가 점 $A(3, 1)$을 지나므로 직선 AH의 방정식은

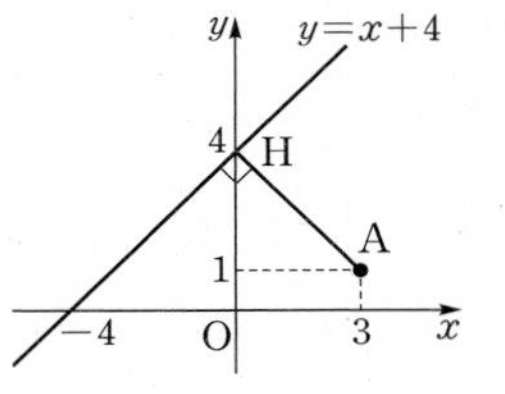

$y-1=-(x-3)$, $y=-x+4$
이때 점 H는 두 직선 $y=x+4$와 $y=-x+4$의 교점이므로 두 직선의 교점의 x좌표는
$x+4=-x+4$에서 $x=0$
$x=0$을 $y=x+4$에 대입하면 $y=4$
따라서 점 H의 좌표는 $(0, 4)$이다.

다른 풀이 수선의 발 H는 직선 $y=x+4$ 위의 점이므로 점 H의 좌표를 $(p, p+4)$라고 하면 직선 AH의 기울기는
$\frac{(p+4)-1}{p-3}=\frac{p+3}{p-3}$
그런데 직선 AH가 직선 $y=x+4$에 수직이므로 직선 AH의 기울기는 -1이다. 즉, $\frac{p+3}{p-3}=-1$
$p+3=-p+3$, $2p=0$, $p=0$
따라서 점 H의 좌표는 $(0, 4)$이다.

24 두 점 $A(-1, 3)$, $B(2, 6)$을 지나는 직선의 방정식은
$y-3=\frac{6-3}{2-(-1)}(x+1)$, $y=x+4$ ······ ㉠
직선 ㉠에 수직인 직선의 기울기는 -1이므로 구하는 직선의 방정식은
$y=-x+b$ (b는 상수) ······ ㉡
로 놓을 수 있다.
또, 선분 AB를 $2:1$로 외분하는 점 C의 좌표는
$\left(\frac{2\times2-1\times(-1)}{2-1}, \frac{2\times6-1\times3}{2-1}\right)$, 즉 $(5, 9)$

직선 ㉡이 점 $(5,\ 9)$를 지나므로
$9=-5+b,\ b=14$
따라서 구하는 직선의 방정식이 $y=-x+14$이므로 y절편은 14이다.

25 두 점 A, B를 지나는 직선의 기울기는 $\frac{-4-0}{6-2}=-1$이므로
구하는 직선의 기울기는 1이다.
또, $\overline{AB}$의 중점의 좌표는 $\left(\frac{2+6}{2},\ \frac{0-4}{2}\right)$, 즉 $(4,\ -2)$
이므로 점 $(4,\ -2)$를 지나고 기울기가 1인 직선의 방정식은
$y+2=1\times(x-4),\ x-y-6=0$
따라서 $a=-1,\ b=-6$이므로 $ab=6$

26 두 점 A, B를 지나는 직선의 기울기는 $\frac{8-4}{-5-1}=-\frac{2}{3}$이므로
수직이등분선의 기울기는 $\frac{3}{2}$이다.
또, $\overline{AB}$의 중점의 좌표는 $\left(\frac{1-5}{2},\ \frac{4+8}{2}\right)$, 즉 $(-2,\ 6)$
따라서 기울기가 $\frac{3}{2}$이고 점 $(-2,\ 6)$을 지나는 직선의 방정식은
$y-6=\frac{3}{2}(x+2),\ y=\frac{3}{2}x+9$

27 ㉮ 두 점 $A(1,\ 3)$, $C(5,\ 1)$을 지나는 직선의 방정식은
$y-3=\frac{1-3}{5-1}(x-1),\ y-3=-\frac{1}{2}(x-1)$
$y=-\frac{1}{2}x+\frac{7}{2}$
㉯ 마름모의 두 대각선은 서로 다른 것을 수직이등분하므로 직선 l과 직선 AC는 수직이고 직선 l은 대각선 AC의 중점 $(3,\ 2)$를 지난다.
㉰ 따라서 직선 l의 방정식은
$y-2=2(x-3),\ y=2x-4$

단계	채점 기준	배점 비율
㉮	직선 AC의 방정식 구하기	30%
㉯	마름모의 성질을 이용하여 직선 l의 특징 찾기	40%
㉰	직선 l의 방정식 구하기	30%

28 주어진 세 직선이 한 점에서 만나려면 직선 $kx+y=5$가 두 직선 $x-2y=5,\ 3x-y=10$의 교점을 지나야 한다.
$x-2y=5,\ 3x-y=10$을 연립하여 풀면 $x=3,\ y=-1$
즉, 두 직선이 만나는 교점은 $(3,\ -1)$이다.
따라서 직선 $kx+y=5$가 점 $(3,-1)$을 지나야 하므로
$3k-1=5,\ k=2$

29 서로 다른 세 직선이 평행하면 좌표평면이 4개의 부분으로 나누어지므로
$\frac{a+1}{2}=\frac{b}{-3}\neq\frac{1}{2},\ \frac{2}{2}=\frac{1-b}{-3}\neq\frac{-1}{2}$
$2b=-3a-3,\ 1-b=-3$
따라서 $a=-\frac{11}{3},\ b=4$이므로
$b-3a=15$

30 세 직선이 삼각형을 만들지 못하는 경우는 두 개 이상의 직선이 서로 평행하거나 세 직선이 한 점에서 만나는 경우이다.
(ⅰ) 직선 $mx-y+1=0$이 직선 $2x-y-5=0$ 또는 직선 $x+y-4=0$과 평행할 때
$m=2$ 또는 $m=-1$
(ⅱ) 직선 $mx-y+1=0$이 직선 $2x-y-5=0$과 직선 $x+y-4=0$의 교점을 지날 때
$2x-y-5=0,\ x+y-4=0$을 연립하여 풀면 $x=3,\ y=1$
따라서 직선 $mx-y+1=0$이 점 $(3,\ 1)$을 지나야 하므로
$3m-1+1=0,\ m=0$
따라서 (ⅰ), (ⅱ)에서 모든 실수 m의 값의 합은
$-1+0+2=1$

31 직선 $2x-y-1+k(x+y-2)=0$이 실수 k의 값에 관계없이 지나는 점 P는 직선 $2x-y-1=0$과 직선 $x+y-2=0$의 교점이다.
$2x-y-1=0$과 $x+y-2=0$을 연립하여 풀면 $x=1,\ y=1$
또, 직선 $x+4y+1=0$에 수직인 직선의 기울기는 4이므로 기울기가 4이고 점 $(1,\ 1)$을 지나는 직선의 방정식은
$y-1=4(x-1),\ y=4x-3$
따라서 구하는 직선의 y절편은 -3이다.

32 ㄱ. $x+y+2=0,\ 3x+y-4=0$을 연립하여 풀면 $x=3,\ y=-5$이므로 주어진 직선은 k의 값에 관계없이 항상 점 $(3,\ -5)$를 지난다. (참)
ㄴ. 주어진 직선의 방정식에 $k=-1$을 대입하면
$-2x+6=0,\ x=3$
즉, y축에 평행한 직선이다. (참)
ㄷ. $(x+y+2)+k(3x+y-4)=0$에서
$(1+3k)x+(1+k)y+2-4k=0$
이 직선의 기울기는 $-\frac{3k+1}{k+1}$이므로 $-\frac{3k+1}{k+1}=-3$이라고 하면
$3k+1=3k+3,\ 1=3$ (모순)
즉, 기울기가 -3인 직선은 나타낼 수 없다. (참)
따라서 옳은 것은 ㄱ, ㄴ, ㄷ이다.

33 직선 $m(x+1)+y-1=0$은 m의 값에 관계없이 항상 점 $(-1,\ 1)$을 지난다.
오른쪽 그림과 같이 두 직선이 제 4사분면에서 만나도록 직선 $m(x+1)+y-1=0$을 움직여 보면

(i) 직선 $m(x+1)+y-1=0$이 점 $(2, 0)$을 지날 때

$3m-1=0$, $m=\frac{1}{3}$

(ii) 직선 $m(x+1)+y-1=0$이 점 $(0, -4)$를 지날 때

$m-5=0$, $m=5$

따라서 (i), (ii)에서 구하는 m의 값의 범위는

$\frac{1}{3}<m<5$

34 주어진 두 직선의 교점을 지나는 직선의 방정식은

$(3x-2y+5)+k(x+y-2)=0$ (k는 상수) ······ ㉠

이 직선이 점 $(-1, 5)$를 지나므로

$(-3-10+5)+k(-1+5-2)=0$, $k=4$

$k=4$를 ㉠에 대입하면

$(3x-2y+5)+4(x+y-2)=0$

$7x+2y-3=0$

이 직선이 직선 $ax+by-3=0$과 같으므로 $a=7$, $b=2$

따라서 $a+b=9$

35 두 직선의 교점을 지나는 직선의 방정식은

$(3x+2y+3)+k(x+4y-2)=0$ (k는 상수)

$(3+k)x+(2+4k)y+3-2k=0$ ······ ㉠

이 직선이 직선 $x+y-2=0$과 수직이므로 수직 조건에서

$(3+k)+(2+4k)=0$

$5+5k=0$, $k=-1$ ······ ㉡

㉡을 ㉠에 대입하면 $2x-2y+5=0$

이 직선이 점 $(-2, a)$를 지나므로 $-4-2a+5=0$

따라서 $a=\frac{1}{2}$

다른 풀이 두 직선의 교점은 두 식을 연립하여 풀면 $\left(-\frac{8}{5}, \frac{9}{10}\right)$이다.

직선 $x+y-2=0$과 수직인 직선의 기울기는 1이므로

점 $\left(-\frac{8}{5}, \frac{9}{10}\right)$를 지나고 기울기가 1인 직선의 방정식은

$y-\frac{9}{10}=x+\frac{8}{5}$, $y=x+\frac{5}{2}$

이 직선이 점 $(-2, a)$를 지나므로

$a=-2+\frac{5}{2}=\frac{1}{2}$

36 ㉮ $y=kx-4k$에서 $k(x-4)-y=0$ ······ ㉠

이 직선은 k의 값에 관계없이 항상 점 $(4, 0)$을 지난다.

㉯ 오른쪽 그림과 같이 직선 ㉠이 직사각형과 만나도록 움직여 보면

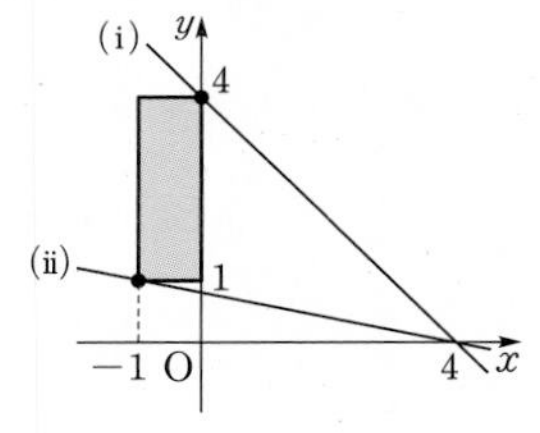

(i) 직선 ㉠이 점 $(0, 4)$를 지날 때

$-4k-4=0$, $k=-1$

(ii) 직선 ㉠이 점 $(-1, 1)$를 지날 때

$-5k-1=0$, $k=-\frac{1}{5}$

(i), (ii)에서 직선 ㉠이 직사각형과 만나도록 하는 k의 값의 범위는

$-1\le k\le -\frac{1}{5}$

㉰ 따라서 $M=-\frac{1}{5}$, $m=-1$이므로 $5Mm=1$

단계	채점 기준	배점 비율
㉮	직선 $y=kx-4k$가 k의 값에 관계없이 항상 지나는 점의 좌표 구하기	20%
㉯	직선과 직사각형이 만나도록 하는 실수 k의 값의 범위 구하기	60%
㉰	$5Mm$의 값 구하기	20%

37 점 $(0, 1)$에서 직선 $y=ax$, 즉 $ax-y=0$까지의 거리가 $\frac{\sqrt{2}}{2}$이므로

$\frac{|a\times 0-1|}{\sqrt{a^2+(-1)^2}}=\frac{\sqrt{2}}{2}$, $\sqrt{2a^2+2}=2$

양변을 제곱하면 $2a^2+2=4$, $2a^2=2$, $a^2=1$

$a=1$ 또는 $a=-1$

그런데 a는 양수이므로 $a=1$

38 직선 $(2k+1)x-(k-1)y-3k-6=0$, 즉

$(2x-y-3)k+(x+y-6)=0$은 실수 k의 값에 관계없이 점 $A(3, 3)$을 지난다.

이때 점 A에서 직선 $x+2y+m=0$까지의 거리가 $2\sqrt{5}$이므로

$\frac{|3+2\times 3+m|}{\sqrt{1^2+2^2}}=2\sqrt{5}$, $m+9=\pm 10$

$m=1$ 또는 $m=-19$

따라서 모든 실수 m의 값의 합은 -18이다.

39 ㉮ 점 $(1, 2)$를 지나는 직선 l의 방정식을

$y-2=m(x-1)$, 즉 $mx-y-m+2=0$이라고 하면

㉯ 원점에서 직선 l까지의 거리가 2이므로

$\frac{|m\times 0-0-m+2|}{\sqrt{m^2+(-1)^2}}=2$

$2\sqrt{m^2+1}=|2-m|$

양변을 제곱하면 $4(m^2+1)=(2-m)^2$

$3m^2+4m=0$, $m(3m+4)=0$

$m=0$ 또는 $m=-\frac{4}{3}$

㉰ 이때 구하는 직선은 x축에 평행하지 않으므로

$m=-\frac{4}{3}$

따라서 구하는 직선 l의 방정식은

$y-2=-\frac{4}{3}(x-1)$, 즉 $4x+3y-10=0$

단계	채점 기준	배점 비율
㉮	직선 l의 방정식 세우기	30%
㉯	점 (1, 2)에서 직선 l까지의 거리가 2임을 이용하여 직선의 기울기 구하기	40%
㉰	조건에 맞는 직선의 기울기를 찾아서 직선의 방정식 구하기	30%

40 삼각형 OAB의 무게중심 G의 좌표는

$\left(\frac{0+4+5}{3}, \frac{0+3-3}{3}\right)$, 즉 $(3, 0)$

직선 OA의 방정식은 $y=\frac{3}{4}x$, 즉 $3x-4y=0$

따라서 점 G와 직선 OA 사이의 거리 d는

$d=\frac{|3\times3-4\times0|}{\sqrt{3^2+(-4)^2}}=\frac{9}{5}$

41 두 직선 $ax+2y+5=0$, $x-y+b=0$이 수직이므로

$a\times1+2\times(-1)=0$, $a=2$

이때 점 $(-2, 1)$로부터 각 직선까지의 거리가 같으므로

$\frac{|2\times(-2)+2\times1+5|}{\sqrt{2^2+2^2}}=\frac{|-2-1+b|}{\sqrt{1^2+(-1)^2}}$

$\frac{3}{2\sqrt{2}}=\frac{|-3+b|}{\sqrt{2}}$, $b-3=\pm\frac{3}{2}$

$b=\frac{9}{2}$ 또는 $b=\frac{3}{2}$

따라서 모든 실수 b의 값의 합은 6이다.

42 점 $(-2, 1)$과 직선 $(2a-1)x+(a+3)y+3a+2=0$ 사이의 거리 $f(a)$는

$f(a)=\frac{|(2a-1)\times(-2)+(a+3)\times1+3a+2|}{\sqrt{(2a-1)^2+(a+3)^2}}$

$=\frac{7}{\sqrt{5a^2+2a+10}}=\frac{7}{\sqrt{5\left(a+\frac{1}{5}\right)^2+\frac{49}{5}}}$

따라서 $\sqrt{5\left(a+\frac{1}{5}\right)^2+\frac{49}{5}}$가 최소일 때 $f(a)$가 최대이므로

$f(a)$는 $a=-\frac{1}{5}$일 때 최댓값 $\sqrt{5}$를 갖는다.

43 $\overline{AB}=\sqrt{(-1+3)^2+(-2-4)^2}$

$=2\sqrt{10}$

A(−3, 4)
C(4, 3)
B(−1, −2)

또, 직선 AB의 방정식은

$y-4=\frac{-2-4}{-1-(-3)}(x+3)$

$3x+y+5=0$

점 C(4, 3)과 직선 AB 사이의 거리는

$\frac{|3\times4+1\times3+5|}{\sqrt{3^2+1^2}}=\frac{20}{\sqrt{10}}=2\sqrt{10}$

따라서 삼각형 ABC의 넓이는

$\frac{1}{2}\times2\sqrt{10}\times2\sqrt{10}=20$

44 두 점 A, B 사이의 거리는

$\overline{AB}=\sqrt{(1+4)^2+(10+2)^2}=13$

직선 AB의 방정식은

$y-10=\frac{10-(-2)}{1-(-4)}(x-1)$, $12x-5y+38=0$

점 C(0, k)와 직선 AB 사이의 거리를 h라고 하면

$h=\frac{|12\times0-5k+38|}{\sqrt{12^2+(-5)^2}}=\frac{|38-5k|}{13}$

이때 $k<0$이므로 $h=\frac{38-5k}{13}$

따라서 삼각형 ABC의 넓이가 24이므로

$\frac{1}{2}\times13\times\frac{38-5k}{13}=24$, $5k=-10$

그러므로 $k=-2$

45 두 직선 $3x+4y+12=0$과 $3x+4y+7=0$은 평행하므로 두 직선 사이의 거리는 직선 위의 한 점에서 다른 한 직선까지의 거리와 같다.

따라서 직선 $3x+4y+12=0$ 위의 한 점 $(0, -3)$과 직선 $3x+4y+7=0$ 사이의 거리는

$\frac{|3\times0+4\times(-3)+7|}{\sqrt{3^2+4^2}}=1$

46 두 직선 $4x+3y+12=0$, $4x+3y+a=0$이 평행하므로 두 직선 사이의 거리는 직선 위의 한 점에서 다른 한 직선까지의 거리와 같다.

따라서 직선 $4x+3y+12=0$ 위의 한 점 $(0, -4)$와 직선 $4x+3y+a=0$ 사이의 거리는

$\frac{|-12+a|}{\sqrt{4^2+3^2}}=2$, $|-12+a|=10$

$-12+a=\pm10$, $a=22$ 또는 $a=2$

따라서 모든 실수 a의 값의 합은 24이다.

47 두 직선 $ax+y-a+1=0$, $x-y+2=0$이 평행하므로

$\frac{1}{a}=\frac{-1}{1}\neq\frac{2}{-a+1}$, $a=-1$

즉, 두 직선의 방정식은 $x-y-2=0$, $x-y+2=0$이므로 두 직선 사이의 거리는 직선 $x-y-2=0$ 위의 점 $(2, 0)$과 직선 $x-y+2=0$ 사이의 거리와 같다.

따라서 $\frac{|2-0+2|}{\sqrt{1^2+(-1)^2}}=2\sqrt{2}$

48 직선 l: $3x-4y+5=0$과 직선 $ax+2y+5=0$은 평행하므로

$\frac{3}{a}=\frac{-4}{2}\neq\frac{5}{5}$, $a=-\frac{3}{2}$

이때 사다리꼴 ABCD의 높이는 두 직선 사이의 거리이므로 직선 l 위의 한 점 $\left(0, \frac{5}{4}\right)$와 직선 $-\frac{3}{2}x+2y+5=0$, 즉 $3x-4y-10=0$ 사이의 거리는

$$\frac{\left|3\times0-4\times\frac{5}{4}-10\right|}{\sqrt{3^2+(-4)^2}}=3$$

따라서 사다리꼴 ABCD의 높이는 3이다.

STEP 3 내신 100점 잡기 96~97쪽

49 ④	50 ②	51 ①	52 ②	53 ④
54 ②	55 ④	56 ④		

49 ㄱ. 직선 AB의 x절편과 y절편이 각각 3, $\sqrt{3}$이므로 직선 AB의 방정식은

$\frac{x}{3}+\frac{y}{\sqrt{3}}=1$, $x+\sqrt{3}y-3=0$ (거짓)

ㄴ. 두 삼각형 OAP, OBP의 밑변을 각각 $\overline{AP}$와 $\overline{BP}$라고 하면 높이가 같으므로 $\triangle OAP=3\triangle OBP$에서 $\overline{PA}:\overline{PB}=3:1$

따라서 점 P는 선분 AB를 3 : 1로 내분하는 점이므로

$P\left(\frac{3\times0+1\times3}{3+1}, \frac{3\times\sqrt{3}+1\times0}{3+1}\right)$, 즉 $P\left(\frac{3}{4}, \frac{3\sqrt{3}}{4}\right)$ (참)

ㄷ. 직선 $y=mx$가 점 P를 지나므로

$\frac{3\sqrt{3}}{4}=m\times\frac{3}{4}$, $m=\sqrt{3}$

따라서 직선 $y=mx$의 기울기는 $\sqrt{3}=\tan 60°$, 즉 직선 $y=mx$가 x축의 양의 방향과 이루는 각의 크기가 $60°$이므로 y축의 양의 방향과 이루는 각의 크기는 $30°$이다. (참)

따라서 옳은 것은 ㄴ, ㄷ이다.

50 A(0, 3)이므로 가장 작은 정사각형의 한 변의 길이는 3이고 D(16, 8)이므로 가장 큰 정사각형의 한 변의 길이는 8이다.

세 정사각형의 세 변의 길이의 합이 16이므로 가운데 정사각형의 한 변의 길이는 $16-3-8=5$이다. 즉, B(3, 5), C(8, 8)이다.

따라서 두 점 B, C를 지나는 직선의 기울기 m은

$m=\frac{8-5}{8-3}=\frac{3}{5}$이므로 $20m=20\times\frac{3}{5}=12$

51 직선 l과 두 변 BC, AD가 만나는 점을 각각 E, F라고 하면 두 점 E, F는 각각 $\overline{BC}$, $\overline{AD}$를 1 : 3, 3 : 1로 내분하는 점이 된다.

즉, 점 E와 F의 좌표는 E(2, 2), F(4, 5)이고, 이 두 점을 지나는 직선 l의 방정식은

$y-2=\frac{5-2}{4-2}(x-2)$, $y=\frac{3}{2}x-1$

따라서 직선 l의 x절편은 $\frac{2}{3}$이다.

참고 직선 l이 점 E와 사각형의 두 대각선의 교점 $\left(3, \frac{7}{2}\right)$을 지남을 이용하여 풀 수도 있다.

52 직선 AB가 직선 $x+y-3=0$과 직교하므로 직선 AB의 기울기는 1이다.

$\frac{b-2}{a-3}=1$에서 $b=a-1$ ······ ㉠

$\overline{AB}$를 2 : 1로 내분하는 점의 좌표는 $\left(\frac{2a+3}{3}, \frac{2b+2}{3}\right)$

이 점이 직선 $x+y-3=0$ 위에 있으므로

$\frac{2a+3}{3}+\frac{2b+2}{3}-3=0$

$a+b-2=0$ ······ ㉡

㉠, ㉡을 연립하여 풀면 $a=\frac{3}{2}$, $b=\frac{1}{2}$

따라서 $4ab=3$

53 두 직선 $y=-2x+4$, $y=x+1$에 대하여

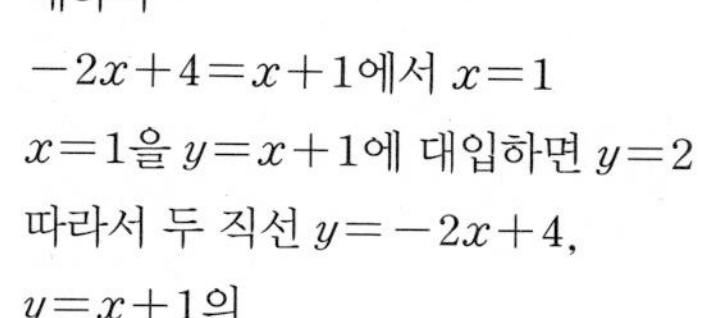

$-2x+4=x+1$에서 $x=1$

$x=1$을 $y=x+1$에 대입하면 $y=2$

따라서 두 직선 $y=-2x+4$, $y=x+1$의 교점의 좌표는 $(1, 2)$이다.

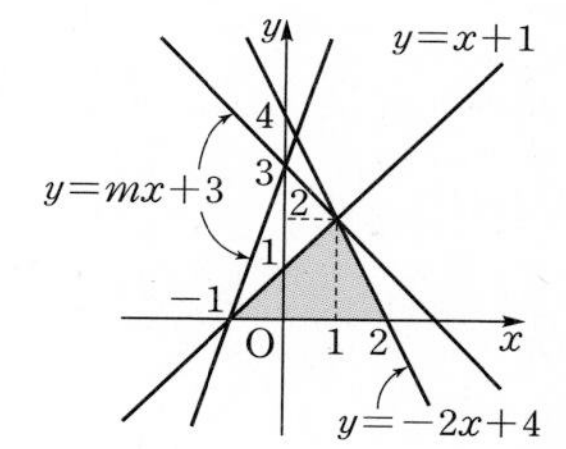

이때 직선 $y=mx+3$은 점 $(0, 3)$을 지나는 직선이다.

이 직선이 점 $(1, 2)$를 지날 때 $m=-1$이고, 점 $(-1, 0)$을 지날 때 $m=3$이다.

따라서 직선 $y=mx+3$은 기울기 m의 값의 범위가 $-1<m<3$일 때, 주어진 삼각형과 만나지 않는다.

54 두 직선 $ax+by-1=0$, $bx+ay-1=0$이 평행하므로

$\frac{a}{b}=\frac{b}{a}\neq\frac{-1}{-1}=1$, 즉 $a^2=b^2$

이때 $a\neq b$이므로 $a=-b$

따라서 두 직선의 방정식이 $ax-ay-1=0$, $-ax+ay-1=0$이므로

직선 $ax-ay-1=0$ 위의 한 점 $\left(\frac{1}{a}, 0\right)$과 직선 $-ax+ay-1=0$ 사이의 거리는

$$\frac{\left|-a\times\frac{1}{a}+0-1\right|}{\sqrt{(-a)^2+a^2}}=\frac{2}{\sqrt{2}|a|}=\frac{\sqrt{2}}{|a|}$$

55 오른쪽 그림과 같이 건물의 한 모퉁이인 C 지점을 원점으로 하는 좌표축을 생각하면 A(0, −10), B(30, 10)이다.

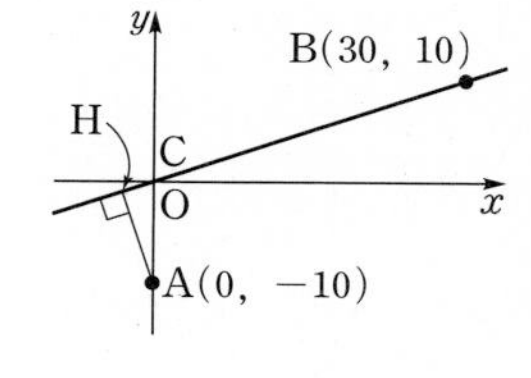

이때 원점과 점 B를 잇는 직선의 방정식은

$y=\frac{1}{3}x$, 즉 $x-3y=0$이므로

가로등을 보기 위하여 움직여야 할 최소 거리는 점 A와 직선 $x-3y=0$ 사이의 거리 $\overline{AH}$이다.

따라서 $\overline{AH}=\frac{|0-3\times(-10)|}{\sqrt{1^2+(-3)^2}}=3\sqrt{10}$ (m)

56 $\begin{cases} y=4x & \cdots\cdots ㉠ \\ y=\frac{1}{4}x & \cdots\cdots ㉡ \\ y=-x+8 & \cdots\cdots ㉢ \end{cases}$

두 직선 ㉠, ㉡의 교점은 원점 O(0, 0)이고, 두 직선 ㉠, ㉢의 교점을 A라고 하면 점 A의 좌표는 $\left(\frac{8}{5}, \frac{32}{5}\right)$이다.

또, 두 직선 ㉡, ㉢의 교점을 B라고 하면 점 B의 좌표는 $\left(\frac{32}{5}, \frac{8}{5}\right)$이다.

두 점 A, B 사이의 거리는

$\overline{AB}=\sqrt{\left(\frac{8}{5}-\frac{32}{5}\right)^2+\left(\frac{32}{5}-\frac{8}{5}\right)^2}=\frac{24\sqrt{2}}{5}$

원점에서 직선 ㉢까지의 거리를 h라고 하면

$h=\frac{|0+0-8|}{\sqrt{1^2+1^2}}=4\sqrt{2}$

따라서 세 직선 $y=4x$, $y=\frac{1}{4}x$, $y=-x+8$로 둘러싸인 삼각형의 넓이는

$\frac{1}{2}\times\overline{AB}\times h=\frac{1}{2}\times\frac{24\sqrt{2}}{5}\times4\sqrt{2}=\frac{96}{5}$

STEP 3 내신 최고 문제
97쪽
57 106
58 ②

57 다음 그림과 같이 두 직선 m, n이 y축과 만나는 점을 각각 D, E라 하고 점 (9, 9)를 F라고 하자.

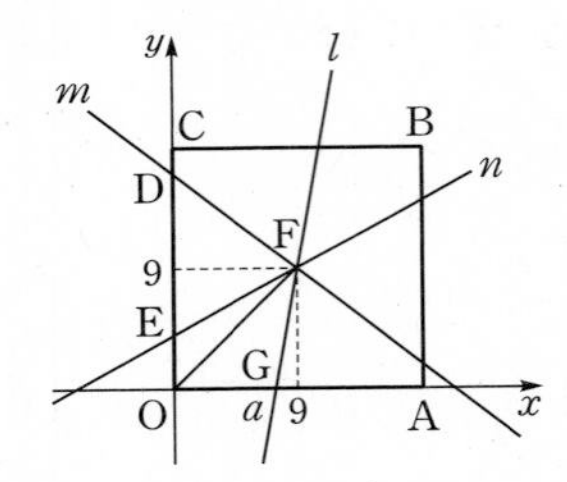

정사각형 OABC의 넓이가 $18\times18=324$이고, 삼각형 DEF의 넓이는 정사각형 OABC의 넓이의 $\frac{1}{6}$이므로

$\frac{1}{2}\times\overline{DE}\times9=\frac{1}{6}\times324$

$\frac{9}{2}\times\overline{DE}=54$, $\overline{DE}=12$

또, 직선 l이 x축과 만나는 점을 G라고 하면 사각형 OGFE의 넓이는 삼각형 OGF와 삼각형 OEF의 넓이의 합과 같으므로

$\frac{1}{2}\times\overline{OE}\times9+\frac{1}{2}\times\overline{OG}\times9=54$, $\overline{OE}+\overline{OG}=12$

$\overline{OG}=a$이므로 $\overline{OE}=12-a$, $\overline{OD}=\overline{OE}+\overline{DE}=24-a$에서

D$(0, 24-a)$, E$(0, 12-a)$

직선 m은 두 점 D, F를 지나므로 직선 m의 기울기는

$\frac{9-(24-a)}{9-0}=\frac{a-15}{9}$

직선 n은 두 점 E, F를 지나므로 직선 n의 기울기는

$\frac{9-(12-a)}{9-0}=\frac{a-3}{9}$

두 직선 m과 n의 기울기의 곱을 $f(a)$라고 하면

$f(a)=\frac{a-15}{9}\times\frac{a-3}{9}=\frac{1}{81}(a^2-18a+45)$

$=\frac{1}{81}(a-9)^2-\frac{4}{9}$

$6\le a\le10$이므로

$a=6$일 때 최댓값 $-\frac{1}{3}$을 갖고, $a=9$일 때 최솟값 $-\frac{4}{9}$를 갖는다.

이때 $\alpha=-\frac{1}{3}$, $\beta=-\frac{4}{9}$이므로 $\alpha^2+\beta^2=\frac{1}{9}+\frac{16}{81}=\frac{25}{81}$

따라서 $p=81$, $q=25$이므로 $p+q=106$

58 선분 AB의 길이는 두 직선 $y=\frac{4}{3}x+2$, $y=\frac{4}{3}x-3$ 사이의 거리와 같으므로 직선 $y=\frac{4}{3}x+2$ 위의 점 $(0, 2)$와 직선 $y=\frac{4}{3}x-3$, 즉 $4x-3y-9=0$ 사이의 거리는

$\frac{|4\times0-3\times2-9|}{\sqrt{4^2+(-3)^2}}=\frac{15}{5}=3$, 즉 $\overline{AB}=3$

또, 원점 O와 선분 AB 사이의 거리를 h라고 하면 삼각형 OAB의 넓이가 $\frac{21}{5}$이므로

$\frac{1}{2}\times3\times h=\frac{21}{5}$, $h=\frac{14}{5}$

직선 AB는 직선 $y=\frac{4}{3}x+4$와 수직이므로 직선 AB의 기울기는 $-\frac{3}{4}$이다.

따라서 직선 AB의 방정식을 $y=-\frac{3}{4}x+k$, 즉 $3x+4y-4k=0$이라고 하면 이 직선과 원점 사이의 거리가 $\frac{14}{5}$이므로

$\frac{|3\times0+4\times0-4k|}{\sqrt{3^2+4^2}}=\frac{14}{5}$, $\frac{|-4k|}{5}=\frac{14}{5}$

$4k=\pm14$, $k=\pm\frac{7}{2}$

이때 점 A, B가 제1사분면 위의 점이므로 직선 AB의 방정식은

$y=-\frac{3}{4}x+\frac{7}{2}$

따라서 $a=-\frac{3}{4}$, $b=\frac{7}{2}$이므로 $ab=-\frac{21}{8}$

03 원의 방정식

STEP 1 문제로 개념 확인하기 98~99쪽

01 (1) $(x-1)^2+(y+2)^2=16$ (2) $x^2+y^2=25$
(3) $(x+1)^2+(y-2)^2=4$ (4) $(x-2)^2+(y+1)^2=4$
(5) $(x-1)^2+(y+1)^2=1$

02 (1) 중심의 좌표: $(2, 0)$, 반지름의 길이: 2
(2) 중심의 좌표: $(2, -3)$, 반지름의 길이: 3

03 (1) $x^2+y^2-2x+2y-2=0$ (2) $2x-2y+1=0$

04 $k<-\sqrt{3}$ 또는 $k>\sqrt{3}$

05 (1) $y=3x\pm2\sqrt{10}$ (2) $3x-4y=25$

01 (1) $(x-1)^2+(y+2)^2=4^2$에서 $(x-1)^2+(y+2)^2=16$

(2) 구하는 원의 방정식을 $x^2+y^2=r^2$이라고 하면 점 $(4, -3)$을 지나므로

$4^2+(-3)^2=r^2$, $r^2=25$

따라서 구하는 원의 방정식은 $x^2+y^2=25$

(3) x축에 접하는 원의 반지름의 길이는 중심의 y좌표의 절댓값과 같으므로 2이다.

따라서 구하는 원의 방정식은 $(x+1)^2+(y-2)^2=4$

(4) y축에 접하는 원의 반지름의 길이는 중심의 x좌표의 절댓값과 같으므로 2이다.

따라서 구하는 원의 방정식은 $(x-2)^2+(y+1)^2=4$

(5) x축과 y축에 동시에 접하는 원의 반지름의 길이는 1이다.

따라서 구하는 원의 방정식은 $(x-1)^2+(y+1)^2=1$

02 (1) $x^2+y^2-4x=0$에서 $(x-2)^2+y^2=4$

따라서 원의 중심의 좌표는 $(2, 0)$, 반지름의 길이는 2이다.

(2) $x^2+y^2-4x+6y+4=0$에서 $(x-2)^2+(y+3)^2=9$

따라서 원의 중심의 좌표는 $(2, -3)$, 반지름의 길이는 3이다.

03 (1) 두 원 $x^2+y^2+2x-2y=0$, $x^2+y^2=1$의 교점을 지나는 원의 방정식은

$x^2+y^2+2x-2y+k(x^2+y^2-1)=0\ (k\neq-1)$ ······ ㉠

이 원이 점 $(1, 1)$을 지나므로 $2+k=0$, $k=-2$

$k=-2$를 ㉠에 대입하면

$x^2+y^2+2x-2y-2(x^2+y^2-1)=0$

따라서 $x^2+y^2-2x+2y-2=0$

(2) 두 원 $x^2+y^2+2x-2y=0$, $x^2+y^2=1$의 교점을 지나는 직선의 방정식은

$(x^2+y^2+2x-2y)-(x^2+y^2-1)=0$

따라서 $2x-2y+1=0$

04 $y=kx+2$를 $x^2+y^2=1$에 대입하면

$x^2+(kx+2)^2=1$

$(k^2+1)x^2+4kx+3=0$ ······ ㉠

이 이차방정식의 판별식을 D라고 하면 $D>0$이어야 하므로

$\frac{D}{4}=4k^2-3(k^2+1)>0$

$k^2-3>0$, $(k+\sqrt{3})(k-\sqrt{3})>0$

따라서 $k<-\sqrt{3}$ 또는 $k>\sqrt{3}$

05 (1) 원 $x^2+y^2=4$에 접하고 기울기가 3인 접선의 방정식은

$y=3x\pm2\sqrt{3^2+1}$

따라서 $y=3x\pm2\sqrt{10}$

(2) 원 $x^2+y^2=25$ 위의 점 $(3, -4)$에서의 접선의 방정식은

$3x-4y=25$

STEP 2 내신등급 쑥쑥 올리기 100~107쪽

01 ①	02 ①	03 ③	04 ②	05 ②
06 ①	07 ③	08 해설 참조	09 ⑤	10 ①
11 ④	12 ①	13 ①	14 ⑤	15 ⑤
16 ②	17 ④	18 180	19 해설 참조	20 ④
21 ②	22 ②	23 ③	24 ②	25 ②
26 ①	27 ⑤	28 ⑤	29 25	30 ⑤
31 ④	32 ②	33 ④	34 ⑤	35 ⑤
36 ④	37 ③	38 ④	39 ⑤	40 ④
41 ②	42 ④	43 ③	44 ③	45 ①
46 해설 참조				

01 $x^2+y^2-2x-10y-10=0$에서

$(x-1)^2+(y-5)^2=6^2$

이때 원의 중심의 좌표가 $(1, 5)$이고 반지름의 길이가 6이므로

$a=1$, $b=5$, $r=6$

따라서 $abr=30$

02 $x^2+y^2+4x-4y+k=0$에서

$(x+2)^2+(y-2)^2=8-k$

이 방정식이 원을 나타내려면 $8-k>0$이어야 한다.

따라서 $k<8$

03 $x^2+y^2+kx-2y+k=0$에서

$\left(x+\frac{k}{2}\right)^2+(y-1)^2=\frac{1}{4}k^2-k+1$

$\left(x+\frac{k}{2}\right)^2+(y-1)^2=\left(\frac{1}{2}k-1\right)^2$

이 방정식이 나타내는 도형은 넓이가 16π인 원이므로

$\left(\frac{1}{2}k-1\right)^2=16$

$\frac{1}{2}k-1=4$ 또는 $\frac{1}{2}k-1=-4$

$k=10$ 또는 $k=-6$

따라서 모든 실수 k의 값의 합은 4이다.

04 원 $x^2+y^2+2ax-6x-3=0$이 점 $(6, 3)$을 지나므로

$36+9+12a-18-3=0$

$12a=-24$, $a=-2$

$x^2+y^2-4x-6x-3=0$을 변형하면

$(x-2)^2+(y-3)^2=4^2$

이므로 이 원의 반지름의 길이 r는 $r=4$

따라서 $a+r=2$

05 $\overline{AB}$의 중점이 원의 중심이므로 원의 중심의 좌표는

$\left(\frac{3+1}{2}, \frac{2+4}{2}\right)$, 즉 $(2, 3)$

따라서 $a=2$, $b=3$

또, $\overline{AB}$가 원의 지름이므로 원의 반지름의 길이는

$r=\frac{1}{2}\sqrt{(3-1)^2+(2-4)^2}=\sqrt{2}$

따라서 $a+b+r=5+\sqrt{2}$

06 $(x-1)^2+(y-2)^2=4$와 원의 중심이 같으므로

원의 중심이 $(1, 2)$이고 반지름의 길이가 r인 원의 방정식은

$(x-1)^2+(y-2)^2=r^2$

이 원이 점 $(4, 3)$을 지나므로

$(4-1)^2+(3-2)^2=r^2$, $r^2=10$

$(x-1)^2+(y-2)^2=10$의 좌변을 전개하여 정리하면

$x^2+y^2-2x-4y-5=0$

따라서 $A=-2$, $B=-4$, $C=-5$이므로

$A+B+C=-11$

07 원의 중심을 $C(a, a+2)$라고 하면

세 점 $A(-2, 0)$, $B(4, 0)$, $P(x, y)$에 대하여

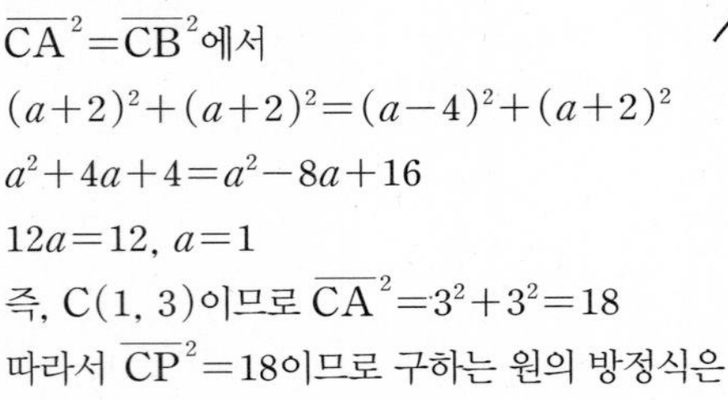

$\overline{CP}=\overline{CA}=\overline{CB}$

$\overline{CP}^2=\overline{CA}^2=\overline{CB}^2$

$\overline{CA}^2=\overline{CB}^2$에서

$(a+2)^2+(a+2)^2=(a-4)^2+(a+2)^2$

$a^2+4a+4=a^2-8a+16$

$12a=12$, $a=1$

즉, $C(1, 3)$이므로 $\overline{CA}^2=3^2+3^2=18$

따라서 $\overline{CP}^2=18$이므로 구하는 원의 방정식은

$(x-1)^2+(y-3)^2=18$

다른 풀이 선분 AB의 수직이등분선의 방정식은 $x=\frac{-2+4}{2}$, 즉 $x=1$

직선 $x=1$과 직선 $y=x+2$의 교점이 원의 중심이므로 중심의 좌표는 $(1, 3)$이다.

원의 반지름의 길이는 $\sqrt{(1+2)^2+(3-0)^2}=\sqrt{18}$

따라서 구하는 원의 방정식은

$(x-1)^2+(y-3)^2=18$

08 ㉮ 삼각형 OAB는 직각삼각형이므로 $\overline{AB}$는 원의 지름이다.

따라서 원의 중심은 두 점 $A(8, 0)$, $B(0, -6)$을 이은 선분의 중점이므로 원의 중심의 좌표는

$\left(\frac{8+0}{2}, \frac{0-6}{2}\right)$, 즉 $(4, -3)$

㉯ 또, 원의 반지름의 길이는

$\frac{1}{2}\overline{AB}=\frac{1}{2}\sqrt{(8-0)^2+(0+6)^2}=5$

㉰ 따라서 원의 중심이 $(4, -3)$이고 반지름의 길이가 5인 원의 방정식은

$(x-4)^2+(y+3)^2=5^2$

단계	채점 기준	배점 비율
㉮	원의 중심의 좌표 구하기	40%
㉯	원의 반지름의 길이 구하기	40%
㉰	원의 방정식 구하기	20%

09 원의 방정식을 $x^2+y^2+Ax+By+C=0$이라 하고 세 점의 좌표를 각각 대입하면

$C=0$ ······ ㉠

$-A-B+C+2=0$ ······ ㉡

$7A-B+C+50=0$ ······ ㉢

㉠, ㉡, ㉢을 연립하여 풀면

$A=-6$, $B=8$, $C=0$

즉, 원의 방정식은 $x^2+y^2-6x+8y=0$이므로

$(x-3)^2+(y+4)^2=5^2$

따라서 구하는 원의 반지름의 길이는 5이다.

10 $x^2+y^2-2x+6y=0$에서

$(x-1)^2+(y+3)^2=10$

따라서 중심의 좌표가 $(1, -3)$이고, y축에 접하는 원의 반지름의 길이는 1이다.

11 x축과 y축에 동시에 접하는 원의 방정식을

$(x-a)^2+(y-a)^2=a^2$이라고 하면 이 원이 점 $(4, 2)$를 지나므로

$(4-a)^2+(2-a)^2=a^2$, $a^2-12a+20=0$

$(a-2)(a-10)=0$, $a=2$ 또는 $a=10$

따라서 두 원의 중심의 좌표가 각각 $(2, 2)$, $(10, 10)$이므로 두 원의 중심 사이의 거리는

$\sqrt{(10-2)^2+(10-2)^2}=8\sqrt{2}$

12 조건 ㈎에 의하여 원의 중심의 좌표를 $(a, 2a+1)$이라고 하면

조건 ㈏에 의하여 원의 방정식은

$(x-a)^2+(y-2a-1)^2=a^2$

이 원이 점 (1, 2)를 지나므로

$(1-a)^2+(1-2a)^2=a^2$, $4a^2-6a+2=0$

$2a^2-3a+1=0$, $(2a-1)(a-1)=0$

$a=\frac{1}{2}$ 또는 $a=1$

그런데 r는 자연수이므로 $r=1$

13 $\overline{AP}:\overline{BP}=1:2$에서 $2\overline{AP}=\overline{BP}$이므로 $4\overline{AP}^2=\overline{BP}^2$

점 P의 좌표를 (x, y)라고 하면

$4\{(x-2)^2+(y+3)^2\}=(x-5)^2+(y-6)^2$

$x^2+y^2-2x+12y-3=0$

따라서 $(x-1)^2+(y+6)^2=40$

14 오른쪽 그림과 같이 좌표축에서 세 점 A, B, P의 좌표를 각각 $(-2, 0)$, $(2, 0)$, (x, y)라고 하면

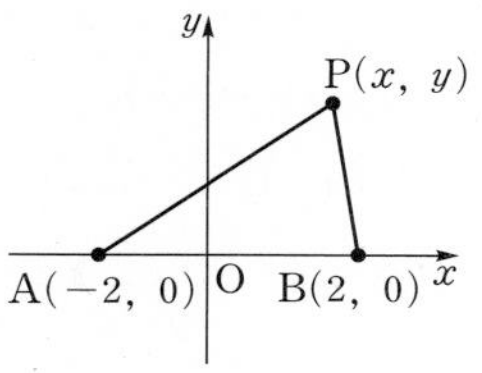

$\overline{AP}^2+\overline{BP}^2=26$이므로

$(x+2)^2+y^2+(x-2)^2+y^2=26$

$x^2+y^2=9$

따라서 점 P가 나타내는 도형은 반지름의 길이가 3인 원이므로 구하는 도형의 둘레의 길이는

$2\pi\times3=6\pi$

15 오른쪽 그림과 같이 점 A, B의 좌표를 각각 $(a, 0)$, $(0, b)$라 하고 A, B의 중점을 $P(x, y)$라고 하면

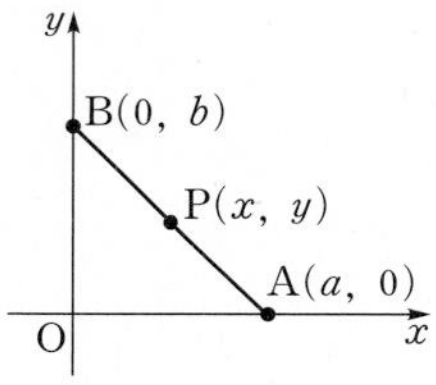

$x=\frac{a}{2}$, $y=\frac{b}{2}$

즉, $a=2x$, $b=2y$ ······ ㉠

또, $\overline{AB}=6$이므로

$\sqrt{a^2+b^2}=6$, $a^2+b^2=36$ ······ ㉡

㉠을 ㉡에 대입하면 $4x^2+4y^2=36$

$x^2+y^2=9$

따라서 $\overline{AB}$의 중점이 나타내는 도형의 넓이는

$\pi\times3^2=9\pi$

16 두 점 P, G의 좌표를 각각 (x', y'), (x, y)라고 하면

$x=\frac{x'+3+6}{3}$, $x'=3x-9$

$y=\frac{y'-2+5}{3}$, $y'=3y-3$

또, 점 $P(x', y')$은 원 $x^2+y^2=9$ 위의 점이므로

$x'^2+y'^2=9$ ······ ㉠

$x'=3x-9$, $y'=3y-3$을 ㉠에 대입하면

$(3x-9)^2+(3y-3)^2=9$, $9(x-3)^2+9(y-1)^2=9$

$(x-3)^2+(y-1)^2=1$

따라서 삼각형 PAB의 무게중심 G가 나타내는 도형은 중심이 (3, 1)이고 반지름의 길이가 1인 원이므로 $a=3$, $b=1$, $r=1$

즉, $a+b+r=5$

17 점 C의 좌표를 (x, y)라고 하면

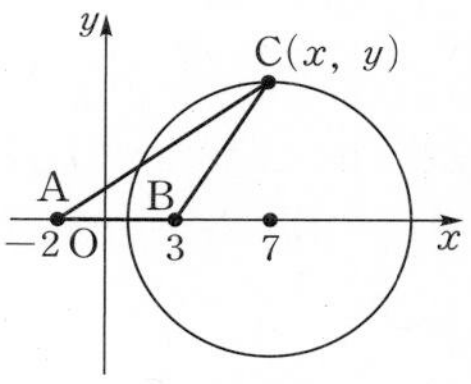

$\overline{AC}:\overline{BC}=3:2$에서 $2\overline{AC}=3\overline{BC}$이므로

$4\overline{AC}^2=9\overline{BC}^2$

$4\{(x+2)^2+y^2\}=9\{(x-3)^2+y^2\}$

$x^2+y^2-14x+13=0$

$(x-7)^2+y^2=36$

따라서 점 C는 중심이 (7, 0)이고 반지름의 길이가 6인 원 위의 점이다.

이때 $\overline{AB}=5$로 일정하므로 삼각형 ABC의 넓이는 점 C의 좌표가 (7, 6) 또는 (7, −6)일 때 최대가 된다.

따라서 삼각형 ABC의 넓이의 최댓값은

$\frac{1}{2}\times5\times6=15$

18 삼각형 ABC에서 $\overline{CO}$는 ∠C의 이등분선이고

$\overline{AO}=\sqrt{(-2)^2+4^2}=2\sqrt{5}$,

$\overline{BO}=\sqrt{3^2+(-6)^2}=3\sqrt{5}$

이므로 $\overline{AC}:\overline{BC}=\overline{AO}:\overline{BO}=2\sqrt{5}:3\sqrt{5}=2:3$

$3\overline{AC}=2\overline{BC}$에서 $9\overline{AC}^2=4\overline{BC}^2$

$9\{(a+2)^2+(b-4)^2\}=4\{(a-3)^2+(b+6)^2\}$

$a^2+12a+b^2-24b=0$

$(a+6)^2+(b-12)^2=180$

즉, 점 C는 원 $(x+6)^2+(y-12)^2=180$ 위의 점이다.

(단, 점 $C(a, b)$는 직선 AB 위에 있지 않다.)

이때 직선 AB의 방정식은 $y=-2x$이므로 원의 중심 $(-6, 12)$가 직선 AB 위에 있다.

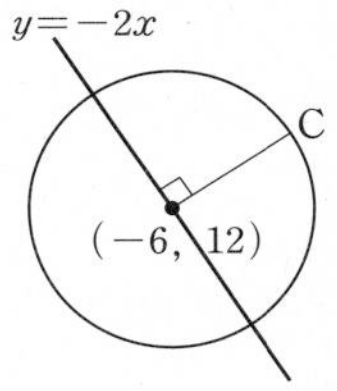

따라서 점 C와 직선 AB 사이의 거리의 최댓값 m은 원 $(x+6)^2+(y-12)^2=180$의 반지름의 길이와 같으므로

$m^2=180$

19 ㉮ 두 원의 교점을 지나는 원의 방정식은

$(x^2+y^2+2y)+k(x^2+y^2+6x-6y-5)=0(k\neq-1)$ ······ ㉠

㉯ 이 원이 점 (1, 0)을 지나므로

$1+2k=0$, $k=-\frac{1}{2}$

$k=-\frac{1}{2}$을 ㉠에 대입하면

$(x^2+y^2+2y)-\frac{1}{2}(x^2+y^2+6x-6y-5)=0$

$x^2+y^2-6x+10y+5=0$

$(x-3)^2+(y+5)^2=29$

㉰ 따라서 구하는 원의 반지름의 길이는 $\sqrt{29}$이다.

단계	채점 기준	배점 비율
㉮	두 원의 교점을 지나는 원의 방정식을 식으로 나타내기	30%
㉯	두 원의 교점을 지나는 원의 방정식 구하기	50%
㉰	원의 반지름의 길이 구하기	20%

20 원의 둘레를 이등분하려면 두 원의 공통인 현을 포함하는 직선이 원 $x^2+y^2-6x-2ay+a^2+8=0$, 즉 $(x-3)^2+(y-a)^2=1$의 중심 $(3, a)$를 지나야 한다.
이때 두 원의 공통인 현을 포함하는 직선의 방정식은
$x^2+y^2-2x-2y-7-(x^2+y^2-6x-2ay+a^2+8)=0$
$4x+(2a-2)y-a^2-15=0$
이 직선이 점 $(3, a)$를 지나야 하므로
$12+(2a-2)a-a^2-15=0$
$a^2-2a-3=0$, $(a-3)(a+1)=0$
$a=3$ 또는 $a=-1$
따라서 모든 실수 a의 값의 합은 2이다.

21 $(x-1)^2+(y-1)^2=4$에서 $x^2+y^2-2x-2y-2=0$
두 원의 공통인 현의 방정식은
$x^2+y^2-1-(x^2+y^2-2x-2y-2)=0$
$2x+2y+1=0$ ······ ㉠
두 원의 중심 $(0, 0)$, $(1, 1)$을 지나는 직선의 방정식은
$y=x$ ······ ㉡
㉡을 ㉠에 대입하면
$x=-\frac{1}{4}$, $y=-\frac{1}{4}$
두 원의 중심을 지나는 직선은 공통인 현을 수직이등분하므로 ㉠, ㉡의 교점이 공통인 현의 중점이 된다.
따라서 $a=-\frac{1}{4}$, $b=-\frac{1}{4}$이므로 $16ab=1$

22 $x^2+y^2-2x+6y+1=0$에서
$(x-1)^2+(y+3)^2=9$
오른쪽 그림과 같이 원의 중심을 C라 하고 원의 중심 C$(1, -3)$에서 직선 $2x-y=0$에 내린 수선의 발을 H라 고 하면

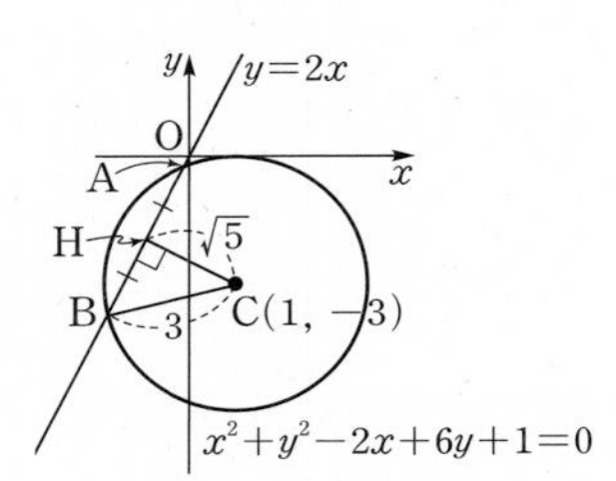

$\overline{CH}=\frac{|2\times1-(-3)|}{\sqrt{2^2+(-1)^2}}=\sqrt{5}$
△CHB에서 $\overline{HB}=\sqrt{3^2-(\sqrt{5})^2}=2$이므로
$\overline{AB}=2\overline{HB}=2\times2=4$

23 $x^2+y^2-6x+2y-12=0$에서
$(x-3)^2+(y+1)^2=22$
오른쪽 그림과 같이 원의 중심을 C라 하고 원의 중심 C$(3, -1)$에서 직선 $y=x+k$, 즉 $x-y+k=0$에 내린 수선의 발을 H라 고 하면

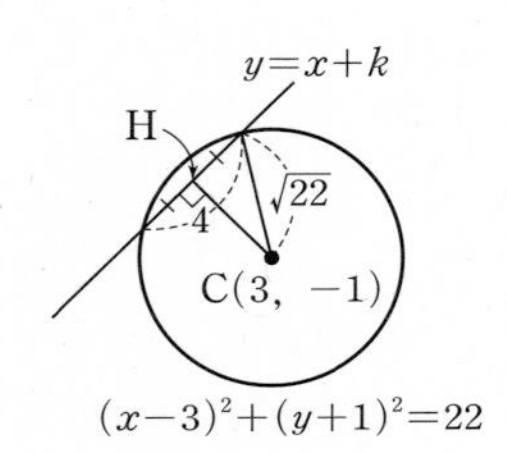

$\overline{CH}=\frac{|3-(-1)+k|}{\sqrt{1^2+(-1)^2}}=\frac{|k+4|}{\sqrt{2}}$
원의 반지름의 길이가 $\sqrt{22}$이고 현의 길이가 4가 되어야 하므로
$\frac{(k+4)^2}{2}=22-4=18$
$(k+4)^2=36$, $k+4=\pm6$
$k=-10$ 또는 $k=2$
따라서 모든 실수 k의 값의 합은 -8이다.

24 두 원의 공통인 현의 방정식은
$x^2+y^2-16-(x^2+y^2+4x+6y+10)=0$
$2x+3y+13=0$
오른쪽 그림과 같이 원 $x^2+y^2=16$의 중심 O에서 공통인 현에 내린 수선의 발을 H라고 하면

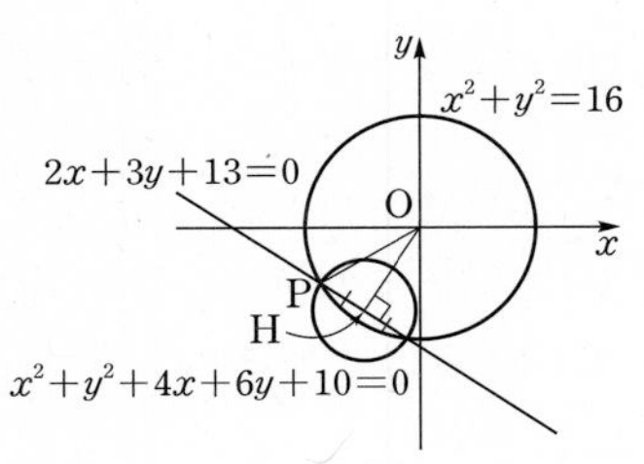

$\overline{OH}=\frac{|2\times0+3\times0+13|}{\sqrt{2^2+3^2}}$
$=\sqrt{13}$
△OHP에서 $\overline{OP}=4$이므로
$\overline{HP}=\sqrt{16-13}=\sqrt{3}$
따라서 공통인 현의 길이는 $2\times\sqrt{3}=2\sqrt{3}$

25 직선이 원의 중심을 지날 때 원의 넓이는 이등분된다.
$x^2+y^2-6x-6y+9=0$에서
$(x-3)^2+(y-3)^2=9$
따라서 직선 $y=ax$가 원의 중심 $(3, 3)$을 지나므로
$3=3a$, $a=1$

26 $x^2-6x+y^2-4y-k=0$에서 $(x-3)^2+(y-2)^2=k+13$
원의 중심 $(3, 2)$와 직선 $2x-3y+13=0$ 사이의 거리는
$\frac{|6-6+13|}{\sqrt{2^2+(-3)^2}}=\sqrt{13}$
주어진 원의 반지름의 길이가 $\sqrt{k+13}$이므로 원과 접선이 접하려면
$\sqrt{k+13}=\sqrt{13}$
따라서 $k=0$

27 $y=x+k$를 $x^2+y^2-18=0$에 대입하면
$x^2+(x+k)^2-18=0$, $2x^2+2kx+k^2-18=0$
이 이차방정식의 판별식을 D라고 하면
$\frac{D}{4}=k^2-2(k^2-18)<0$
$k^2-36>0$, $(k+6)(k-6)>0$
따라서 $k<-6$ 또는 $k>6$
다른 풀이 원 $x^2+y^2=18$과 직선 $y=x+k$, 즉 $x-y+k=0$이 만나지 않으려면 원의 중심 $(0, 0)$과 직선 $x-y+k=0$ 사이의 거리가 원의 반지름의 길이 $\sqrt{18}$보다 커야 하므로

$\frac{|0-0+k|}{\sqrt{1^2+(-1)^2}}>\sqrt{18}$, $|k|>6$

따라서 $k<-6$ 또는 $k>6$

28 $2x-y+k=0$에서 $y=2x+k$이므로 $y=2x+k$를 $x^2+y^2=5$에 대입하면

$x^2+(2x+k)^2-5=0$, $5x^2+4kx+k^2-5=0$

이 이차방정식의 판별식을 D라고 하면

$\frac{D}{4}=(2k)^2-5(k^2-5)\geq 0$

$k^2-25\leq 0$, $(k+5)(k-5)\leq 0$

따라서 $-5\leq k\leq 5$

다른풀이 원의 중심 $(0, 0)$과 직선 $2x-y+k=0$ 사이의 거리는

$\frac{|2\times 0-0+k|}{\sqrt{2^2+(-1)^2}}=\frac{|k|}{\sqrt{5}}$

원의 반지름의 길이가 $\sqrt{5}$이므로 원과 직선이 만나려면

$\frac{|k|}{\sqrt{5}}\leq\sqrt{5}$, $|k|\leq 5$

따라서 $-5\leq k\leq 5$

29 $f(x)=ax+b$(a, b는 상수)라 하고

$y=ax+b$를 $x^2+y^2=25$에 대입하면

$x^2+(ax+b)^2=25$

$(a^2+1)x^2+2abx+b^2-25=0$

이 이차방정식의 판별식을 D라고 하면

$\frac{D}{4}=(ab)^2-(a^2+1)(b^2-25)=0$

$25a^2-b^2+25=0$, $b^2-25a^2=25$ ⋯⋯ ㉠

따라서 $f(-5)f(5)=(-5a+b)(5a+b)$

$=b^2-25a^2=25$(㉠에 의해)

30 원의 중심 $(0, 0)$과 직선 $2x+y+10=0$ 사이의 거리는

$\frac{|2\times 0+0+10|}{\sqrt{2^2+1^2}}=2\sqrt{5}$

이때 원의 반지름의 길이가 $\sqrt{5}$이므로 $\overline{PH}$의 길이의 최솟값은

$2\sqrt{5}-\sqrt{5}=\sqrt{5}$

31 $x^2+y^2+2x-6y+1=0$에서 $(x+1)^2+(y-3)^2=9$

원의 중심 $(-1, 3)$과 직선 $2x-y-5=0$ 사이의 거리는

$\frac{|2\times(-1)-3-5|}{\sqrt{2^2+(-1)^2}}=2\sqrt{5}$

이때 원의 반지름의 길이가 3이므로

$M=2\sqrt{5}+3$, $m=2\sqrt{5}-3$

따라서 $Mm=(2\sqrt{5}+3)(2\sqrt{5}-3)=11$

32 점 $P(x, y)$가 원 $x^2+y^2=5$ 위의 점이므로

$x-2y=k$라 하고 k의 최댓값을 구하면 된다.

이때 원의 중심 $(0, 0)$과 직선 $x-2y-k=0$ 사이의 거리가 반지름의 길이와 같게 될 때, k는 최댓값과 최솟값을 갖는다.

$\sqrt{5}=\frac{|-k|}{\sqrt{1^2+(-2)^2}}$이므로 $|k|=5$

따라서 $k=5$ 또는 $k=-5$이므로 구하는 최댓값은 5이다.

33 $x^2+y^2-4x-2y-5=0$에서 $(x-2)^2+(y-1)^2=10$

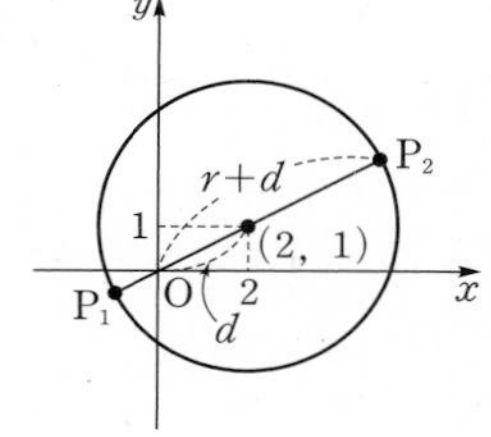

원점 O에서 원 위의 점까지의 거리가 가장 짧을 때와 가장 길 때는 원점 O와 원의 중심을 지나는 직선이 원과 만나는 점을 P_1, P_2라 할 때, 두 점 P_1, P_2와 원점 O와의 거리일 때이다.

원점 O와 원의 중심 사이의 거리를 d, 원의 반지름의 길이를 r라고 하면 최솟값은 $r-d$, 최댓값은 $r+d$이다.

점 $(0, 0)$과 점 $(2, 1)$ 사이의 거리 d는

$d=\sqrt{2^2+1^2}=\sqrt{5}$이고, $r=\sqrt{10}$이므로

최솟값은 $m=\sqrt{10}-\sqrt{5}$, 최댓값은 $M=\sqrt{10}+\sqrt{5}$

따라서 $Mm=(\sqrt{10}-\sqrt{5})(\sqrt{10}+\sqrt{5})=5$

34 오른쪽 그림과 같이 원 위의 임의의 점 P에 대하여 삼각형 PQR이 넓이가 최대인 경우는 $\overline{QR}$를 밑변으로 하면 밑변의 길이가 일정하므로 높이가 최대일 때이다.

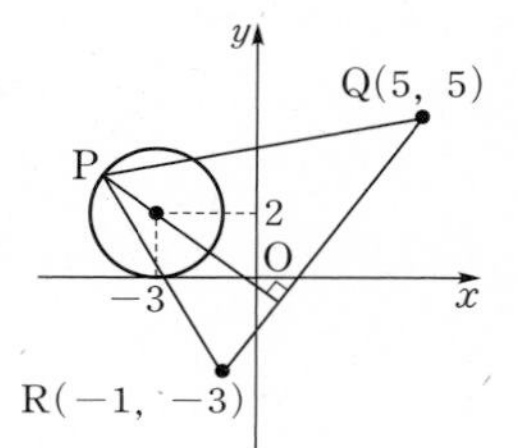

즉, 원 위의 점 P에서 두 점 Q, R를 지나는 직선까지의 거리가 최대일 때이다.

두 점 Q, R를 지나는 직선의 방정식은

$y-5=\frac{-3-5}{-1-5}(x-5)$, $4x-3y-5=0$

원의 중심 $(-3, 2)$에서 직선 $4x-3y-5=0$까지의 거리는

$\frac{|4\times(-3)-3\times 2-5|}{\sqrt{4^2+(-3)^2}}=\frac{23}{5}$

원의 반지름의 길이가 2이므로 높이의 최댓값은

$\frac{23}{5}+2=\frac{33}{5}$

두 점 Q, R 사이의 거리는

$\sqrt{(-1-5)^2+(-3-5)^2}=10$

따라서 삼각형 PQR의 넓이의 최댓값은

$\frac{1}{2}\times 10\times\frac{33}{5}=33$

35 원 $x^2+y^2=7$에 접하고 기울기가 3인 접선의 방정식은

$y=3x\pm\sqrt{7}\sqrt{3^2+1}$, $y=3x\pm\sqrt{70}$

따라서 $k=\pm\sqrt{70}$이므로 $k^2=70$

다른풀이 원과 직선이 접하므로 원의 중심 $(0, 0)$과 직선 $y=3x+k$, 즉 $3x-y+k=0$ 사이의 거리가 원의 반지름의 길이 $\sqrt{7}$과 같다.

$\frac{|3\times 0-0+k|}{\sqrt{3^2+(-1)^2}}=\sqrt{7}$, $|k|=\sqrt{70}$

따라서 $k^2=70$

36 직선 $y=2x+1$과 평행한 직선의 기울기는 2이므로
원 $x^2+y^2=5$에 접하고 기울기가 2인 접선의 방정식은
$y=2x\pm\sqrt{5}\sqrt{2^2+1}$, $y=2x\pm5$
이때 두 직선이 y축과 만나는 두 점 P, Q의 좌표는 $(0, 5)$, $(0, -5)$이다.
따라서 선분 PQ의 길이는 10이다.

37 원 $(x-1)^2+(y+2)^2=8$과 접하고 기울기가 $\tan 45°=1$인 직선의 방정식을 $y=x+k$, 즉 $x-y+k=0$이라고 하면 원의 중심 $(1, -2)$와 이 직선 사이의 거리가 원의 반지름의 길이 $2\sqrt{2}$와 같으므로
$\dfrac{|1-(-2)+k|}{\sqrt{1^2+(-1)^2}}=2\sqrt{2}$, $|k+3|=4$
$k+3=\pm4$, $k=1$ 또는 $k=-7$
따라서 $y=x+1$ 또는 $y=x-7$이므로 두 직선의 y절편의 합은
$1-7=-6$

38 원 $x^2+y^2=5$에 접하고 기울기가 -2인 접선의 방정식은
$y=-2x\pm\sqrt{5}\sqrt{(-2)^2+1}$, $y=-2x\pm5$
이때 원과 직선이 제1사분면 위에서 접하므로 직선의 방정식은
$y=-2x+5$, $2x+y-5=0$
따라서 $b=5$

다른 풀이 원 $x^2+y^2=5$와 직선 $2x+y-b=0$이 접하기 위해서는 원의 중심 $(0, 0)$과 직선 $2x+y-b=0$ 사이의 거리가 원의 반지름의 길이 $\sqrt{5}$와 같아야 한다.
$\dfrac{|2\times0-0-b|}{\sqrt{2^2+1^2}}=\sqrt{5}$
$|b|=5$, $b=\pm5$
이때 원과 직선이 제1사분면 위에서 접하므로 직선의 방정식은
$2x+y-5=0$
따라서 $b=5$

39 원 $(x-1)^2+(y+2)^2=10$ 위의 점 $(2, 1)$에서의 접선은 이 점과 원의 중심 $(1, -2)$를 지나는 직선과 수직이다.
점 $(2, 1)$과 원의 중심 $(1, -2)$를 지나는 직선의 기울기는
$\dfrac{-2-1}{1-2}=3$이므로 점 $(2, 1)$에서의 접선의 기울기는 $-\dfrac{1}{3}$이다.
따라서 점 $(2, 1)$을 지나고 기울기가 $-\dfrac{1}{3}$인 직선의 방정식은
$y-1=-\dfrac{1}{3}(x-2)$, $x+3y-5=0$
따라서 $a=3$, $b=-5$이므로 $a-b=8$

40 두 직선 $x+2y=2$, $4x+5y=-1$의 교점의 좌표를 구하면 $(-4, 3)$이다.
이때 점 $(-4, 3)$은 원 $x^2+y^2=25$ 위의 점이므로 접선의 방정식은
$-4x+3y=25$, $y=\dfrac{4}{3}x+\dfrac{25}{3}$
따라서 구하는 접선의 기울기는 $\dfrac{4}{3}$이다.

41 원 $x^2+y^2=3$ 위의 점 (a, b)에서의 접선의 방정식은
$ax+by=3$, 즉 $\dfrac{a}{3}x+\dfrac{b}{3}y=1$이므로 접선의 x절편과 y절편은 각각
$\dfrac{3}{a}$, $\dfrac{3}{b}$이다.
이때 접선과 x축, y축으로 둘러싸인 삼각형의 넓이는 9이므로
$\dfrac{1}{2}\times\dfrac{3}{a}\times\dfrac{3}{b}=9$, $2ab=1$
또, 점 (a, b)는 원 $x^2+y^2=3$ 위의 점이므로 $a^2+b^2=3$
따라서 $(a+b)^2=a^2+b^2+2ab=3+1=4$이고
$a>0$, $b>0$이므로 $a+b=2$

42 원 위의 점 A$(1, -2)$에서의 접선의 방정식은
$x-2y=5$ …… ㉠
원 위의 점 B$(2, 1)$에서의 접선의 방정식은
$2x+y=5$ …… ㉡
㉠, ㉡을 연립하여 풀면 $x=3$, $y=-1$
즉, 두 접선의 교점의 좌표는 $(3, -1)$이다.
또, 직선 ㉠의 y절편은 $-\dfrac{5}{2}$, 직선 ㉡의 y절편은 5이다.
따라서 구하는 삼각형의 넓이는
$\dfrac{1}{2}\times\left(\dfrac{5}{2}+5\right)\times3=\dfrac{45}{4}$

43 원 $x^2+y^2=16$ 위의 점 (a, b)에서의 접선의 방정식은
$ax+by=16$
점 (a, b)는 원 $x^2+y^2=16$ 위의 점이므로 $a^2+b^2=16$
원 $(x-5)^2+y^2=4$와 직선이 서로 다른 두 점에서 만나기 위해서는 원의 중심 $(5, 0)$과 직선 $ax+by=16$ 사이의 거리가 원의 반지름의 길이 2보다 작아야 하므로
$\dfrac{|a\times5+b\times0-16|}{\sqrt{a^2+b^2}}<2$
이때 $a^2+b^2=16$이므로 $|5a-16|<8$,
$-8<5a-16<8$, $\dfrac{8}{5}<a<\dfrac{24}{5}$ …… ㉠
그런데 점 (a, b)는 원 $x^2+y^2=16$ 위의 점이므로
$-4\le a\le4$ …… ㉡
따라서 ㉠, ㉡에 의해 $\dfrac{8}{5}<a\le4$이므로 구하는 정수 a는 2, 3, 4의 3개이다.

44 접점을 P(x_1, y_1)이라고 하면 점 P에서의 접선의 방정식은
$x_1x+y_1y=2$
이 직선이 점 $(2, 0)$을 지나므로 $2x_1=2$, $x_1=1$
또, 점 P는 원 위의 점이므로 $x_1^2+y_1^2=2$ …… ㉠
$x_1=1$을 ㉠에 대입하면 $1+y_1^2=2$, $y_1=1$ 또는 $y_1=-1$
즉, 구하는 접선의 방정식은
$x+y=2$ 또는 $x-y=2$
따라서 두 접선의 기울기의 곱은 $-1\times1=-1$

45 접점을 $P(x_1, y_1)$이라고 하면 점 P에서의 접선의 방정식은
$x_1x+y_1y=10$
이 직선이 점 $(10, 0)$을 지나므로 $10x_1=10$, $x_1=1$
또, 점 P는 원 위의 점이므로 $x_1^2+y_1^2=10$ ...... ㉠
$x_1=1$을 ㉠에 대입하면
$1+y^2=10$, $y_1=3$ 또는 $y_1=-3$
즉, 구하는 접선의 방정식은
$x+3y=10$ 또는 $x-3y=10$
따라서 두 접선과 y축으로 둘러싸인 부분의 넓이는
$\frac{1}{2}\times10\times\frac{20}{3}=\frac{100}{3}$

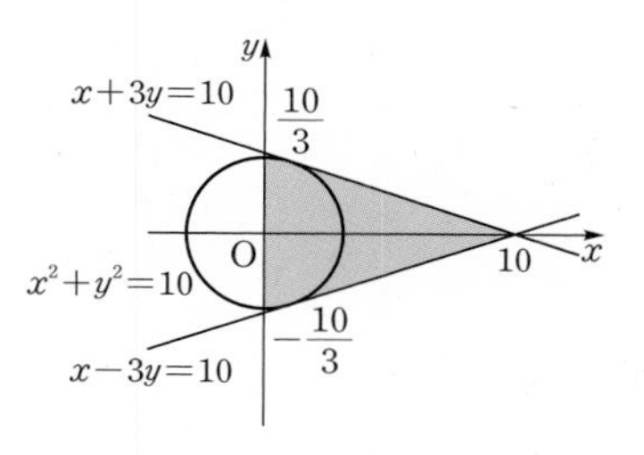

46 ㉮ 접선의 기울기를 m이라고 하면 기울기가 m이고 점 $(2, a)$를 지나는 직선의 방정식은
$y-a=m(x-2)$, $mx-y-2m+a=0$
㉯ 원의 중심 $(2, 3)$과 직선 $mx-y-2m+a=0$ 사이의 거리는 반지름의 길이 4와 같으므로
$$\frac{|m\times2-3-2m+a|}{\sqrt{m^2+(-1)^2}}=4$$
$|a-3|=4\sqrt{m^2+1}$, $a^2-6a+9=16(m^2+1)$
$16m^2-a^2+6a+7=0$, $m^2=\frac{a^2-6a-7}{16}$
$$m=\pm\frac{\sqrt{a^2-6a-7}}{4}$$
㉰ 이때 두 접선이 서로 수직이므로 두 기울기의 곱은 -1이다.
$\frac{-a^2+6a+7}{16}=-1$, $a^2-6a-23=0$
따라서 구하는 모든 a의 값의 합은 6이다.

단계	채점 기준	배점 비율
㉮	점 $(2, a)$를 지나는 직선의 방정식 세우기	25%
㉯	원의 중심에서 직선까지의 거리가 반지름의 길이와 같음을 이용하여 기울기를 식으로 나타내기	45%
㉰	두 접선이 서로 수직임을 이용하여 모든 a의 값의 합 구하기	30%

STEP 3 내신 100점 잡기 108~109쪽

47 ②	48 ④	49 ①	50 ②	51 ①
52 ④	53 ⑤	54 ③	55 ⑤	

47 $x^2+y^2+2kx-2ky+4k-4=0$에서
$(x+k)^2+(y-k)^2=2k^2-4k+4$
이때 $2k^2-4k+4=2(k^2-2k)+4$
$=2(k-1)^2+2\ge2$ ...... ㉠
따라서 원의 반지름의 길이는 $\sqrt{2k^2-4k+4}$이므로 원의 넓이는 $(2k^2-4k+4)\pi$이고, ㉠에서 $2k^2-4k+4$의 값은 $k=1$일 때 최솟값 2를 가지므로 원의 넓이의 최솟값은 2π이다.

48 $x^2+y^2-4x-6y-c=0$에서
$(x-2)^2+(y-3)^2=c+13$이므로 이 원은 중심이 $(2, 3)$이고, 반지름의 길이가 $\sqrt{c+13}$이다.
오른쪽 그림과 같이 원이 y축과는 만나고 x축과는 만나지 않으려면
$2\le\sqrt{c+13}<3$, $4\le c+13<9$
$-9\le c<-4$
따라서 구하는 정수 c는 -9, -8, -7, -6, -5의 5개이다.

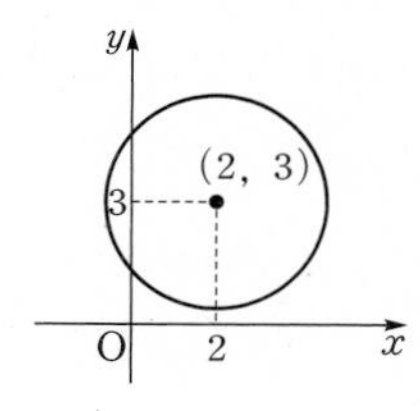

49 $x^2+y^2-4x+2ay+7-b=0$에서
$(x-2)^2+(y+a)^2=a^2+b-3$
이 원이 x축과 y축에 동시에 접하므로 중심의 x좌표와 y좌표의 절댓값과 반지름의 길이가 모두 같다.
즉, $2=|-a|=\sqrt{a^2+b-3}$
이때 $a>0$이므로 $a=2$
$a=2$를 $2=\sqrt{a^2+b-3}$에 대입하면 $b=3$
따라서 $a+b=5$

50 점 P의 좌표를 (x, y)라고 하면 $\overline{PA}^2+\overline{PB}^2=22$이므로
$(x-6)^2+(y-3)^2+(x-4)^2+(y-1)^2=22$
$2x^2+2y^2-20x-8y+40=0$, $x^2+y^2-10x-4y+20=0$
$(x-5)^2+(y-2)^2=9$
즉, 점 $P(x, y)$는 중심이 $(5, 2)$이고 반지름의 길이가 3인 원을 나타낸다.
원점 O에서 원의 중심 $(5, 2)$까지의 거리는
$\sqrt{5^2+2^2}=\sqrt{29}$
이므로 $\overline{OP}$의 최댓값은 $\sqrt{29}+3$, 최솟값은 $\sqrt{29}-3$이다.
따라서 최댓값과 최솟값의 곱은
$(\sqrt{29}+3)(\sqrt{29}-3)=29-9=20$

51 원점을 지나는 임의의 직선을 l이라 하고 점 $A(4, 3)$에서 직선 l에 내린 수선의 발 H의 좌표를 (x, y)라고 하면 두 점 $A(4, 3)$, $H(x, y)$를 지나는 직선의 기울기는 $\frac{y-3}{x-4}$

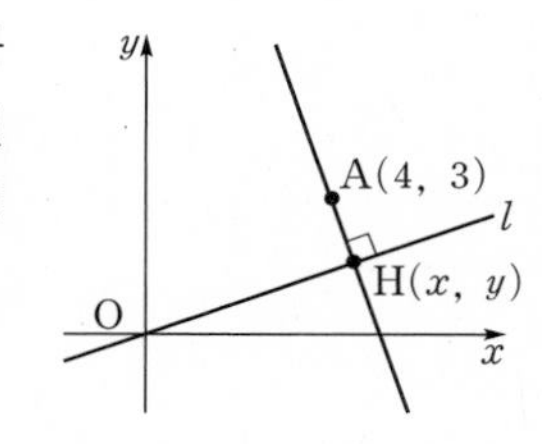

이때 직선 l의 기울기는 $\frac{y}{x}$이고, 두 직선은 서로 수직이므로
$\frac{y-3}{x-4}\times\frac{y}{x}=-1$, $y^2-3y=-x^2+4x$
$x^2-4x+y^2-3y=0$, $(x-2)^2+\left(y-\frac{3}{2}\right)^2=\frac{25}{4}$

따라서 점 H가 나타내는 도형은 중심이 $\left(2,\ \frac{3}{2}\right)$이고 반지름의 길이가 $\frac{5}{2}$인 원이므로 도형의 넓이는

$\pi\times\left(\frac{5}{2}\right)^2=\frac{25}{4}\pi$

다른 풀이 오른쪽 그림과 같이 점 $A(4,\ 3)$에서 원점을 지나는 직선 l에 내린 수선의 발 H는 $\overline{OA}$를 지름으로 하는 원을 나타낸다.
따라서 이 원의 반지름의 길이는

$\frac{1}{2}\times\sqrt{4^2+3^2}=\frac{5}{2}$

이므로 구하는 도형의 넓이는

$\pi\times\left(\frac{5}{2}\right)^2=\frac{25}{4}\pi$

52 두 원의 두 교점을 지나는 원 중에서 넓이가 최소인 것은 두 원의 공통인 현을 지름으로 하는 원이다.
두 원의 공통인 현의 방정식은

$x^2+y^2-36-(x^2+y^2-4x+8y)=0$

$x-2y-9=0$

오른쪽 그림과 같이 원 $x^2+y^2=36$의 중심인 원점 O에서 직선 $x-2y-9=0$에 내린 수선의 발을 H라고 하면

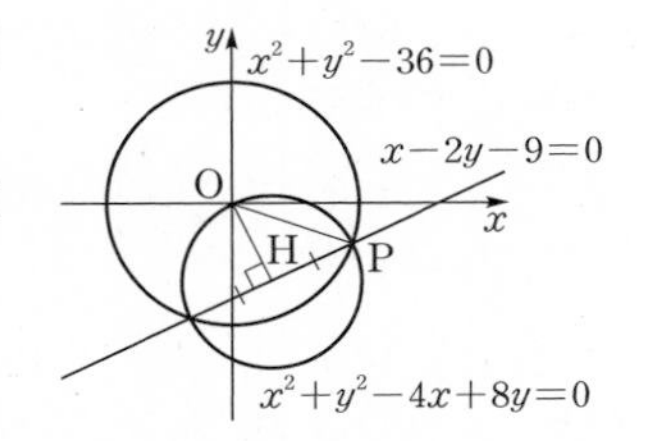

$\overline{OH}=\frac{|0-2\times0-9|}{\sqrt{1^2+(-2)^2}}=\frac{9}{5}\sqrt{5}$

$\overline{HP}=\sqrt{6^2-\left(\frac{9}{5}\sqrt{5}\right)^2}=\sqrt{\frac{99}{5}}$

따라서 공통인 현을 지름으로 하는 원의 반지름의 길이가 $\sqrt{\frac{99}{5}}$이므로 구하는 원의 넓이의 최솟값은 $\frac{99}{5}\pi$이다.

53 호 PQ는 점 $(3,\ 0)$에서 x축에 접하고 반지름의 길이가 4인 원 $(x-3)^2+(y-4)^2=16$의 일부이다.

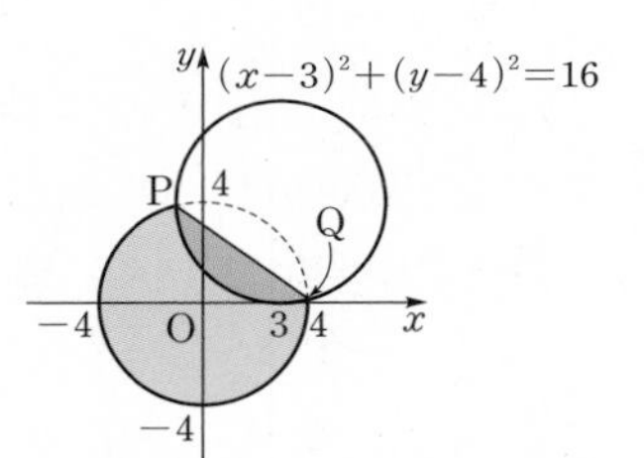

따라서 선분 PQ는 두 원 $x^2+y^2=16$, $(x-3)^2+(y-4)^2=16$의 공통인 현이므로 직선 PQ의 방정식은

$x^2+y^2-16-(x^2+y^2-6x-8y+9)=0$

$6x+8y-25=0$

따라서 $a=6$, $b=8$이므로

$b-a=2$

54 $x^2+y^2+4x+8y-5=0$에서 $(x+2)^2+(y+4)^2=25$
원의 중심을 C라 하고 점 C에서 직선 $y=mx$에 내린 수선의 발을 H라고 하면 원의 반지름의 길이는 5이므로

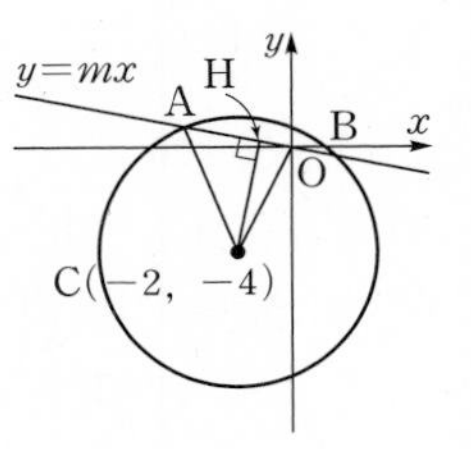

$\overline{AB}=2\sqrt{\overline{AC}^2-\overline{CH}^2}=2\sqrt{25^2-\overline{CH}^2}$

이때 $\overline{AB}$의 길이는 $\overline{CH}$의 길이가 최대일 때 최소가 된다.

$\triangle COH$에서 $\overline{CH}^2=\overline{CO}^2-\overline{HO}^2$이므로 $\overline{HO}=0$일 때 $\overline{CH}$가 최대가 된다. 즉, $\overline{CH}=\overline{CO}$이고 $\overline{CO}\perp\overline{AB}$

이때 $\overline{CO}$의 기울기는 $\frac{-4-0}{-2-0}=2$이므로 $\overline{AB}$의 기울기는 $-\frac{1}{2}$이다.

따라서 $m=-\frac{1}{2}$

55 접선의 기울기를 m이라고 하면 기울기가 m이고 점 $(-1,\ 4)$를 지나는 직선의 방정식은

$y-4=m(x+1)$, $mx-y+m+4=0$

원과 직선이 접하려면 원의 중심 $(0,\ 0)$과 직선 $mx-y+m+4=0$ 사이의 거리가 원의 반지름의 길이 1과 같아야 하므로

$\frac{|m\times0-0+m+4|}{\sqrt{m^2+(-1)^2}}=1$

$|m+4|=\sqrt{m^2+1}$, $m^2+8m+16=m^2+1$

$8m=-15$, $m=-\frac{15}{8}$

따라서 $y=-\frac{15}{8}x+\frac{17}{8}$

또, 직선 $x=-1$도 점 $A(-1,\ 4)$를 지나는 원의 접선이므로 두 접선의 x절편은 각각 $\frac{17}{15}$, -1이다.

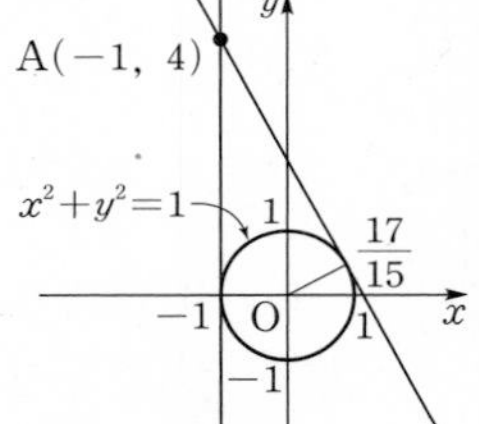

따라서 두 접선과 x축으로 둘러싸인 삼각형의 넓이 S는

$S=\frac{1}{2}\times\frac{32}{15}\times4=\frac{64}{15}$이므로 $15S=64$

STEP 3 내신 최고 문제
109쪽
56 ②
57 ④

56 다음 그림과 같이 좌표평면 위에서 $A(0,\ 1)$, $B(0,\ 0)$, $C(1,\ 0)$, $D(1,\ 1)$, $P(x,\ y)(x>0,\ y>0)$라고 하자.

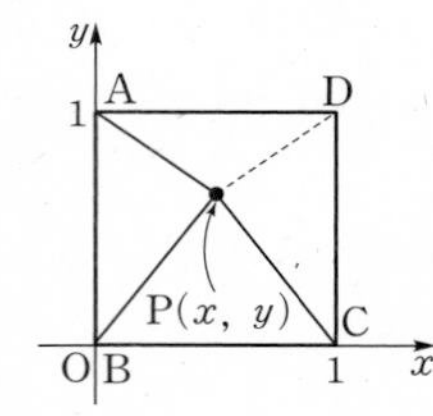

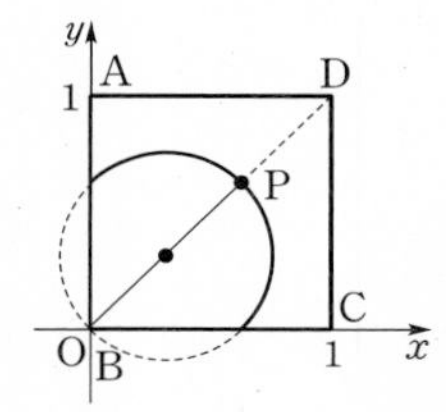

$\overline{AP}^2+\overline{BP}^2+\overline{CP}^2=2$이므로

$x^2+(y-1)^2+x^2+y^2+(x-1)^2+y^2=2$
$3x^2+3y^2-2x-2y=0$
$\left(x-\frac{1}{3}\right)^2+\left(y-\frac{1}{3}\right)^2=\frac{2}{9}$

따라서 점 P는 □ABCD의 내부에 있고 중심이 $\left(\frac{1}{3}, \frac{1}{3}\right)$이고, 반지름의 길이가 $\frac{\sqrt{2}}{3}$인 원 위를 움직이므로 두 점 D, P 사이의 거리의 최솟값은

$\sqrt{\left(1-\frac{1}{3}\right)^2+\left(1-\frac{1}{3}\right)^2}-\frac{\sqrt{2}}{3}=\frac{\sqrt{2}}{3}$

57 원 위의 점 (x_n, y_n)에서의 접선의 방정식은 $x_nx+y_ny=1$
이 접선이 점 $(n, 0)$을 지나므로

$x_n\times n=1$, $x_n=\frac{1}{n}$ ······ ㉠

이때 접점 (x_n, y_n)은 원 위의 점이므로

${x_n}^2+{y_n}^2=1$, ${y_n}^2=1-{x_n}^2$ ······ ㉡

㉠을 ㉡에 대입하면

${y_n}^2=1-\frac{1}{n^2}=\frac{n^2-1}{n^2}$
$=\frac{n-1}{n}\times\frac{n+1}{n}$

따라서 $(y_2\times y_3\times y_4\times y_5)^2$
$=\left(\frac{1}{2}\times\frac{3}{2}\right)\times\left(\frac{2}{3}\times\frac{4}{3}\right)\times\left(\frac{3}{4}\times\frac{5}{4}\right)\times\left(\frac{4}{5}\times\frac{6}{5}\right)$
$=\frac{1}{2}\times\frac{6}{5}=\frac{3}{5}$

04 도형의 이동

STEP 1 문제로 개념 확인하기 110~111쪽

01 (1) $(0, -1)$ (2) $(-3, 6)$
02 (1) $y=2x-3$ (2) $y=(x-3)^2$
(3) $(x-3)^2+(y-2)^2=1$ (4) $(x-5)^2+(y-2)^2=4$
03 (1) 해설 참조 (2) 해설 참조
04 (1) 해설 참조 (2) 해설 참조
(3) 해설 참조 (4) 해설 참조
05 (1) $2x-3y-5=0$ (2) $(x-3)^2+y^2=4$

01 (1) 점 $(2, -4)$를 x축의 방향으로 -2만큼, y축의 방향으로 3만큼 평행이동한 점의 좌표는
$(2-2, -4+3)$, 즉 $(0, -1)$
(2) $(-1, 3)$을 x축의 방향으로 -2만큼, y축의 방향으로 3만큼 평행이동한 점의 좌표는
$(-1-2, 3+3)$, 즉 $(-3, 6)$

02 주어진 도형의 방정식의 x에 $x-3$, y에 $y-2$를 각각 대입하여 정리하면 된다.
(1) $y-2=2(x-3)+1$, 즉 $y=2x-3$
(2) $y-2=(x-3)^2-2$, 즉 $y=(x-3)^2$
(3) $(x-3)^2+(y-2)^2=1$
(4) $\{(x-3)-2\}^2+(y-2)^2=4$, 즉 $(x-5)^2+(y-2)^2=4$

03 (1) 점 $(-1, 4)$를 x축에 대하여 대칭이동한 점의 좌표
$(-1, -4)$
점 $(-1, 4)$를 y축에 대하여 대칭이동한 점의 좌표는 $(1, 4)$
점 $(-1, 4)$를 원점에 대하여 대칭이동한 점의 좌표는 $(1, -4)$
점 $(-1, 4)$를 직선 $y=x$에 대하여 대칭이동한 점의 좌표는
$(4, -1)$
(2) 점 $(5, -2)$를 x축에 대하여 대칭이동한 점의 좌표는 $(5, 2)$
점 $(5, -2)$를 y축에 대하여 대칭이동한 점의 좌표는 $(-5, -2)$
점 $(5, -2)$를 원점에 대하여 대칭이동한 점의 좌표는 $(-5, 2)$
점 $(5, -2)$를 직선 $y=x$에 대하여 대칭이동한 점의 좌표는
$(-2, 5)$

04 (1) 직선 $2x-y+1=0$을
x축에 대하여 대칭이동한 도형의 방정식은
$2x+y+1=0$
y축에 대하여 대칭이동한 도형의 방정식은
$-2x-y+1=0$, 즉 $2x+y-1=0$
원점에 대하여 대칭이동한 도형의 방정식은
$-2x+y+1=0$, 즉 $2x-y-1=0$
(2) 포물선 $y=x^2+2x-1$을
x축에 대하여 대칭이동한 도형의 방정식은
$-y=x^2+2x-1$, 즉 $y=-x^2-2x+1$
y축에 대하여 대칭이동한 도형의 방정식은 $y=x^2-2x-1$
원점에 대하여 대칭이동한 도형의 방정식은
$-y=x^2-2x-1$, 즉 $y=-x^2+2x+1$
(3) 원 $(x-3)^2+(y-4)^2=4$를
x축에 대하여 대칭이동한 도형의 방정식은
$(x-3)^2+(-y-4)^2=4$, 즉 $(x-3)^2+(y+4)^2=4$
y축에 대하여 대칭이동한 도형의 방정식은
$(-x-3)^2+(y-4)^2=4$, 즉 $(x+3)^2+(y-4)^2=4$
원점에 대하여 대칭이동한 도형의 방정식은
$(-x-3)^2+(-y-4)^2=4$, 즉 $(x+3)^2+(y+4)^2=4$
(4) 원 $x^2+y^2-2x+4y=0$을
x축에 대하여 대칭이동한 도형의 방정식은
$x^2+y^2-2x-4y=0$
y축에 대하여 대칭이동한 도형의 방정식은
$x^2+y^2+2x+4y=0$
원점에 대하여 대칭이동한 도형의 방정식은
$x^2+y^2+2x-4y=0$

05 (1) 직선 $3x-2y+5=0$을 직선 $y=x$에 대하여 대칭이동한 도형의 방정식은
$3y-2x+5=0$, 즉 $2x-3y-5=0$
(2) 원 $x^2+(y-3)^2=4$를 직선 $y=x$에 대하여 대칭이동한 도형의 방정식은
$y^2+(x-3)^2=4$, 즉 $(x-3)^2+y^2=4$

STEP 2 내신등급 쑥쑥 올리기 112~118쪽

01 ③	02 ④	03 ⑤	04 ②	05 해설 참조
06 ①	07 ①	08 ⑤	09 ②	10 ①
11 ①	12 ②	13 ③	14 ①	15 ④
16 ④	17 ③	18 ③	19 ②	20 ③
21 ④	22 ③	23 ③	24 ④	25 ④
26 ①	27 ②	28 ②	29 ②	30 ⑤
31 ②	32 ④	33 ②	34 해설 참조	35 ⑤
36 ③	37 ②	38 해설 참조	39 ⑤	40 ②
41 ①				

01 점 $\mathrm{P}(0, 5)$를 x축의 방향으로 2만큼, y축의 방향으로 -3만큼 평행이동한 점은 $\mathrm{P}'(0+2, 5-3)$, 즉 $\mathrm{P}'(2, 2)$
따라서 $a=2$, $b=2$이므로 $a-b=0$

02 점 (a, b)를 평행이동 $(x, y) \to (x-3, y+1)$에 의하여 옮기면 점 $(a-3, b+1)$이 된다.
이 점이 $(2, 3)$이므로 $a-3=2$, $b+1=3$
따라서 $a=5$, $b=2$이므로 $ab=10$

03 점 $(2, 6)$을 평행이동 $(x, y) \to (x+a, y+b)$에 의하여 옮기면 점 $(2+a, 6+b)$가 된다.
이 점이 $(3, 3)$이므로 $2+a=3$, $6+b=3$
즉, $a=1$, $b=-3$
이때 평행이동 $(x, y) \to (x+1, y-3)$에 의하여 점 $(5, 4)$로 옮겨지는 점을 (x, y)라고 하면
$x+1=5$, $y-3=4$, 즉 $x=4$, $y=7$
따라서 구하는 점의 좌표는 $(4, 7)$이다.

04 직선 $y=2x-3$을 x축의 방향으로 p만큼, y축의 방향으로 $4p$만큼 평행이동한 직선의 방정식은
$y-4p=2(x-p)-3$, $y=2x+2p-3$
이 직선이 점 $(2, 2)$를 지나므로
$2=2\times2+2p-3$, $2p=1$
따라서 $p=\frac{1}{2}$

05 ㉮ 점 $(-3, 1)$을 점 $(2, 5)$로 옮기는 평행이동은
$(x, y) \to (x+5, y+4)$
㉯ 직선 $y=2x+11$을 x축의 방향으로 5만큼, y축의 방향으로 4만큼 평행이동한 직선의 방정식은
$y-4=2(x-5)+11$, $y=2x+5$
㉰ 따라서 $a=2$, $b=5$이므로
$a+b=7$

단계	채점 기준	배점 비율
㉮	점 $(-3, 1)$을 점 $(2, 5)$로 옮기는 평행이동 구하기	40%
㉯	평행이동한 직선의 방정식 구하기	40%
㉰	$a+b$의 값 구하기	20%

06 직선 $2x-5y-3=0$이 평행이동 $(x, y) \to (x+p, y-q)$에 의하여 옮겨지는 직선의 방정식은
$2(x-p)-5(y+q)-3=0$
$2x-5y-2p-5q-3=0$
이 직선이 직선 $2x-5y-7=0$이므로
$-2p-5q-3=-7$
따라서 $2p+5q=4$

07 포물선 $y=x^2+10$을 x축의 방향으로 a만큼, y축의 방향으로 b만큼 평행이동한 포물선의 방정식은
$y-b=(x-a)^2+10$, $y=x^2-2ax+a^2+b+10$
이 포물선이 포물선 $y=x^2+2x+9$이므로
$-2a=2$, $a^2+b+10=9$, 즉 $a=-1$, $b=-2$
따라서 $a-b=1$

08 점 $(-3, -1)$을 점 $(-1, -5)$로 옮기는 평행이동은
$(x, y) \to (x+2, y-4)$
포물선 $y=ax^2+bx+c$를 x축의 방향으로 2만큼, y축의 방향으로 -4만큼 평행이동한 도형의 방정식이 $y=(x+2)^2+3$이므로 포물선 $y=(x+2)^2+3$을 x축의 방향으로 -2만큼, y축의 방향으로 4만큼 평행이동한 도형의 방정식은 $y=ax^2+bx+c$가 된다.
즉, $y-4=(x+2+2)^2+3$, $y=x^2+8x+23$이므로
$a=1$, $b=8$, $c=23$
따라서 $a+b+c=32$

09 원 $(x-2)^2+(y-3)^2=16$의 중심 $(2, 3)$을 x축의 방향으로 a만큼, y축의 방향으로 b만큼 평행이동한 점이 원점이므로
$2+a=0$, $3+b=0$
따라서 $a=-2$, $b=-3$이므로
$b-a=-1$

10 직선 $x-2y=-2$를 x축의 방향으로 2만큼, y축의 방향으로 -1만큼 평행이동한 직선의 방정식은

$(x-2)-2(y+1)=-2,\ x-2y=2$
이 직선의 x절편, y절편이 각각 2, -1이므로 이 직선과 x축, y축으로 둘러싸인 도형의 넓이는
$\frac{1}{2}\times2\times1=1$

11 직선 $3x+2y=7$을 x축의 방향으로 k만큼, y축의 방향으로 $-k$만큼 평행이동한 직선의 방정식은
$3(x-k)+2(y+k)=7,\ 3x+2y-k-7=0$
이 직선이 원 $(x-2)^2+(y+3)^2=11$의 넓이를 이등분하려면 원의 중심 $(2,\ -3)$을 지나야 하므로
$3\times2+2\times(-3)-k-7=0$
따라서 $k=-7$

12 원 $x^2+y^2=10$을 x축의 방향으로 a만큼 평행이동하면 원의 중심은 $(a,\ 0)$이고 반지름의 길이는 $\sqrt{10}$이다.
이때 평행이동한 원이 직선 $x-3y+9=0$과 접하므로
$\frac{|a-3\times0+9|}{\sqrt{1^2+(-3)^2}}=\sqrt{10},\ |a+9|=10$
$a+9=\pm10,\ a=-19$ 또는 $a=1$
그런데 a는 양수이므로 $a=1$

13 $y=x^2+4x+2a+4$에서 $y=(x+2)^2+2a$
포물선 $y=(x+2)^2+2a$를 x축의 방향으로 2만큼 평행이동한 포물선의 방정식은
$y=(x-2+2)^2+2a,\ y=x^2+2a$ ⋯⋯ ㉠
이때 $y=2x+1$을 ㉠에 대입하면
$2x+1=x^2+2a$
$x^2-2x+2a-1=0$
이 이차방정식의 판별식을 D라고 하면 포물선과 직선이 접하므로
$\frac{D}{4}=(-1)^2-(2a-1)=0,\ -2a=-2$
따라서 $a=1$

14 평행이동 $(x,\ y)\to(x+a,\ y+b)$에 의하여 원 $x^2+y^2=1$을 평행이동한 원의 방정식은 $(x-a)^2+(y-b)^2=1$
두 원의 중심이 각각 $(0,\ 0)$, $(a,\ b)$이므로 두 원의 중심 사이의 거리는
$\sqrt{(a-0)^2+(y-b)^2}=\sqrt{a^2+b^2}$
두 원이 한 점에서 만나므로 두 원의 중심 사이의 거리는 두 원의 반지름의 길이의 합과 같다.
두 원의 반지름의 길이가 모두 1이므로
$\sqrt{a^2+b^2}=1+1,\ a^2+b^2=4$
따라서 점 $(a,\ b)$가 나타내는 도형은 중심이 원점이고 반지름의 길이가 2인 원이므로 그 둘레의 길이는 4π이다.

15 사각형 OABC는 직사각형이므로 점 B의 좌표는 $(2,\ 1)$이다.
점 $B(2,\ 1)$을 x축의 방향으로 5만큼, y축의 방향으로 3만큼 평행이동하면 점 $B'(7,\ 4)$가 되므로 세 점 O, A, C를 평행이동한 O', A', C'의 좌표는 각각 $O'(5,\ 3)$, $A'(7,\ 3)$, $C'(5,\ 4)$이다.
이때 세 점 A', O', C'을 지나는 원은 직사각형 $O'A'B'C'$의 외접원이 되고 직사각형 $O'A'B'C'$의 두 대각선의 중점이 외접원의 중심이므로 두 점 O', B'을 이은 선분의 중점의 좌표는
$\left(\frac{5+7}{2},\ \frac{3+4}{2}\right)$, 즉 $\left(6,\ \frac{7}{2}\right)$
$\overline{O'B'}$의 길이는 $\sqrt{(7-5)^2+(4-3)^2}=\sqrt{5}$
이므로 원의 반지름의 길이는 $\frac{\sqrt{5}}{2}$이다.
따라서 원의 중심의 좌표가 $\left(6,\ \frac{7}{2}\right)$, 반지름의 길이가 $\frac{\sqrt{5}}{2}$인 원의 방정식은
$(x-6)^2+\left(y-\frac{7}{2}\right)^2=\frac{5}{4},\ x^2+y^2-12x-7x+47=0$
따라서 $a=-12,\ b=-7,\ c=47$이므로
$a+b+c=28$

16 점 $(p,\ 3)$을 x축에 대하여 대칭이동한 점의 좌표는 $(p,\ -3)$이고, 이 점을 직선 $y=x$에 대하여 대칭이동한 점의 좌표는 $(-3,\ p)$이다.
이 점이 $(q,\ 2)$이므로 $p=2,\ q=-3$
따라서 $p+q=-1$

17 점 $A(4,\ -1)$을 x축에 대하여 대칭이동한 점은 $B(4,\ 1)$이고, 직선 $y=x$에 대하여 대칭이동한 점은 $C(-1,\ 4)$이다.
따라서 삼각형 ABC의 넓이는
$\frac{1}{2}\times2\times5=5$

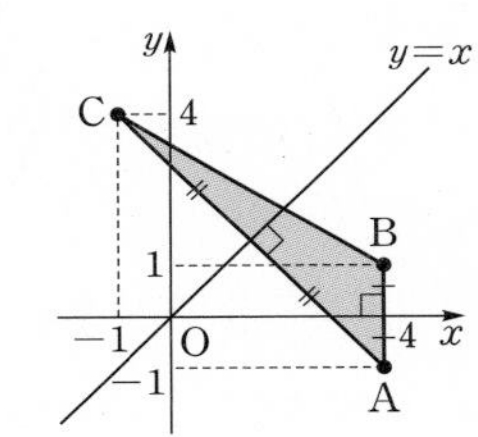

18 점 $P(4,\ 1)$을 x축, y축에 대하여 대칭이동한 점 A, B의 좌표는 각각 $(4,\ -1)$, $(-4,\ 1)$이고, 점 $Q(a,\ b)$를 y축에 대하여 대칭이동한 점 C의 좌표는 $(-a,\ b)$이다.
이때 세 점 A, B, C가 한 직선 위에 있으므로
$\frac{-1-1}{4-(-4)}=\frac{1-b}{-4-(-a)},\ a=4b$
따라서 직선 PQ의 기울기는
$\frac{1-b}{4-a}=\frac{1-b}{4-4b}=\frac{1-b}{4(1-b)}=\frac{1}{4}$

19 원 $(x+1)^2+(y-6)^2=13$의 중심 $(-1,\ 6)$을 y축에 대하여 대칭이동한 점의 좌표는 $(1,\ 6)$이고, 이 점을 다시 직선 $y=x$에 대하여 대칭이동한 점의 좌표는 $(6,\ 1)$이다.
이 점이 직선 $y=mx+13$ 위에 있으므로
$1=6m+13,\ 6m=-12$
따라서 $m=-2$

20 $x^2+y^2+4x+10y+28=0$에서 $(x+2)^2+(y+5)^2=1$
직선 $y=mx+8$을 직선 $y=x$에 대하여 대칭이동한 직선의 방정식은
$x=my+8$, $x-my-8=0$
이 직선이 원 $(x+2)^2+(y+5)^2=1$의 중심 $(-2, -5)$를 지나므로
$-2+5m-8=0$, $5m=10$
따라서 $m=2$

21 $x^2+y^2+4x-2y+3=0$에서 $(x+2)^2+(y-1)^2=2$
직선 $y=kx+3$을 x축에 대하여 대칭이동한 직선의 방정식은
$-y=kx+3$, $y=-kx-3$
이 직선이 원 $(x+2)^2+(y-1)^2=2$의 넓이를 이등분하려면 원의 중심 $(-2, 1)$을 지나야 하므로
$1=2k-3$, $2k=4$
따라서 $k=2$

22 $y=x^2+2x+1=(x+1)^2$
① $y=x^2+x+1=\left(x+\frac{1}{2}\right)^2+\frac{3}{4}$이므로 도형 $y=x^2+2x+1$을 x축의 방향으로 $\frac{1}{2}$만큼, y축의 방향으로 $\frac{3}{4}$만큼 평행이동시킨 것이다.
② 도형 $y=x^2+2x+1$을 직선 $y=x$에 대하여 대칭이동하면 도형 $x=y^2+2y+1$이 된다.
④ $x=-y^2+y+1=-\left(y-\frac{1}{2}\right)^2+\frac{5}{4}$
$=-\left(y+1-\frac{3}{2}\right)^2+\frac{5}{4}$
이므로 도형 $y=x^2+2x+1$을 직선 $y=x$에 대하여 대칭이동한 후 y축에 대하여 대칭이동한다.
이 도형을 다시 y축의 방향으로 $\frac{3}{2}$만큼, x축의 방향으로 $\frac{5}{4}$만큼 평행이동하면 $x=-y^2+y+1$이 된다.
⑤ $y=x^2-x-1=\left(x-\frac{1}{2}\right)^2-\frac{5}{4}$이므로 도형 $y=x^2+2x+1$을 x축의 방향으로 $\frac{3}{2}$만큼, y축의 방향으로 $-\frac{5}{4}$만큼 평행이동시킨 것이다.

23 $y=x^2-6x+5=(x-3)^2-4$이므로 이 포물선의 꼭짓점의 좌표는 $(3, -4)$이다.
점 $(3, -4)$를 x축에 대하여 대칭이동한 후 원점에 대하여 대칭이동하면
$(3, -4) \rightarrow (3, 4) \rightarrow (-3, -4)$
$x^2+y^2+2ax+2by=0$에서 $(x+a)^2+(y+b)^2=a^2+b^2$
이 원의 중심 $(-a, -b)$가 점 $(-3, -4)$와 일치해야 하므로
$a=3$, $b=4$
따라서 $a+b=7$

24 $(x^2+2x+y^2+4y+1)+k(x-y-3)=0$을 정리하면
$x^2+y^2+(k+2)x-(k-4)y-3k+1=0$ ⋯⋯ ㉠
이때 도형 ㉠을 직선 $y=x$에 대하여 대칭이동한 도형의 방정식은
$x^2+y^2-(k-4)x+(k+2)y-3k+1=0$ ⋯⋯ ㉡
따라서 도형 ㉠이 도형 ㉡과 일치하므로
$k+2=-(k-4)$, $2k=2$
따라서 $k=1$

25 직선 $y=-\frac{1}{2}x+1$을 원점에 대하여 대칭이동한 직선의 방정식은
$-y=-\frac{1}{2}(-x)+1$, $y=-\frac{1}{2}x-1$
이 직선의 기울기가 $-\frac{1}{2}$이고 x절편이 -2이므로 이 직선과 수직인 직선의 기울기는 2이다.
기울기가 2이고 점 $(-2, 0)$을 지나는 직선의 방정식은
$y=2(x+2)$, $y=2x+4$
따라서 $a=2$, $b=4$이므로 $a+b=6$

26 원 O의 중심이 $(1, 4)$이므로 원 O를 직선 $y=x$에 대하여 대칭이동한 원 O'의 중심은 $(4, 1)$이다.
이때 두 원의 중심 사이의 거리는
$\sqrt{(1-4)^2+(4-1)^2}=3\sqrt{2}$
이고, 두 원의 반지름의 길이가 모두 $\sqrt{2}$이므로 선분 AB의 최소 길이는
$3\sqrt{2}-\sqrt{2}-\sqrt{2}=\sqrt{2}$

27 직선 $l: y=x+a$를 원점에 대하여 대칭이동하면
$m: -y=-x+a$, 즉 $m: y=x-a$
두 직선 l, m이 평행하므로 직선 l 위의 점 $(0, a)$와 직선 $m: x-y-a=0$ 사이의 거리가 $2\sqrt{2}$이다. 즉,
$\frac{|-a-a|}{\sqrt{1^2+(-1)^2}}=2\sqrt{2}$, $|2a|=4$
$2a=\pm4$, $a=-2$ 또는 $a=2$
따라서 모든 상수 a의 값의 곱은 -4이다.

28 $x^2+y^2-2x+4y=0$에서 $(x-1)^2+(y+2)^2=5$
이 원의 중심 $(1, -2)$를 y축에 대하여 대칭이동한 점의 좌표는 $(-1, -2)$
대칭이동한 원이 직선 $y=mx$, 즉 $mx-y=0$에 접하기 위해서는 원의 중심 $(-1, -2)$와 직선 사이의 거리가 원의 반지름의 길이 $\sqrt{5}$와 같아야 하므로
$\frac{|m\times(-1)-(-2)|}{\sqrt{m^2+(-1)^2}}=\sqrt{5}$
$|-m+2|=\sqrt{5}\times\sqrt{m^2+1}$
$4m^2+4m+1=0$, $(2m+1)^2=0$
따라서 $m=-\frac{1}{2}$

29 원 $(x+2)^2+(y+3)^2=4$의 중심은 $(-2, -3)$이고 반지름의 길이는 2이다.

이때 원의 중심 $(-2,\ -3)$을 점 $(1,\ -1)$에 대하여 대칭이동한 점을 $(a,\ b)$라고 하면

$\frac{-2+a}{2}=1,\ \frac{-3+b}{2}=-1$, 즉 $a=4,\ b=1$

따라서 원 $(x+2)^2+(y+3)^2=4$를 점 $(1,\ -1)$에 대하여 대칭이동한 원은 중심이 $(4,\ 1)$이고 반지름의 길이가 2이므로

$(x-4)^2+(y-1)^2=4$

30 두 점 $P(3,\ 3)$, $P'(a,\ b)$를 이은 선분의 중점의 좌표는

$\left(\frac{3+a}{2},\ \frac{3+b}{2}\right)$

이 점이 직선 $x-3y+4=0$, 즉 $y=\frac{1}{3}x+\frac{4}{3}$ 위의 점이므로

$\frac{3+b}{2}=\frac{1}{3}\times\frac{3+a}{2}+\frac{4}{3}$, $a-3b=-2$ ······ ㉠

또, 두 점 $P(3,\ 3)$, $P'(a,\ b)$를 지나는 직선이 직선 $y=\frac{1}{3}x+\frac{4}{3}$와 수직이므로

$\frac{3-b}{3-a}\times\frac{1}{3}=-1$, $3a+b=12$ ······ ㉡

㉠, ㉡을 연립하여 풀면 $a=\frac{17}{5},\ b=\frac{9}{5}$

따라서 $a-b=\frac{8}{5}$

31 점 $(x,\ y)$를 y축의 방향으로 2만큼 평행이동한 후 y축에 대하여 대칭이동한 점을 다시 직선 $y=x$에 대하여 대칭이동하면 점 $(-y,\ x+2)$가 된다.

따라서 방정식 $f(x,\ y)=0$을 나타내는 도형을 위와 같이 이동한 도형의 방정식은 $f(-y,\ x-2)=0$이다.

32 방정식 $f(x-1,\ -y)=0$이 나타내는 도형은 방정식 $f(x,\ y)=0$이 나타내는 도형을 x축의 방향으로 1만큼 평행이동한 후 x축에 대하여 대칭이동한 것이다.

따라서 ④이다.

33 원 $x^2+y^2=9$를 x축의 방향으로 m만큼, y축의 방향으로 n만큼 평행이동한 원의 방정식은

$(x-m)^2+(y-n)^2=9$

이 원을 x축에 대하여 대칭이동한 원의 방정식은

$(x-m)^2+(-y-n)^2=9$

$x^2+y^2-2mx+2ny+m^2+n^2-9=0$

이 원의 방정식이 $x^2+y^2-10x-2y+k=0$이므로

$-2m=-10,\ 2n=-2,\ m^2+n^2-9=k$

따라서 $m=5,\ n=-1,\ k=17$이므로

$k-2m+3n=17-10-3=4$

34 ㉮ 점 $(1,\ -2)$를 지나는 직선의 방정식은

$y+2=m(x-1)$

㉯ 이 직선을 x축의 방향으로 2만큼, y축의 방향으로 -3만큼 평행이동한 직선의 방정식은

$(y+3)+2=m\{(x-2)-1\}$

$y+5=m(x-3)$

㉰ 이 직선을 x축에 대하여 대칭이동한 직선의 방정식은

$-y+5=m(x-3)$

㉱ 이 직선이 점 $(1,\ 9)$를 지나므로

$-9+5=m(1-3),\ m=2$

따라서 처음 직선의 기울기는 2이다.

단계	채점 기준	배점 비율
㉮	점 $(1,\ -2)$를 지나는 직선의 방정식 구하기	20%
㉯	㉮에서 구한 직선을 x축의 방향으로 2만큼, y축의 방향으로 -3만큼 평행한 직선의 방정식 구하기	30%
㉰	㉯에서 구한 직선을 x축에 대하여 대칭이동한 직선의 방정식 구하기	30%
㉱	처음 직선의 기울기 구하기	20%

35 직선 $x-y-6=0$을 직선 $y=x$에 대하여 대칭이동한 직선의 방정식은

$y-x-6=0,\ x-y+6=0$

이 직선을 x축의 방향으로 5만큼, y축의 방향으로 2만큼 평행이동한 직선의 방정식은

$(x-5)-(y-2)+6=0,\ x-y+3=0$

이 직선이 원 $x^2+y^2=r^2$에 접하므로 원의 중심 $(0,\ 0)$과 직선 $x-y+3=0$ 사이의 거리가 원의 반지름의 길이 r와 같다. 즉,

$\frac{|0-0+3|}{\sqrt{1^2+(-1)^2}}=r$

따라서 $r=\frac{3\sqrt{2}}{2}$

36 점 $A(1,\ 3)$과 y축에 대하여 대칭인 점을 A'이라고 하면

$A'(-1,\ 3)$

이때 $\overline{AP}=\overline{A'P}$이므로

$\overline{AP}+\overline{BP}=\overline{A'P}+\overline{BP}\geq\overline{A'B}$

$=\sqrt{(-1-2)^2+\{3-(-3)\}^2}$

$=\sqrt{45}=3\sqrt{5}$

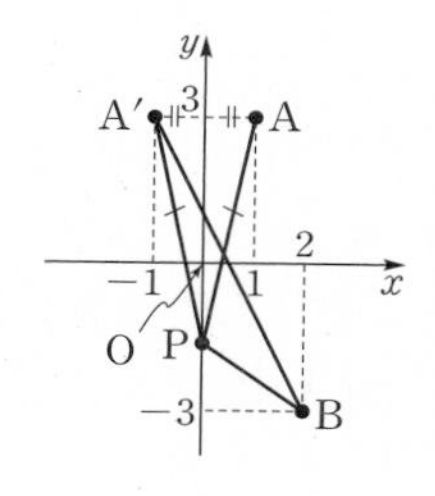

37 점 $A(6,\ 3)$과 x축에 대하여 대칭인 점을 A'이라고 하면 $A'(6,\ -3)$

이때 $\overline{CA}=\overline{CA'}$이므로

$\overline{AB}+\overline{BC}+\overline{CA}$

$=\overline{AB}+\overline{BC}+\overline{CA'}$

$\geq\overline{AB}+\overline{BA'}$

$=\sqrt{(-4)^2+(-2)^2}+\sqrt{4^2+(-4)^2}$

$=2\sqrt{5}+4\sqrt{2}$

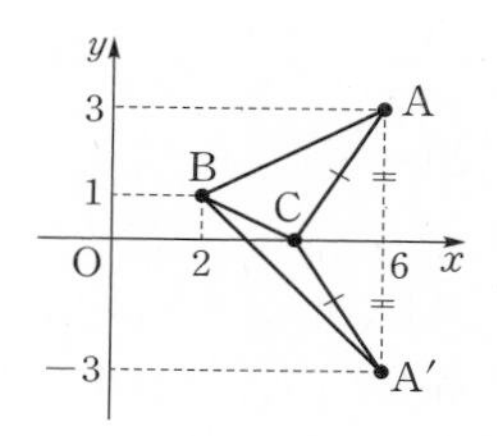

38 ㉮ 원 C의 중심을 C라 하고
점 $\mathrm{A}(-2,\ 0)$과 y축에 대하여
대칭인 점을 A'이라고 하면
$\mathrm{A}'(2,\ 0)$

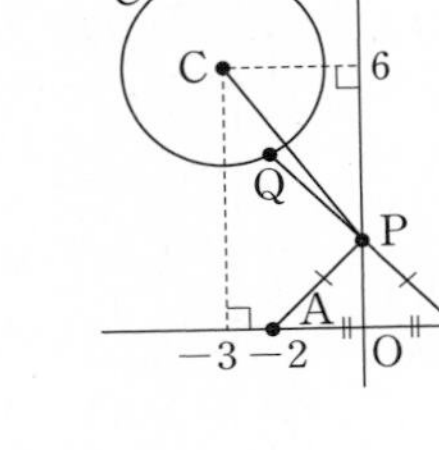

㉯ 이때 $\overline{\mathrm{AP}}=\overline{\mathrm{A'P}}$이므로
$\overline{\mathrm{AP}}+\overline{\mathrm{PQ}}$
$=\overline{\mathrm{A'P}}+\overline{\mathrm{PQ}}$
$\geq\overline{\mathrm{A'C}}-\sqrt{5}$
㉰ $=\sqrt{(-3-2)^2+6^2}-\sqrt{5}$
$=\sqrt{61}-\sqrt{5}$

단계	채점 기준	배점 비율
㉮	점 A와 y축에 대하여 대칭인 점을 A'이라 하고 A'의 좌표 구하기	20%
㉯	$\overline{\mathrm{AP}}+\overline{\mathrm{PQ}}\geq\overline{\mathrm{A'C}}-\sqrt{5}$임을 보이기	50%
㉰	$\overline{\mathrm{AP}}+\overline{\mathrm{PQ}}$의 최솟값 구하기	30%

39 $\overline{\mathrm{PQ}}=1$, $\overline{\mathrm{AB}}=\sqrt{36+64}=10$으로 일정하므로 $\overline{\mathrm{AP}}+\overline{\mathrm{QB}}$의 길이가 최소일 때, □APQB의 둘레의 길이도 최소가 된다.
점 $\mathrm{B}(6,\ 2)$를 x축의 방향으로 -1만큼 평행이동한 후 x축에 대하여 대칭이동한 점을 B'이라고 하면 $\mathrm{B}'(5,\ -2)$
$\overline{\mathrm{QB}}=\overline{\mathrm{PB'}}$이므로
$\overline{\mathrm{AP}}+\overline{\mathrm{QB}}=\overline{\mathrm{AP}}+\overline{\mathrm{PB'}}$
$\geq\overline{\mathrm{AB'}}$
$=\sqrt{5^2+(-12)^2}=13$
따라서 □APQB의 둘레의 길이의 최솟값은 $1+10+13=24$

40 두 점 A, B를 x축, y축에 대하여 각각 대칭이동한 점을 A', B'이라고 하면
$\mathrm{A}'(9,\ -4)$, $\mathrm{B}'(-6,\ 6)$

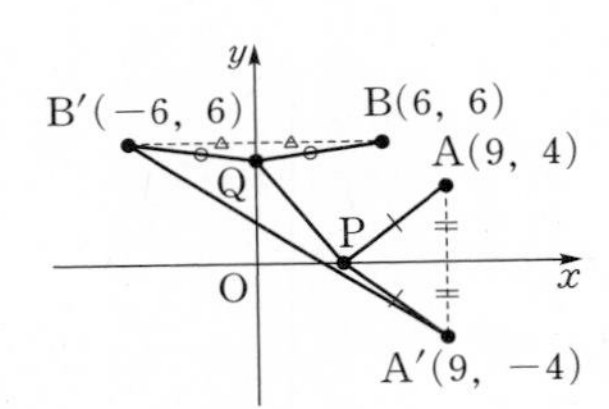

이때 $\overline{\mathrm{AP}}=\overline{\mathrm{A'P}}$, $\overline{\mathrm{QB}}=\overline{\mathrm{QB'}}$이므로
$\overline{\mathrm{AP}}+\overline{\mathrm{PQ}}+\overline{\mathrm{QB}}=\overline{\mathrm{A'P}}+\overline{\mathrm{PQ}}+\overline{\mathrm{QB'}}$
$\geq\overline{\mathrm{A'B'}}$
따라서 $\overline{\mathrm{AP}}+\overline{\mathrm{PQ}}+\overline{\mathrm{QB}}$의 값이 최소가 되도록 하는 점 P는 두 점 A', B'을 지나는 직선의 x절편이다.
두 점 A', B'을 지나는 직선의 방정식은
$y-6=\frac{6-(-4)}{-6-9}\{x-(-6)\}$, $y=-\frac{2}{3}x+2$
이때 직선 $y=-\frac{2}{3}x+2$의 x절편은 3이다.
따라서 점 P의 좌표는 $(3,\ 0)$이다.

41 점 $\mathrm{C}(-8,\ 1)$을 x축에 대하여 대칭이동한 점을 C'이라고 하면
$\mathrm{C}'(-8,\ -1)$
또, 점 $\mathrm{D}(4,\ 7)$을 직선 BF, 즉 직선 $y=x$에 대하여 대칭이동한 점을 D'이라고 하면

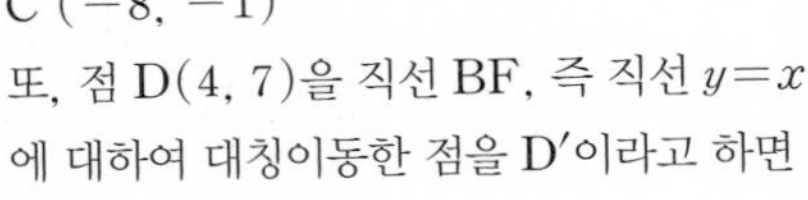

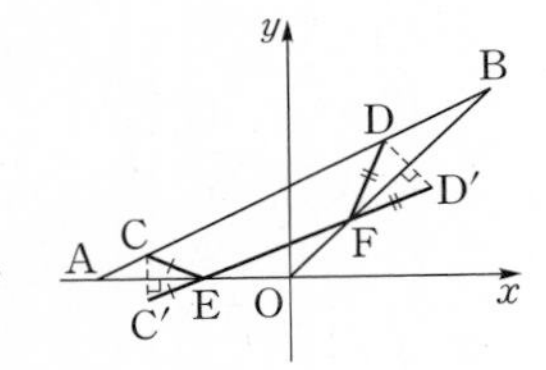

$\mathrm{D}'(7,\ 4)$
이때 $\overline{\mathrm{CE}}=\overline{\mathrm{C'E}}$, $\overline{\mathrm{FD}}=\overline{\mathrm{FD'}}$이므로
$\overline{\mathrm{CE}}+\overline{\mathrm{EF}}+\overline{\mathrm{FD}}=\overline{\mathrm{C'E}}+\overline{\mathrm{EF}}+\overline{\mathrm{FD'}}$
$\geq\overline{\mathrm{C'D'}}$
$\overline{\mathrm{CE}}+\overline{\mathrm{EF}}+\overline{\mathrm{FD}}$의 값이 최소일 때, 두 점 E, F는 직선 $\mathrm{C'D'}$ 위의 점이다.
두 점 $\mathrm{C}'(-8,\ -1)$, $\mathrm{D}'(7,\ 4)$를 지나는 직선 $\mathrm{C'D'}$의 방정식은
$y-4=\frac{-1-4}{-8-7}(x-7)$, $y=\frac{1}{3}x+\frac{5}{3}$
이때 $\overline{\mathrm{CE}}+\overline{\mathrm{EF}}+\overline{\mathrm{FD}}$의 값이 최소가 되도록 하는 점 E의 x좌표는 직선 $y=\frac{1}{3}x+\frac{5}{3}$의 x절편과 같으므로
$0=\frac{1}{3}x+\frac{5}{3}$
따라서 $x=-5$

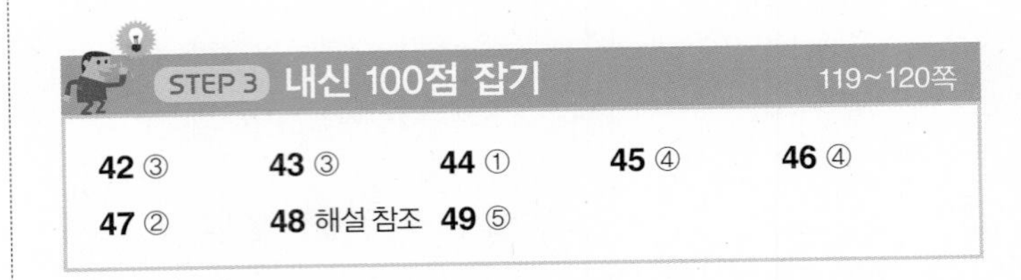
STEP 3 내신 100점 잡기 119~120쪽

42 ③ 43 ③ 44 ① 45 ④ 46 ④
47 ② 48 해설 참조 49 ⑤

42 동전을 10회 던졌을 때 앞면이 나온 횟수를 a라고 하면 뒷면이 나온 횟수는 $10-a$이다.
동전을 10회 던진 후 점 P의 x좌표, y좌표는 각각
$1+2a-(10-a)$, $1-a+2(10-a)$이므로
$\mathrm{P}(3a-9,\ -3a+21)$
이 점이 제1 사분면 위에 있으려면
$3a-9>0$에서 $a>3$
$-3a+21>0$에서 $a<7$
따라서 $3<a<7$을 만족시키는 정수 a는 4, 5, 6의 3개이다.

43 ㄱ. 원 $x^2+(y-1)^2=9$를 평행이동하여도 원의 반지름의 길이는 변하지 않으므로 원 C의 반지름의 길이는 3이다. (참)
ㄴ. 원 $x^2+(y-1)^2=9$의 중심의 좌표가 $(0,\ 1)$이므로 원 C의 중심의 좌표는 $(m,\ n+1)$이다.
이때 원 C가 x축에 접하므로
$|n+1|=3$, $n=-4$ 또는 $n=2$
즉, 원 C가 x축에 접하도록 하는 실수 n의 값은 2개이다. (거짓)
ㄷ. $m\neq0$일 때, 직선 $y=\frac{n+1}{m}x$가 원 C의 중심 $(m,\ n+1)$을 지나므로 직선 $y=\frac{n+1}{m}x$는 원 C의 넓이를 이등분한다. (참)
따라서 옳은 것은 ㄱ, ㄷ이다.

44 점 $P_1(-2, 3)$을 직선 $y=x$에 대하여 대칭이동하면 $P_2(3, -2)$
점 $P_2(3, -2)$를 원점에 대하여 대칭이동하면 $P_3(-3, 2)$
점 $P_3(-3, 2)$를 직선 $y=x$에 대하여 대칭이동하면 $P_4(2, -3)$
점 $P_4(2, -3)$을 원점에 대하여 대칭이동하면 $P_5(-2, 3)$
즉, 점 P_1, P_2, P_3, P_4, $\cdots$의 좌표는
$(-2, 3)$, $(3, -2)$, $(-3, 2)$, $(2, -3)$
의 순서로 반복된다.
이때 $2019=4\times504+3$이므로 점 P_{2019}의 좌표는 점 P_3의 좌표와 같다.
따라서 점 P_{2019}의 좌표는 $(-3, 2)$이다.

45 $x^2+y^2+8x-10y+25=0$에서 $(x+4)^2+(y-5)^2=16$
$x^2+y^2-4x+6y-3=0$에서 $(x-2)^2+(y+3)^2=16$
두 원의 중심 $(-4, 5)$, $(2, -3)$이 직선 $ax+by+7=0$에 대하여 대칭이므로 두 점을 이은 선분의 중점의 좌표
$\left(\frac{-4+2}{2}, \frac{5-3}{2}\right)$, 즉 $(-1, 1)$이 직선 $ax+by+7=0$ 위의 점이다.
$-a+b+7=0$, $a-b=7$ …… ㉠
또, 두 원의 중심을 지나는 직선이 직선 $ax+by+7=0$과 수직이므로
$\frac{5-(-3)}{-4-2}\times\left(-\frac{a}{b}\right)=-1$, $4a+3b=0$ …… ㉡
㉠, ㉡을 연립하여 풀면 $a=3$, $b=-4$
따라서 $a+b=-1$

46 $y=f(x)$의 그래프를
(i) y축에 대하여 대칭이동한 그래프의 식은 $y=f(-x)$
(ii) 원점에 대하여 대칭이동한 그래프의 식은 $y=-f(-x)$
(iii) 직선 $y=x$에 대하여 대칭이동한 그래프의 식은 $x=f(y)$
따라서 $y=f(-x)$, $y=-f(-x)$, $x=f(y)$가 나타내는 그래프가 오른쪽 그림과 같으므로 구하는 도형의 넓이는
$2\times2+\frac{1}{2}\times2\times1=5$

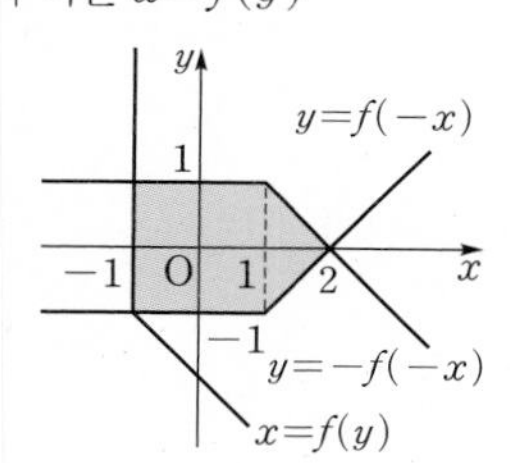

47 오른쪽 그림과 같이 직사각형 ABCD를 꼭짓점 B가 원점이 되도록 좌표평면 위에 놓으면 $A(0, 6)$, $B(0, 0)$, $C(8, 0)$, $D(8, 6)$이 된다.
이때 대각선 AC의 방정식은
$\frac{x}{8}+\frac{y}{6}=1$에서 $y=-\frac{3}{4}x+6$

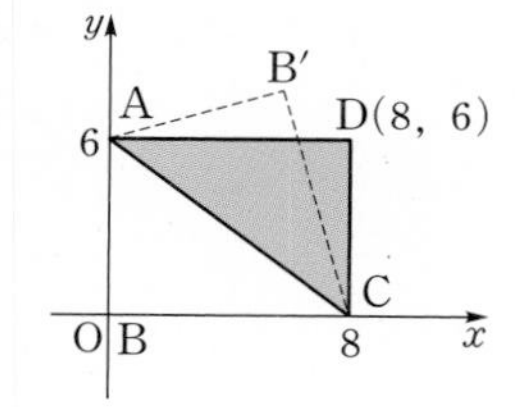

점 B를 $\overline{AC}$에 대하여 대칭이동한 점을 $B'(a, b)$라고 하면 두 점 $B(0, 0)$, $B'(a, b)$를 이은 선분의 중점 $\left(\frac{a}{2}, \frac{b}{2}\right)$가 직선 $y=-\frac{3}{4}x+6$ 위의 점이므로
$\frac{b}{2}=-\frac{3}{4}\times\frac{a}{2}+6$, $3a+4b=48$ …… ㉠
또, 두 점 B, B′을 지나는 직선이 $\overline{AC}$와 수직이므로
$\frac{b-0}{a-0}\times\left(-\frac{3}{4}\right)=-1$, $4a-3b=0$ …… ㉡
㉠, ㉡을 연립하여 풀면 $a=\frac{144}{25}$, $b=\frac{192}{25}$
즉, $B'\left(\frac{144}{25}, \frac{192}{25}\right)$
따라서 두 점 B′, D 사이의 거리는
$\sqrt{\left(8-\frac{144}{25}\right)^2+\left(6-\frac{192}{25}\right)^2}=\frac{14}{5}$

48 ㉮ 원 C_1: $(x-1)^2+(y+2)^2=8$의 중심은 $(1, -2)$이다.
이때 점 $(1, -2)$를 x축의 방향으로 -3만큼, y축의 방향으로 1만큼 평행이동한 점의 좌표는 $(-2, -1)$이다.
㉯ 두 원 C_1, C_2의 중심을 각각 O_1, O_2라고 하면
$O_1(1, -2)$, $O_2(-2, -1)$
선분 O_1O_2의 중점을 M이라고 하면
점 $M\left(-\frac{1}{2}, -\frac{3}{2}\right)$은 직선 $y=ax+b$ 위의 점이므로

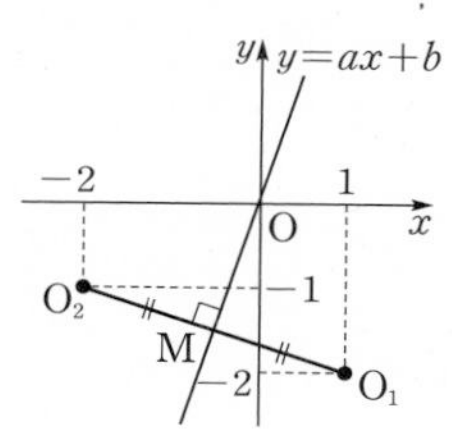

$-\frac{3}{2}=-\frac{1}{2}a+b$, $a-2b=3$ …… ㉠
㉰ 직선 O_1O_2와 직선 $y=ax+b$는 수직이므로
$\frac{-1-(-2)}{-2-1}\times a=-1$, $a=3$
$a=3$을 ㉠에 대입하면 $b=0$
㉱ 따라서 $a=3$, $b=0$이므로 $a+b=3$

단계	채점 기준	배점 비율
㉮	두 원 C_1, C_2의 중심 구하기	20%
㉯	두 원 C_1, C_2의 중심을 이은 선분의 중점이 직선 $y=ax+b$ 위의 점임을 이용하여 식 세우기	30%
㉰	두 원 C_1, C_2의 중심을 지나는 직선과 직선 $y=ax+b$가 수직임을 이용하여 식 세우기	30%
㉱	$a+b$의 값 구하기	20%

49 $\overline{CD}$의 길이는 3으로 일정하므로 $\overline{AC}+\overline{BD}$의 길이가 최소일 때 경로 A−C−D−B의 거리가 최소가 된다.
점 D가 점 C와 겹치도록 $\overline{BD}$를 x축의 방향으로 -3만큼 평행이동할 때, 점 B를 평행이동한 점을 B′이라고 하면 $B'(5, 10)$
$\overline{AC}+\overline{BD}\geq\overline{AB'}$
두 점 A, B′을 지나는 직선의 방정식은
$y=\frac{10-0}{5-0}x$, $y=2x$
이때 점 C는 두 직선 $y=2x$, $x=3$의 교점이므로
$y=6$
따라서 점 C의 좌표는 $(3, 6)$이다.

STEP 3 내신 최고 문제 120쪽

50 ② **51** 해설 참조

50 원 O_1의 방정식은 $(x-4)^2+(y-2)^2=4$
원 O_1을 직선 $y=x$에 대하여 대칭이동한 원의 방정식은
$(y-4)^2+(x-2)^2=4$, $(x-2)^2+(y-4)^2=4$
이 원을 y축의 방향으로 a만큼 평행이동한 원 O_2의 방정식은
$(x-2)^2+(y-a-4)^2=4$
오른쪽 그림과 같이 두 원 O_1, O_2의 중심을 각각 C, D라고 하면 선분 AB는 선분 CD에 의하여 수직이등분된다.

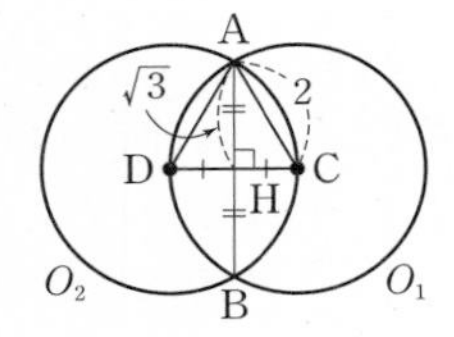

이때 선분 AB와 선분 CD가 만나는 점을 H라고 하면
$\overline{AH}=\overline{BH}=\frac{1}{2}\overline{AB}=\frac{1}{2}\times 2\sqrt{3}=\sqrt{3}$
$\overline{AC}=\overline{AD}=2$이고 두 삼각형 ACH, ADH는 직각삼각형이므로
$\overline{CH}=\overline{DH}=\sqrt{2^2-(\sqrt{3})^2}=1$, $\overline{CD}=2\overline{CH}=2$
이때 C$(4, 2)$, D$(2, a+4)$이므로
$\overline{CD}=\sqrt{(2-4)^2+\{(a+4)-2\}^2}=2$
$2^2+(a+2)^2=4$, $(a+2)^2=0$
따라서 $a=-2$

51 ㉮ 오른쪽 그림과 같이 꼭짓점 O가 원점, 반직선 OX가 x축이 되도록 좌표평면 위에 놓으면 A$(3, 0)$, B$(6, 0)$이고 반직선 OY의 방정식은 $y=x$이다.

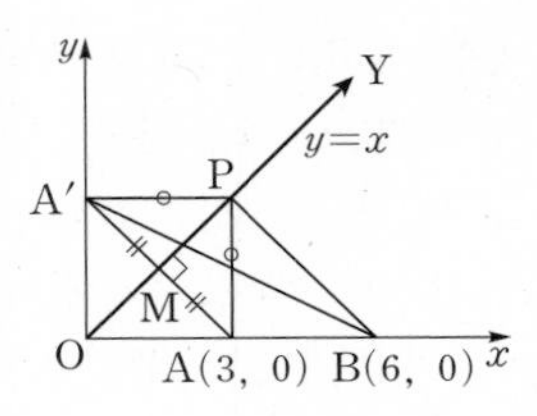

이때 점 A를 반직선 OY에 대하여 대칭이동한 점을 A′이라고 하면 A′의 좌표는 $(0, 3)$이다.
또, $\overline{AA'}$의 중점을 M이라고 하면 $\overline{AM}=\overline{A'M}$이므로 세 점 A′, P, B가 한 직선 위에 있을 때, $\overline{AP}+\overline{PB}$의 값이 최소가 된다.
$\overline{AP}+\overline{PB}=\overline{A'P}+\overline{PB}\geq\overline{A'B}$이므로
$m=\overline{A'B}=\sqrt{(6-0)^2+(0-3)^2}=3\sqrt{5}$

㉯ 직선 A′B의 방정식은 $y=-\frac{1}{2}x+3$이고 직선 A′B와 직선 $y=x$의 교점의 좌표는
$x=-\frac{1}{2}x+3$에서 $x=2$
즉, P$(2, 2)$이므로
$n=\overline{OP}=\sqrt{2^2+2^2}=2\sqrt{2}$

㉰ 따라서 $m^2+n^2=45+8=53$

단계	채점 기준	배점 비율
㉮	점의 대칭이동을 이용하여 $\overline{AB}+\overline{BP}$의 최솟값 m 구하기	40%
㉯	$\overline{OP}$의 길이 n 구하기	40%
㉰	m^2+n^2의 값 구하기	20%

우리들의
내신기출 문제집
고등수학
상
정답 및 해설